石油科技管理与实践

傅诚德　著

石油工業出版社

内容提要

本书汇编了作者近30年来不同时期发表的针对科学方法和科技管理方面具有代表性的论文。全书分“学习科学方法，提倡科学精神”“石油科学技术发展和启示”“科技发展战略及规划编制方法与实践”“科技项目设计及经济评价方法与实践”“石油科技体制改革的若干思考”和“知识产权保护、期刊管理与学术评论”六个部分进行了综合阐述，内容涉及研究方法、科技发展、科技战略、项目管理、科技体制以及不同时期对科学技术的评价和预测，反映了几十年来中国石油科技发展和变革的过程，既有经验总结、理论升华，又有生动案例，这些成果和理论对从事科技研发、科技管理人员具有十分重要的借鉴和指导意义。

本书适合广大从事技术研究的科研人员及科研管理人员阅读，同时对相关单位的领导具有参考作用。

图书在版编目（CIP）数据

石油科技管理与实践 / 傅诚德著 .—北京：石油工业出版社，2019. 11

ISBN 978-7-5183-3620-3

Ⅰ. ①石… Ⅱ. ①傅… Ⅲ. ①石油工业-科学技术管理 Ⅳ. ①TE

中国版本图书馆 CIP 数据核字（2019）第 212198 号

出版发行：石油工业出版社
（北京安定门外安华里 2 区 1 号　100011）
网　址：www. petropub. com
编辑部：（010）64523583　图书营销中心：（010）64523633
经　销：全国新华书店
印　刷：北京中石油彩色印刷有限责任公司

2019 年 11 月第 1 版　2019 年 11 月第 1 次印刷
787×1092 毫米　开本：1/16　印张：19. 5
字数：400 千字

定价：95. 00 元
（如出现印装质量问题，我社图书营销中心负责调换）

前　言

中华人民共和国成立以来，特别是改革开放四十年来，我国的科学技术进步不断推动石油工业持续快速发展。“一五”“二五”发现了克拉玛依油田和大庆油田；“三五”“四五”实现了石油产品基本自给和原油产量翻番；“五五”“六五”原油产量突破1亿吨，跻身世界石油大国行列；“七五”“八五”实现了储量接替良性循环，原油产量突破1.5亿吨；“九五”“十五”形成了油气并举新格局，经济效益创历史最好水平；“十一五”“十二五”“十三五”国际综合性能源公司架构初步形成。我们清楚地看到七十年来石油工业发展的每一个台阶上都深深地打上了科技进步的烙印，七十年来中国石油有近5000项科技成果获得国家和省部级奖励，“陆相生油地质理论”被国家列为与“两弹一星”齐名的重大科技成就。“大庆油田的发现与开发”先后获得国家自然科学一等奖和三项科技进步特等奖，体现了国家对大庆油田科学精神和创新业绩的高度评价和充分肯定。

科学技术是第一生产力，管理也是生产力，笔者作为石油科技发展的参与者和见证人，深知以上科技成就的取得与科学方法的应用、战略目标的正确选择、项目管理的不断完善以及科技体制的不断深化密切相关。多年来笔者针对科技管理和科学方法进行了五个方面的研究和探索。

一是把握科学认识论和方法论，拓展创新思维提高创新能力。科学技术是推动人类经济、社会发展不竭的动力。如何创新，如何挖掘创新潜力，如何应用科学方法提高研发效率大有讲究。近百年来，我国几代科学家都在呼吁“科技创新，方法先行”。本书内容涉及三位近代方法论大师的研究方法：最重要的理论思维方法——科学抽象；发挥思维能力的有效方法——假说；科学研究的基本方法——观察和实验；提高研发效率必须遵循的方法——站在巨人肩膀之上；提高研发团队创造力的方法——科学激励；方法论的基石——科学精神。《提高研发起点，科技创新方能事半功倍》《良好的学术氛围是创新思维的助推剂》《时代需要科学精神》等论文强调项目开题与顶层设计的重要作用，发挥学术民主的重要性，以及石油科技工作者应大力弘扬的科学精神。

二是把握科技发展的大方向，少走弯路、不走弯路。了解世界科技发展历史，尤其是石油科技发展历史是石油科技工作者的必修课，有利于拓展石油科技工作者的战略思维。从历史上发生的“三次科学革命”“五次技术革命”清楚地看到科学技术的每一次重大进步都导致了生产能力、生产方式和管理方式的重大变革，每一次新技术革命都导致了新的产业革命，一大批新产业兴起，老产业衰落，科技成果向现实生产力的转化周期越来越短，产生的经济效益和社会效益越来越大。从美国、日本、韩国等国家科技兴国方针的卓有成效到中国石油科技 70 年的发展历程，结合正在迅速到来的以信息、智能技术为代表的新一轮技术革命和产业革命，再次证明谁掌握了科学技术，谁就掌握了经济和社会发展的主动权。读者可从“石油科学技术发展和启示”得到启迪，加深对正在到来的新一轮科技革命的理解和认识，增加科技创新的紧迫感。

三是把握全局，放眼长远，实现发展战略和科技规划的科学部署。“人无远虑，必有近忧”。对于一个大型支柱企业必须从“战略”层面谋划科技发展大计。笔者参与、主持了中国石油八个五年科技发展规划和科技发展战略的编制，结合国际先进的石油企业对战略的认识和理念，形成了一套发展战略和科技规划的编制方法，提出战略的制定是一个经过精心计算和分析的理化过程，存在从战略需求到预期目标，层次结构和逻辑关系紧密的 9 个环节，强调方向性、预见性、可考核性以及智慧与对策是科技战略的核心内涵。“科技发展战略及规划编制方法与实践”对中华人民共和国成立以来的 11 个“五年科技规划”从预测目标到执行结果进行了系统的梳理和分析，厘清了科技发展的脉络，彰显了科技战略、科技规划的引领和支撑作用，并从长远性、全局性的战略层面，介绍了加强基础研究和企业重点实验室建设的重大意义。

四是把握项目管理的新理念、新方法，提倡科学管理，提高研发效率。科技项目是以完成创新目标为宗旨的研发组织形式，20 世纪 80 年代，美国、韩国等国家从国家层面对重大战略性技术以十五年的技术生命周期进行项目整体设计，获得巨大成功，笔者总结了大庆油田聚合物驱 1982 年到 1998 年从室内实验、井组试验、工业性放大试验到形成年纯增油 1000 万吨新产业的成功经验，并介绍了 21 世纪初国际上兴起的把技术生命周期分为原理探索（1，2，3 级）、原型发明（4，5，6 级）和形成规模标准进入市场（7，8，9 级）的 9 级技术成熟度设计管理模式和初步研发的石油行业技术成熟度9个级别判别标准。

科技成果经济效益评价是科技管理的重点和难点，笔者及其团队于2003年结合优秀科技获奖成果的效益评价研究了“余值法”，2007年结合多学科、高投入、高产出的中国石油集团重大科技专项，研究了“科研生产投入产出法及实施细则”，在奖励成果评审与重大科技专项验收评价中得到很好的应用。

五是把握与深化科技体制改革，挖掘创新能力，加快成果转化。科技体制是科学技术活动组织体系、管理制度和运行机制的总称，是创新体系的灵魂和出成果出人才的关键。科技体制涉及教育和文化诸多方面，它们的关系通常比喻为技术是“苹果”，科学是“苹果树”，教育是“土壤”，文化是“阳光、空气和水”，技术管今天的事，科学管明天的事，教育管后天的事，文化管大后天的事，科技体制属于文化层面，十分重要，但不能立竿见影。本书介绍了国外先进油公司和技术服务公司的科技体制和成功经验——在最适宜的时间、找最适宜的人、干最适宜的事，创新性提出“最大限度发挥科技人员创造性、最大限度实现科技资源的优化配置、最快速度促进科技成果转化为生产力”是检验科技体制是否成功的标准。“企业化：石油院所改革的必由之路”“科技，最终要体现为效益”“企业重点实验室建设的方向和思路”等文章反映了这一段时期的科技体制变革过程。

本书还有几篇文章介绍了关于加强知识产权保护、办好科技期刊、强化精品意识的经验体会，以及参与油气专业学术活动的一些观点和认识。

笔者分别于2010年和2017年出版了《石油科学技术发展对策与思考》和《科学方法论及典型应用案例》两本专著，分别对“石油科学技术如何发展”和“科学方法论”进行了专题研究，受到了石油科技工作者的欢迎。本书精选了笔者近三十年不同时期发表的具有代表性的论文，内容涉及研究方法、科技发展、科技战略、项目管理、科技体制以及不同时期对科学技术的评价和预测，包括技术评价、科技成果、经济效益评价方法和案例等。所收录论文虽时间跨度大，但恰可以反映中国石油科学技术改革开放发展历程的某一个真实的侧面。既真实地描述几十年来中国石油科技发展和变革的过程，同时也体现了笔者的研究成果、思考及体会。在同仁好友的鼓励下，决定整理出版，以供从事科技研发、科技管理人员借鉴参考，切望读者有所获益。

目　录

第一部分　学习科学方法，提倡科学精神

逻辑思维，感性思维，直觉、灵感的“科学抽象”对科技创新具有重要作用；科学假设、观察和实验、做好开题设计、科学激励以及“热爱、宽容、异议”为科学精神的基本内涵。

第二部分　石油科学技术发展和启示

三次科学革命和五次技术革命及世界石油科技三次飞跃的启示，21 世纪科技“加速度”发展的方向、趋势及以信息技术为核心的六项高新技术的引领作用。

第三部分　科技发展战略及规划编制方法与实践

国际石油公司科技战略，以及战略目标的方向性、预见性、可行性，智慧，“对阵”在战略中的重要性。科技战略规划对石油科技和石油工业发展的重要作用。

第四部分　科技项目设计及经济评价方法与实践

适合于战略性主体技术创新的“技术路线图”设计、管理方法，具有多学科交叉特点的集团公司重大科技专项抓住“关键技术”及“考核指标”，抓住“创新过程 12 个要素”，抓住“技术攻关”“配套完善”“规模应用”三种创新形式的成功经验。

第五部分　石油科技体制改革的若干思考

强调科技体制是“文化层面”的事，不能立竿见影、必须持续深化，强调“企业科技就是效益科技”“必须在离生产最近的地方下功夫”。

第六部分　知识产权保护、期刊管理与学术评论

知识产权保护，办好科技期刊、强化精品意识、提高论文质量。

第一部分

学习科学方法，提倡科学精神

逻辑思维，感性思维，直觉、灵感的“科学抽象”对科技创新具有重要作用；科学假设、观察和实验、做好开题设计、科学激励以及“热爱、宽容、异议”为科学精神的基本内涵。

学习科学发展观，探索科学方法论

【编者按】 本文是作者以“科学技术领域学习和掌握科学研究的方法论是贯彻落实科学发展观的具体体现”的认识和命题，结合自己多年来从事科学研究和科技管理的实践经验，论述了石油科学技术工作者应该学习和了解科学研究的方法问题，即科学方法论的有关问题。作者从经典的方法论入手，阐述了“科学抽象”“假说”“观察与实验”“筛选和确定课题”的有关内容，以及有效提升科技人员创造力的方法和科技工作者必备的职业素养和思想境界等，全文具有丰富的知识性和可读性。本文是作者学习科学发展观的一点心得体会。本刊摘其要者陆续刊登，以为科技工作者掌握和运用科学方法提供参考，祈望能有助于提高科研工作效率、提升研究水平、早出重大成果、多有惊人发明，使我国石油科学技术的研究与开发日新月异，更上高楼。

中国共产党第十七次全国代表大会的报告中指出：“科学发展观，是对党的三代中央领导集体有关发展的重要思想的继承和发展，是马克思主义关于发展的世界观和方法论的集中体现，是同马克思主义、毛泽东思想、邓小平理论和‘三个代表’重要思想既一脉相承又与时俱进的科学理论，是我国经济社会发展的重要指导方针，是发展中国特色社会主义必须坚持和贯彻的重大战略思想。”

“科学发展观，第一要义是发展，核心是以人为本，基本要求是全面、协调、可持续，根本方法是统筹兼顾。”

第一要义是发展，要发展，就要发展科学。

马克思主义认为，科学技术是推动社会经济发展的动力。马克思在《资本论》《经济学手稿》等重要著作中曾多处提到科学对生产力发展的重要推动作用。他指出，“生产力中也包括科学”“另一种不需要资本家花钱的生产力是科学的力量”“社会劳动生产力首先是科学的力量”。

马克思去世后，恩格斯在马克思墓前的重要讲话中提到：“在马克思看来，科学是一种在历史上起推动作用的革命力量，任何一门理论科学的每一个发现，即使它的实际应用甚至还无法预见，都使马克思由衷的喜悦，但是当有了立即会对工业，对一般历史发展产生重大影响的发现时，他的喜悦就完全不同了。”恩格斯的讲话共 1300 多字，就用了 100 多字来描述马克思对科学的态度，可见马克思的科学观在马克思主义宝库中的重要地位！毛泽东主席重视科学技术，主持制定了重大科学发展规划，提倡尊重科学，尊重知识。改革开放以后，邓小平同志提出了“科学技术是第一生产力”的英明论断；江泽民总书记提出了“三个代表”重要思想。后者，也突出了科学技术的内涵，先进生产力的代表——科学技术是第一生产力；先进文化的代表——科学是文化的最高层次；人民利益的代表——代表了先进生产力和先进文化，当然也代表了人民利益。党的十七大胡锦涛总书记提出了科学发展观，它充分体现了马克思主义科学观的一脉相承，又与时俱进。

科技工作者认真学习、深入领会科学发展观对于提升思想境界和科学素养、掌握科学方法、深化科学研究、推动技术进步具有十分重要的意义。贯彻落实科学发展观，必须采用科学的方法。科学技术领域学习和掌握科学研究的方法论是贯彻科学发展观的具体体现。

笔者从事科学研究和科技管理30余年，常常听到有的研究工作者、科技管理工作者抱怨，他们从学校来到科研单位，从辅助研究工作到承担重要研究任务，有的还进入了重要的高层研发岗位，但大都没有经过科学方法的系统学习和培训，学校也没有开设这样专门的课程。对“科学研究有什么基本程序”“如何分析资料、提出问题”“如何验证‘假说’，论证问题”“如何搞清各种问题间的逻辑关系”“如何抓住核心的创新点”“如何进行科学抽象”等一些重要的研究方法都不太清楚或很不清楚，全靠自己去摸索。

方法就是工具，掌握研究方法对提高研发质量和工作效率都会起到事半功倍的作用。

关于方法论的学问，远古时代就有了萌芽，但真正意义上的方法论则出现和形成于16世纪欧洲文艺复兴时期，与近代科学革命的兴起密不可分，其代表人物是英国思想家、科学家弗朗西斯·培根(1561—1626)、法国科学家瑞恩·笛卡尔(1596—1620)和英国伟大的科学家依·牛顿(1642—1727)。

方法论经过爱因斯坦(1879—1955)和现代众多科学家的发展和完善，已成为科学研究的重要武器。笔者体会，学习科学方法论(含认识论)其精髓和重点有七个方面：一是近代方法论大师的经验和经典；二是科学抽象，最重要的理论思维方法；三是假说，发挥思维能力的有效方法；四是观察和实验，科学研究最基本的方法；五是筛选和确定研究课题的方法，选题的正确是成功的一半；六是科学的激励方法，有效提升科技人员创造力；七是科学精神，科技人员必备的职业素养和精神境界。以下谈谈自己探索科学方法论的一些心得体会。

一、经典的方法论

英国科学家弗朗西斯·培根和法国科学家笛卡尔是欧洲的思想家、科学家，也是科学方法论的首创者。他们的理论对近代科学技术的发展起到启蒙和指导作用。培根认为，野蛮与文明的分界线就是科学技术知识。“知识就是力量”这句至理名言就是他首先提出来的。他厌恶只写文章不干实事的清谈浮夸之风，主张学者深入实际，实现“学者与工匠的结合”“知识与力量的统一”，从根本上解决思想上的贫困。培根从唯物主义哲学思想出发，提出了“观察、实验、经验、归纳、总结、分析、发现真理、验证真理”的思想方法。培根认为，认识自然、认识世界，必经从观察和实验开始，再结合实践经验，通过归纳、总结、再分析，认识规律，发现真理，而后再经过实践认识真理，检验真理。他特别强调一切科学研究都要认真地从观察和实验开始。这种唯物主义的方法论对当前的科学研究仍具有重要指导意义。马克思说：培根是英国的唯物主义和整个现代实验科学的真正始祖。

另一位方法论大师笛卡尔的经典之作是发扬科学真理的四条原则，他认为：第一，进行任何一项研究工作，首先要有清晰明确的判断，把问题找准，否则不得往下进行；第二，把问题分解为许多小问题，本着先易后难的原则，从最容易解决的问题开始干，再陆续地“爬梯子”，最后解决复杂困难的问题；第三，在纷乱事物中寻求存在的秩序，搞清这些问题和事物间的逻辑关系；第四，做详尽而普遍的察言观色，不得遗漏，重大发现往往出现在不经意之间。牛顿、富兰克林、巴斯德等科学家，在回忆录中都多次提到，正是受到培根、笛卡尔方法论的启发，才走上了成功之路。

牛顿不但发现了三大定律，而且还把他一生的经验上升到方法论的高度，归纳为四大法则：

一是真实性足以说明其现象，不必寻求其他原因；

二是对同一类结果尽可能归同一类原因；

三是物体属性，凡既不增强也不减弱者，又为试验所证实，就视为物体普遍属性；

四是把那些从各种现象中归纳导出的命题看作是完全正确的，虽然有相反结论，但没有出现更正确或例外以前应给予如此对待。

牛顿的这一重要思想构成了现代科学方法论的基础。

第一条是简单性原理。例如，沉积学、地层学研究认为，深埋在5000米以下的岩层，由于上覆压力和年代久远等原因，其原生孔隙空间会大大缩小，不利于油气储存。但是，2006年当我国四川盆地普光地区在深埋6000米的储层发现了平均孔隙度为28%、渗透率达到10~300mD的优质储层和大气田时，“真实性”使得原有的认识不再成立。20世纪60年代大庆油田开发初期，不少人不支持大庆油田可以在5000万吨高产的水平上实现连续稳产10年的技术论证方案，10年后，当稳产实现，有了这个事实之后，时任局长宋振明同志说：“我们现在是站着说有理，躺着说也有理”。这话很朴实，但符合方法论的简单性原理。

第二条是自然界统一性原理。例如，在不同地区钻井，如果出现了“地层重复”的同一类现象，即可归为“存在推覆断层”的同一原因。这就是自然界统一性原理。

第三条是客观普遍性原理。例如，砂岩含油岩心经反复实验，其电阻率值为20~200Ω·m，又经下井实际测试得到证实，可视为普遍属性。依据这一普遍属性(规律)

开发的电法测井技术已成为百年以来不可替代的核心技术。

第四条是经验基础原理。例如，油气地质研究的基本方法是根据石油地质的基本原理，结合生、储、盖、运、圈、保等要素，首先从宏观和全局出发，判断油气分布规律，再在优势地区借助物探、测井、钻井等信息资料，开展更加深入的归纳和分析，找到次一级的规律，形成成藏模式并以此为依据布井。只要发现了油气田，模式就得到证实。尽管有的规律对其他地区或更大范围并不能完全通用，还不能称为“新理论”，但只要没有更好的适用理论和方法替代它，这些模式(经验)就可视为正确。此判断属于正确的科学思维。

牛顿的方法论同他的力学三定律一样，既简明又深入。20世纪以来经爱因斯坦等科学家的提炼和大力倡导，进一步发展了“信息论”“控制论”“系统论”老三论和“耗散结构论”“超循环论”“协同论”新三论，充实了方法论的理论基础，使科学方法论成为自然科学研究中最普遍的指导思想。

二、科学抽象——更加深刻、正确、完全地反映着自然

思维是人脑对客观事物的认识过程，也是人类特有的活动。科学抽象的基础就是思维，是通过表象、概念、判断、推理以及其他过程反映客观现实的一种能动过程。有了思维活动，人们才能正确认识世界，发现规律，进而改造世界，求得人类生存和发展。恩格斯说：“一个民族想要站在科学的最高峰，就一刻也不能没有理论思维”；列宁指出：“自然规律的抽象、价值的抽象等，一句话，一切科学的(正确的、郑重的、不是荒唐的)抽象，都要更深刻、更正确、更完全地反映着自然”。这些见解都充分说明，理性思维在科学研究中的重要性和特殊的地位。

人们认识世界、改造世界就必须深入研究和掌握客观事物的本质及其运动规律，要经过一系列的科学抽象，包括逻辑思维、形象思维、直觉、灵感等，使感性的、经验的材料通过思维进行去粗取精、去伪存真、由此及彼、由表及里的改造和加工，去掉事物的表象和假象，撇开事物的偶然，剔除事物非本质的东西，进而获得对研究对象普遍的、本质的认识。

科学思维的能力和水平是衡量科学研究者能力和素质的重要标志。

科学的抽象有三个特点：一是从已知中区分出新的不寻常的东西，从毫无联系的东西中找出它们本质的关系；二是认识和理解这些新的共性，总结出规律性的理论；三是高层次的抽象必能演绎出低层次的抽象，并能通过实验验证。科学的抽象往往具有极大的创造性，它必须超越观察事实，以理论的形态出现。这正是人们发挥创造力的所在。

在我们熟悉的地质学当中，人们都知道这样一种自然现象：“千条江河归大海”，江河的水流在归大海的同时也把陆地的泥沙带入海中，随着水流的减缓，沉积下来的碎屑颗粒逐渐由粗变细。这些泥沙俱下，与水生物遗体搅和在一起的沉积物形成的岩

层是最好的油气聚集地区。由于地球和气候的变化和地壳本身的升降作用，使海平面时升时降，河流入海口的位置会因此而发生变化。同一地点的沉积粒度也会随着海水的升降出现由粗变细或由细变粗的现象。这些现象被归纳升华为“正韵律”“反韵律”或“沉积旋回”。20 世纪 70 年代，美国威尔等地质学家，经过对大量沉积现象的进一步深入研究发现，沉积物在某一时间段实际上形成的是一套由粗变细的三维沉积体，这些沉积体随着海进和海退会发生整体位移，两个沉积体之间存在着明显的界面。这些界面具有“等时”的规律，据此，他们“抽象”出“层序地层学”的新概念。这种被称为层序地层学的三维等时界面的科学抽象比起“沉积旋回”的“一孔之见”，从整体沉积结构和时间序列上更加深刻地反映了事物的本质，已成为寻找岩性地层油藏的重要方法。因为有的河流的终点不是大海而是内陆湖泊(如青海湖)，这种高层次抽象又被中国学者发展为次一级的“陆相层序地层学”。

马克思指出：“如果事物的表现形式和事物的本质直接合二为一，一切科学成为多余的了。”这句话说得入木三分。本质可以说明现象，现象却不能代表本质。科学研究的目的就是透过大量的现象和信息资料的搜集弄清事物本质的规律。如果研究起点是了解现象，研究终点还是综合地表述现象，那就说明没有根本意义上的创新。据笔者观察，在过去的几十年里，我们的许多科技成果最终都是表述现象，很少抽提出诸如层序地层学那样可以代表普遍规律的理论方法。在进行研究成果汇报时我们经常听到“特点”“特色”“趋势”等一类的结论，不具普遍意义。有的研究者甚至认为成果汇报没过关、不成功是因为“包装”得不够，其实，包装只解决“外表”，而科学的抽象在于本质和规律的升华。

科学抽象有三种途径，即逻辑思维、形象思维和直觉与灵感。

1. 逻辑思维

逻辑思维是科学抽象的重要途径之一。列宁说：“任何科学都是应用逻辑”；爱因斯坦说：“科学家的目的是要得到关于自然界的一个逻辑上前后一贯的摹写，逻辑对于科学家就像透视比例对于画家一样重要”。

逻辑思维能力是科学家进行科学抽象的重要科学素养。

逻辑思维又称理论思维或抽象思维，是在感性认识的基础上运用概念、判断、推理等思维形式对客观世界的间接、概括的反映过程。

科学抽象的结果必然形成科学概念，概念的形成标志着人们的认识由感性向理性阶段实现了一次质的飞跃。概念是自然科学的成果，是科学理论的基本细胞，建立了正确的科学概念，才能通过推理，经过检验，形成正确的科学体系。正确概念的建立，要注意以下两点：

一是注意获取对象的本质属性。对象的属性多种多样，但决定其本质属性的并不多。这种本质属性和对象密切联系，一旦消失，对象则不复存在。例如，“人”，有众多特征，可以出现多种定义：

(1) 人，“是动物”。不具备特指性。

(2) 人，“是脊椎动物”。也不具备特指性。

(3) 人，“是温血动物”。也不具备特指性。

(4) 人，“是有思维、有语言，会制造和使用工具的动物”。具备特指性。这个定义正确。我们有的科研成果经常把结论下到(1)(2)(3)，评审结果为“基本正确”，其实是完全不正确。

二是注意划清较难区分的本质属性与非本质属性的界线。“人”除了“完全直立行走”“有思维”“有语言”“会使用和创造生产工具”等本质属性之外，还有“牙齿”“骨骼”“皮肤”和“头发”等非本质属性。由于人的牙齿、骨骼、皮肤、头发与其他动物有区别，很容易也将其归为本质属性。区分本质属性与非本质属性的界线是实现科学抽象的难点。

弄清科学概念，还要注意它的外延和内涵。概念的外延是指适合于整个概念的一切对象范围。内涵就是指整个概念所包含的一切对象的共同本质属性的总和。例如：“太阳系的行星”这个概念的内涵是指按椭圆形轨道绕太阳运行的星球，而外延包括 9 颗大行星、1900 余颗小行星、34 颗卫星，以及彗星和流星体。在科学抽象形成概念时，要特别注意概念的内涵与外延，也就是要明确某个概念反映了事物的哪些本质的属性？指哪些事物？这样可以帮助我们掌握明确、清晰的概念，分清事物本质的区别和每一概念所包含的具体内容，避免犯混淆概念的原则性错误，这是科学抽象的基本功。

定义，是揭示概念内涵的逻辑方法，即指出概念所反映的对象的本质属性。定义的重要使命是总结科学研究的结果，把对新事物的认识，即概念中最重要的本质属性用最简练的形式表达出来。

在表达定义时应注意四条规则：

一是定义应当相称。构成定义的两个重要部分——被定义的概念和定义的概念应当有相同的外延，不应当扩大或缩小。例如，“原子核是基本粒子。”把原子核定义为基本粒子，这就是错误的，因为原子核是由基本粒子组成的更高层次的结构，它并非是基本粒子，两者的外延不同。同理，“人是动物”也是不对的，因为动物不都是人。

二是定义不应当循环。如果甲概念必须借助于乙概念来定义，就不应当反过来，用甲概念来定义乙概念。例如：“石油钻井工程学是研究石油钻井工程的科学”；反过来也可说，“研究石油钻井工程的科学就是石油钻井工程学”，这是一种同义语反复，在科学上未增添任何新内容，毫无意义。

三是定义一般不应当是否定判断，定义应当说明对象是什么，不应当说明对象不是什么。例如，“注水开采技术不是三次采油技术”“氧气不是氢气”这种定义不能帮助人们明晰地掌握事物的本质。

四是定义应当简明、清晰、确切。不应当用比喻或描述来表达。例如“大位移水平井是水平位移比垂直位移大得多的井”这样的定义没有形成准确的科学概念，只能造成混乱。

当前，在我们研发过程中至少存在以下两种逻辑关系不清的现象：

一是所答非所问。我们的一些研究成果往往没有回答立项要解决的问题。开题时提出的问题可以出现若干个或数十个研究成果，这是很正常的，但是这些成果必须与立项开题时提出的总问题有密切的对应关系并对解决问题有确切的作用，实际上我们看到，有的成果回答的问题与要解决的问题毫不相干。

二是层次结构不清。最终成果应由初级成果深化发展而成；集成成果应由多专业、多学科技术融合而成；技术成果是理论方法成果的应用结果。这就是基本的层次结构和逻辑关系。当前研究成果的通常表述是：形成了××项理论、××项技术，产生了××效果。帽子是扣上了，但有的成果反映本质内涵的内容空洞，形成的“系统”多有拼凑之嫌。不少项目没有说清理论创新了什么，解决了研究目标中的什么认识问题，这些新理论指导开发出什么新技术，这些新技术围绕新认识和总体目标分别在技术上、在形成新的生产力上解决了什么问题，各项创新成果分别有多大的作用。

出现上述问题的原因同开题设计不完善也有很大关系。有的项目开题时课题间的逻辑关系论证不够，课题与项目的集成加合作用论证不足。如，某勘探项目，目标确定为从××年—××年增加××亿吨石油地质储量。在这个项目之下，安排了地质、钻井、地震、测井、地面建设等子课题，各子课题目标相对独立，都是“到项目完成时为实现项目总目标攻克××技术”，好像各子课题的目标完成了总项目的目标自然也就实现了。实际上是缺乏各子课题创新技术集成应用的内容和集成应用阶段进度计划及时间表，使子课题的攻关目标和项目总目标缺乏集成时间、应用时间、应用地点、团队责任等有机联系。这样的项目，成果出来很难有令人满意的整体效果。

应当围绕总目标要解决的问题，用逻辑关系清晰、内在联系紧密的表述方法体现研究成果的本质和内涵。

2. 形象思维

科学中形象思维的重要方式是想象。想象是人们在原有的知识基础上对记忆中的表象，重新配合与加工而创造出新的形象，也可能是实际上并不存在的事物的形象。想象，大大丰富、发展了人们认识自然和改造自然的能力。

爱因斯坦说：“想象力比知识重要。”

康德对想象力在认识中的能动作用作了精辟的分析，他说：“想象力是强有力地从真的自然提供给它的素材里创造出一个相似的另一个自然来，当经验对我们显得太陈腐的时候，我们同自然界相交谈，在这里我们感觉到从联想的规律解放出的自由。在这里固然是大自然对我们提供素材，但这些素材却被我们改造成为完全不同的东西，即优越于自然的东西”。

培根认为：“想象因为不受物质规律的约束，可以把自然界里分开的东西联合，联合的东西分开，这就是事物之间造成了不合法的配偶与离异”。正是这些不合法的“配偶”和“离异”，为科学的发明和创造开辟了远比自然界更为广阔的天地。

形象思维对工程技术人员更具有突出的意义。工程技术是人们改造客观世界的实践活动，一般来说，总是在符合自然规律和满足生产需求前提下，从事工程技术工作的工作者先在自己头脑中有意识地产生一个蓝图，产生一个形象，然后再去设计建造。马克思在《资本论》中曾举出一个生动的比喻，他说：“蜘蛛的工作与织工的工作相类似；在蜂房的建筑上，蜜蜂的本事，曾使许多以建筑师为业的人惭愧。但使最劣的建筑师都比最巧妙的蜜蜂更优越的，是建筑师以蜂蜡建筑蜂房以前，已经在他脑筋中把它构成了。”劳动终了时取得的结果，已经在劳动开始时存在于劳动者的观念中、脑海中。从罗马的斗兽场、悉尼的歌剧院到鸟巢、水立方、国家大剧院……都是首先体现在形象上、蓝图上，然后再建造完工。没有形象思维，没有形象思维与逻辑思维的结合，就不可能有任何的工程技术成果，就不可能出现人类改造世界的宏伟图景。

1964年年初，胜利油田发现之后，中央批准石油工业部抽调大批队伍进行华北石油会战，从20世纪60年代到80年代初，地质学家以背斜理论为指导，先后发现35个油田，建成年产近2000万吨的生产规模。进入80年代，由于对渤海湾盆地济阳坳陷资源潜力认识不足，加之地质构造复杂、断层密布，落差悬殊，油藏类型多、含油层系多、油水关系复杂，油气性质多变，曾一度出现勘探低潮，康世恩部长听了多方面地质勘探情况的汇报发现，这儿不像大庆油田地质构造那样简单，这里是“五忽”，即“忽油忽水、忽高忽低、忽厚忽薄、忽无忽有、忽稠忽稀”，尽管没有新理论指导，但“五忽”在康部长脑海里构成了新的蓝图，指导地质学家在勘探部署中打破常规，发现了一批新油气田。之后经地质研究者的完善、总结，逐步形成和建立了“渤海湾复式油气聚集理论”，并获得了国家科技进步特等奖。

想象是人们进行创造性思维的重要方式。20世纪50年代，时任中国科学院院长的郭沫若先生曾说过：“科学活动需要想象和综合的创造性”“想象可以综合各种各样的研究成果来构成一种自然界没有的东西。因此科学研究也包含着丰富的浪漫主义精神”。法国伟大的文学家雨果(V. Hugo，1802—1885)也曾经说过：“想象就是深度。没有一种心理机能能比想象更能自我深化，更能深入对象，它是伟大的潜水者。科学到了最后阶段就遇上了想象。在圆锥曲线中，在对数中，在概率计算中，在微积分计算中，在声波的计算中，在运用几何学的代数中，想象都是计算的系数，于是数学(不再枯燥)成了(美丽的)诗。”

想象在创造性科学研究中有以下作用：

(1) 想象能进行创造性的综合。

想象的特点全在于能以形象的方式来改造旧的经验。它既可以对两个毫不相干的实物予以联系并拼接起来而成新的事物；又可以利用我们已有的知识，在脑海中进行加工处理而和某一些事物联系起来构成更新的想象。这往往为人们认识自然、改造自然提供了新的突破口，具有较大的创造性。1960 年大庆油田投入开发，由于油层多，油水层间互，如何合理开采多层油藏，难度很大。为此成立了采油工艺研究所，组织科技攻关。一天，康世恩部长来到研究所找到时任所长的刘文章同志，康部长蹲在地上，拿着一根树枝边画边说，“能不能搞一个像糖葫芦那样的工具，下到井里把油层与油层、油层与水层分隔开来，想调整时再抽上来换位置”。这个想法使刘文章同志顿开茅塞，立即组织万仁溥、于大运等同志按照康部长的思路，研究技术方案，画出了图纸。三个月内完成了我国第一个具有自主知识产权和先进水平的封隔器——糖葫芦派克诞生了。这项技术成为大庆注水采油的一个重要工具，获得了国家技术发明奖，至今仍然发挥着不可替代的作用。

(2) 想象是新概念、新理论的设计师。

新概念、新理论提出和形成的机制异常复杂，目前尚不能充分加以说明。但是，新概念、新理论的形成往往首先是有假说。一般来说，人们总是利用已知去认识未知，在已有知识不能解释新事实、两者存在着巨大的沟壑而逻辑思维又无法应用时，想象就大显身手了。它利用人脑中贮存的各种表象和知识重新组合，与新事实进行比较、分析、类比，尽量使想象的结果与新事实靠近，尽可能在某些主要方面解释、说明新事物，也可能开始时极不完善，但它指明了方向，为新事实与运动过程提出了新的模型，阐述或解释了新事物的原理或规律，形成了新概念、新理论。这需要创造性的想象力，这就是伟大的创造，是人们独有的能动性通过想象结出的丰硕成果。华北油田经历了 30 多年高强度开采，发现的石油储量日趋下降，怎样获得新发现，赵贤正、金凤鸣研发团队提出了新的设想。他们认为，根据生油总量计算，在正向构造带目前已找到总资源量一半以上，勘探程度已经非常高了，另一半哪里去了？按常理负向构造不是油气藏富集区和勘探有利地区，但近一半的资源量只能赋存于那里，别无存处。于是他们用逆向思维，仔细在负向构造带发掘有利的储集体。经过四年的研究探索，终于发现了四种新型油藏，找到 2.4 亿吨原油，打开了一个新局面。此项成果获得了国家科技进步二等奖。这从一个侧面印证了“新区可以用老思路，老区必须用新思路才能有更多发现”的找油哲学。

(3) 想象是激发和鼓舞力量的源泉。

英国科学家贝弗里奇(W. I. B. Beveridge，1908—)指出：“想象力之所以重要，不仅在于引导我们发现新的事实，而且激发我们做出新的努力，因为它使我们看到有可能产生的后果，事实和设想本身是死的东西，是想象力赋予了它们生命”。想象所产生新的图像、新的概念、新的理论都会给科学技术工作者揭示一个新世界，它可能透露自然界的奥秘，也可能创造出有益于人们的新工具，这些都将鼓舞着人们进一步去探索、去创造。戴金星院士在 20 世纪 80 年代研究全球天然气分布规律时发现，中东地区富含石油，而位于北极圈附近或高纬度地区发现了乌连戈伊、格罗宁根等大气田，油却很少。据此认为，天然气很有可能存在区域富集的特点。在他的研究报告中提出了“天然气聚集域的理念”(包括我国四川、塔里木、鄂尔多斯、南海在内)，这个假设指出了方向，增加了勘探天然气资源的信心。经过 20 多年的实践，当年的预测基本得到了证实。

想象的新图像、新概念并非痴人说梦，它是以人们一定的科学理论和经验作基础的，虽然它还不够完整和系统，但有一定的合理性，因而成为人们前赴后继发展科学的推动力。当然，通过想象(形成的各种形象)并不能直接提供科学成果，也不是万无一失的。丰富的想象必须和人们的批判力、鉴别力以及孜孜不倦的奋斗精神相结合才有可能实现。

想象没有判断的帮助，是凭空的想象，它有时可以把我们引入歧途。因此，只有把想象与事实结合起来，运用人们已有的各种理论及经验知识对其加以判断，才能指明发展方向。在对待想象的问题上，必须持科学态度，想象要倾听实践的呼声，接受正确理论的指导和事实的检验。

科学技术的发展是逻辑思维与形象思维相结合的产物，而形象思维往往能使人们迅速、清晰地透过繁杂的现象，掌握事物的本质，并建立起数学模型求解。

没有形象思维的自然科学技术将是不可想象的，它会使人们感到繁琐枯燥，无所适从。形象思维在发展人们的创造性方面更有特殊的作用。它是今天自然科学迅速发展的重要因素，也是现代技术能为人们提供千姿百态奇异产品的前提。

3. 直觉和灵感

科学抽象过程除了逻辑思维与形象思维之外，还存在另一类特殊的思维途径——直觉与灵感。它们的出现往往带有突发性、跳跃性、缺乏自觉性等特点，这类思维往往具有较高的科学创造功能。

爱因斯坦说：“我相信直觉和灵感”“物理学家的最高使命是要得到那些普遍的基本定律，由此世界体系就能用单纯的演绎法建立起来”。他在谈到灵感时指出：从 1895 年就开始思考“如果我以光速追一条光线将会找到什么?”10 年来一直找不到答案，1905 年一天早上起床时，突然想到：对一个观察者来说是同时的两个事件，对在其他惯性系上别的观察者来说，说不定是同时的。狭义相对论就在这个灵感的火花中诞生了。古希腊科学家阿基米德的伟大发现——浮力公式，也是为测试皇帝的金冠而“逼出来”的灵感。

直觉和灵感对科学创造有着重要的作用：

(1) 在科学创造中，直觉和灵感能够帮助我们从不认识的新事物中提炼出“物理图像”或形成“工作简图”。这是认识物质世界的关键一步，有了它，才可能形成新的概念进行数量分析，建立方程式求解。这一关键的步骤很少能用逻辑思维来完成，它需要直觉和灵感。分子生物学出现的标志——DNA 双螺旋结构的发现，就是沃生、克里克(J. D. Watson，1928— ；F. Fr. Crick，1916—)最初提出的 DNA 三链螺旋结构与实验事实背道而驰的情况下，去英国皇家学院求教 X 衍射专家威尔金斯(M. Wilkins，1916—)和富兰克林(R. Franklin，1920—1958)后，受到启发，在回家的路上，沃生才从生物对象的成对性突然想到 DNA 的结构可能不是三螺旋，而应是双螺旋。他写道："我骑自行车回到学院，并且从后门爬了进去，这时我才决定要制作一个双链模型。克里克不得不同意，虽然他是一位物理学家，他会懂得重要的生物体都是成对出现的。"他们抽象出双螺旋模型后，克里克又敏感地直觉到它的碱基互补性应是解释生物遗传复制机的钥匙，这个 DNA 的双螺旋图像又帮助他们进一步用于抽象解释生物的遗传机制，并获得了巨大的成功。直觉、灵感往往是将已有的知识和新的研究对象联系起来、沟通认识的重要渠道，当然这两者之间可能看来是相隔十万八千里、风马牛不相及。这种大幅度、跳跃式的认识对创造性的科学研究具有重大意义。

(2) 在科学创造中，科学家往往依靠直观来进行选择。创造性的思维活动一般总从问题开始。所谓问题，一般是指有了矛盾，有多种可能的方式来解决矛盾。那么，重要的问题就在于选择正确的符合客观规律的解释。法国数学家彭加勒(J. H. Poiucare，1854—1912)说过："所谓发明，实际上就是鉴别，简单说来，也就是选择"。这样说来似乎过于简单了，但发现和发明创造的过程往往是在各种可能性中进行选择，这种选择往往取决于科学家直觉能力的高低。我国炼油化工专家伏喜胜教授的研究团队发明的新型齿轮润滑油就是先从机理入手，解决了用不伤害金属表面的"齿轮膜"代替通常的"反应膜"的机理认识问题；再从 200 多种化合物、20 多种方案中研究和选择生成"反应膜"的技术配方，经过 5 年的探索，终于发明了一种能够解决齿轮在极端压力下不伤害齿轮金属表面的新型齿轮油，极压性能提高了两倍，获得了美国和中国的发明专利，成果荣获国家技术发明二等奖。

(3) 直觉、灵感在科学创造中能产生新思想、新概念和新理论，对科学发展有重大战略意义和深远影响。科学家们能在纷繁复杂的事实和材料面前，敏锐地觉察到某一类现象和概念具有重大意义，因而预见到将来发生重大发现和创造的可能性。这种直觉被称为"战略直觉能力"，它决定了科学研究发展战略的成败。直觉、灵感的生理心理机制是人们知识因素和大脑思维运动逐渐积累和发展到一定关节点上迅速综合而产生的质的飞跃。

如何产生和捕捉直觉和灵感?

——直觉和灵感的产生是建立在丰富和专门的知识储备之上的。

——直觉和灵感的出现存在于对问题寻求解答的反复思考和艰苦探索之中。

——直觉和灵感的出现是在对各种科学方法、思维方法达到十分娴熟以至可以毫无意识地进行选择和运用的程度之后。

——直觉和灵感往往产生于紧张工作后的思想松弛之时，而且是以闪电的形式出现。一般是来也匆匆，去也匆匆。因此要注意劳逸结合，并养成随时记录直觉和灵感的习惯。

——讨论和思想交锋，可以促进直觉、灵感的产生。直觉和灵感往往是人们思想处于"受激状态"下的产物，不同专业的思想交锋和讨论是激活直觉、灵感的重要因素。国外提倡的短暂的、创造性的、集体的头脑风暴法(Brain Storming)就是一种获得直觉、灵感的好方法。

直觉、灵感在科学创造中有极重要的作用，应当引起我们的重视，但是它的基础仍然是丰富的知识、艰苦的劳动和旺盛的求知欲，不能等待在梦幻中创造科学奇迹。

三、假说——只要自然科学在思维着，它的发展形式就是假说

假说是科学发展的重要形式，也是科学研究的重要方法。从假说的形成到假说向理论的过渡，是一个充满矛盾的极其复杂的过程。探讨其中的认识和方法论问题，对顺利进行科学研究具有重要意义。

1. 假说的定义和基本特征

恩格斯在《自然辩证法》中对假说在科学发展中的作用给予了高度的评价和精辟的概括："只要自然科学在思维着，它的发展形式就是假说""一个新的事实被观察到了，它使得过去用来说明和它同类的事实的方式不可行，从这一瞬间起就需要有新的说明方式"。

假说对推动石油科学十分重要。石油行业是采掘行业，其业务目标是发现和获得更多的油气资源，地球科学是石油科学的基础，因其时代久远，对象的巨大和深不可测，至今仍然依靠间接的地球物理信息(地球物理勘探行业严格意义上应定义为信息行业)、局部的井下岩心观察和地面出露岩石的观察判断地下地质情况和油气分布状况。地质研究者提出的任何地下"规律和模式"都是假想，尽管在假说没有完全被证实又没有新的假说替代，可以认为它是正确的。

20世纪60年代，康世恩就提出"我们的岗位在地下，斗争的对象是油层"，是提倡石油工作者要保持强烈的找油欲望，大胆设想。渤海湾地区石油勘探会战初期，时任石油工业部部长王涛博士把渤海湾地区的地下构造分布描述为"一个盘子摔在地下又踢了一脚"，启发了人们的思维。王涛常说："面对这么大而深奥的地球，我们的认识还远远不够，脑子里没有油怎么会找到油。"两位部长的科学态度，对推动油气资源勘探起到了重要作用。

假说具有以下基本特征：

——有一定的科学根据，任何假说虽然都是猜测性的，但又都有一定的事实理论作依据，并能解释与它有关的事物和现象，与它引为根据的已有理论不至于产生矛盾。

——有一定的猜测性、假定性和或然性。

科学假说虽然有一定的科学根据，但开始研究问题时，根据常常不足，资料也不完备；对问题的看法只能是一种推测，还没有经过实践的检验，是否正确还不能断定。所以任何假说都带有猜测性、假定性的成分，其结果是或然的。因而它与理论不同。

理论是通过了检验被确认为真理性的认识，而假说只是待检验的或然性认识。

2. 假说是发挥思维能动性的有效方法

人们对未来领域的探索常常带有很大的盲目性。但人类的任何活动都是在一定思想指导下，为实现某种目的行动，这是能动性的一种表现。这种目的性和盲目性、主观与客观的矛盾的解决，常常采用假说的形式。在研究课题确定后，如何着手研究？首先要在已有的知识与材料调研的基础上，对问题的解决有所猜测和计划，确定观察内容，收集有关资料。虽然最初的猜测有很大的试探性、粗糙性，但没有它就无法进行科学研究工作。这种猜测可以说是假说的萌芽形态。在它指导下收集资料的过程，同时又是检验它自身的过程。根据进一步收集到的资料，对它做出修改或提出新的猜测来代替它，这个过程不断地进行，直到主客观一致，问题得到解决为止。人们就是这样借助于已知的认识，向未知领域试探着前进。假说是发挥思维能动性的有效方式，是智力活动的主要手段，是自然科学的思维形式，它使研究工作带有一定的自觉性。

3. 假说是科学认识发展的必要环节

假说不仅是科学研究的方法，而且也是感性认识向理性认识、主观认识向客观真理过渡的必要环节。由于主客观矛盾的存在，无论感性资料是否正确和充分，经过思维加工、科学抽象，形成的认识都包含着猜测成分和错误的可能，这些主观因素中不符合实际的部分不可能在思维范围内解决，只有通过实践检验才能鉴别和剔除，使其转化为理论。自然科学就是沿着假说—理论—新假说—新理论……这个发展途径，越来越丰富和完善的。

4. 不同假说的争论有利于科学研究的深入和发展

假说还可唤起众说，促进不同学说、观点的争论，有利于学术的繁荣和科学的发展。提出不同假说的各家都力图证明自己的观点正确，以便说服或驳倒对方，这样就会使事物的不同侧面得到更充分的挖掘与揭露。通过争论，揭露矛盾，可以启发思想，打破习惯性思维的束缚，有利于开阔思路、克服缺点，促进科学研究的深入。针对地球科学的假说，国外学者居多，中国也有许多学说，例如李四光的地质力学、张文佑的断块构造说、黄汲清的多回旋构造说、陈国达的地洼学说、潘钟祥的陆相生油说、吴崇筠的陆相沉积论、李德生的“箕状凹陷论”、胡朝元的“源控论”等。2000 年以来，围绕四川罗家寨和普光气田的发现，对其沉积背景是海槽还是陆棚存在着不同的观点，大庆宋芳屯气田某些气井是有机气还是无机气也有不同见解等，这些假说和争论对推动科学理论的发展都做出了积极的、重大的贡献。

提出假说应遵循以下原则：

——解释性原则。这是指假说与事实的关系。一般来说，提出的假说不应与已有的事实冲突，它应能对它们做出统一的说明与解释。

——对应性原则。这是指它与已知理论的关系。假说不应与已有的理论矛盾。若发生矛盾，调整的一般顺序是先小后大、先易后难。在不得已的情况下，开始提出假说时，也可暂时不顾及理论的相容性，但最后，新假说取代旧理论时，它应继承旧理论中被实践检验过的合理内容，并把旧理论作为特例、极限形式或局部情况包含在它自身之中，使它在从前研究的领域内仍保持其意义。

——简单性原则。这是指新假说应具有逻辑上的简单性，即它所包含的彼此独立的假说或公理最少，而非理论内容上的浅易、数学形式上的简单，应该注意不断精炼假说的内容并使它们协调一致，以便采用最少的假说前提说明更多的现象。

——可检验性原则。提出的假说，原则上要能够用观察、实验进行检验。这样，才能判定它的真伪。不可检验的假说是不科学的，也是不可取的。

四、观察和实验——科学研究的基础、科学原理的起源

观察和实验是人类科学认识中的重要实践活动。作为一种科学方法，它是随着近代自然科学的发展而发展起来的。观察和实验方法是科学研究中一种最基本、最普遍的方法，它是认识主体获得感性经验和事实的根本途径，也是检验和发展假说的实践基础。观察和实验在科学认识论中占有重要地位。

1. 观察

观察是人们通过感官或借助一定的科学仪器，有目的、有计划地考察和描述客观对象的方法，一般是在自然状态下，在观察对象不加变革和不加控制的状态下进行的直接观察。在人为干预控制对象条件下的观察是实验观察。直接观察是指直接通过感官考察客体的方法。它的优点是直观、生动，具体避免了其他中间环节引起的差错。20 世纪初，德国科学家魏格纳从地图上发现美洲与非洲的凹凸部分可以对得上，使两个大陆成为一个整体，又发现某些候鸟的化石不以南北极为导向，而是“曲折”飞行，由此提出了“地壳破裂”“大陆漂移”的科学假说，随着物探、钻井技术的进步，20 世纪 60 年代该假说被证实，成为人类重要科学发现之一。伽利略是比萨大学一个医科学生，他在教堂参加例行的祈祷仪式时，被吊灯链条的摆动所吸引，发现其振幅尽管越来越小，但往返摆动一次所用的时间差不多是一样的。这千万人都司空见惯的现象导致伽利略对钟摆的研究，他由此提出了著名的单摆等时性原理。袁隆平在海南育种时，踏遍田野，反复观察，发现了一株特殊的野生稻，经多年种植培育获得了杂交水稻的突破。南疆库车地区岩层破碎，山峰直立，但经过科研人员的仔细观察，发现存在 300~500 米厚的膏盐地层，无论构造如何变动，这种塑性地层都具有极好的密封性能，为科学地布井钻探提供了重要证据，克拉 2 特高压大气田就是据此布井发现的。20 世纪 70 年代，裘怿楠、薛培华团队到河北省拒马河流域挖掘“探槽”，实地观察现代河流因河道变迁形成的砂体沉积规律，依据观察到的大量资料形成了模板、建立了模型，这一成果在指导我国东部地区古近系和新近系河流相储层为主的油藏开发中发挥了重要作用。直接观察对于地质工作者是最重要的基本功，笔者看到老一辈地质学家常年在野外风餐露宿，他们边走边观察，时而拉皮尺丈量，时而用罗盘测量，时而用榔头敲打，

取下岩石，并实时画出精美的地质素描，把各类岩层的关系及构造、断层都表示得十分清晰。地球物理技术十分重要，但只能提供地下信息，通过钻井可从井下取出岩心，但只能看到宏观地质体一个小小的局部，而野外观察可以为地质研究者提供三维的地质景象，十分有用。这个基本功现在已大不如前了。尽管计算机技术可以把各种地质图件做得十分“逼真”，殊不知，真实的地质体才是认识的基础和本质。

间接观察是人的感官通过仪器观察客体的方法。如果说工具是人类四肢的延长，那么仪器就是人类感官的延长。它扩大了感官观察的范围，提供了准确的观察手段。间接观察扩大了认识的范围，它生动地证明了世界上没有不可认识的东西，而只有尚未被认识而将来可能认识的东西。例如，借助电子显微镜可以看到储层孔隙喉道等细微结构；借助色—质联机等仪器可以分清物质的成分和构成并以此判别储油层中原油的成分，通过油源对比，勾画出油气运移的方向，为判断油气聚集的部位和规模提供重要依据；借助冷热台—荧光仪等仪器，可以在古老的沉积地层中通过共生的微小包裹体精确识别当时的温度、压力及流体性质等重要参数，从而对储层成岩过程和油气充注过程做出有根据的判断；借助核磁共振仪可以准确快速描述岩石内部孔隙与喉道结构的三维分布和油气水的分布；借助镜质组反射测量仪和裂解仪可以定量判断沉积岩石在远古时代的油气生成的时间、成熟度和油气生成量……正如医生看病一样，先开一些诸如 B 超、核磁、心电图、血液生化检测等单子，再根据各种结果综合判断病情，以对症下药。间接观察能更加精确和多样地反映自然界的本来面貌。

观察是科学研究获得感性材料必不可少的环节。观察客体所得的各种事实和材料是科学研究的基础，是科学家一切发明创造的出发点。俄国著名化学家门捷列夫说过“科学的原理起源于实验世界和观察的领域，观察是第一步，没有观察就不会有接踵而来的前进。”

观察不仅是科学认识发展的基础和源泉，而且对检验科学假说、发展科学理论具有决定性的意义，是检验科学知识真理性的手段。科学上任何重要的理论，当它未被验证时都只能是假说。爱因斯坦在 1915 年提出广义相对论时，许多著名的物理学家都很不理解，直到 1919 年爱丁顿通过日食观测证实了广义相对论的推论，一夜之间，爱因斯坦变成了最著名的伟大科学家。由于广义相对论可被观察检验的事例比较少，至今也还有人把它称作假说。太阳系学说提出后的三百年之中，一直是一种假说，这个假说尽管有百分之九十九以上的可靠性，但毕竟是一种假说。当勒威耶(Urbain. Le Verrier，1811—1877)从太阳系学说所提供的数据，不仅推算出还存在一个尚未知道的行星，而且还推算出它在太空的位置时，后来伽勒(J. G. Galle，1812—1910)确实发现了这个行星的时候，哥白尼的学说才被证实。科学家们历来都十分重视观察实验在科学认识中的作用。法国著名微生物学家巴斯德(L. Pasteur，1822—1895)说过：“在观察领域里，机遇只偏爱那种有准备的头脑”。机遇只偏爱有准备的头脑的含义，还包括研究者必须有敏锐的识别能力，只有这样才能使那些意外发生的事件被捕捉到。要勤于观察、留心意外的现象，才可能对机遇提供的信息及时发现、抓住不放。在历史上，许多重大科学发现公布之后，常常使某些人后悔莫及，他们在此以前已经观察到这样的事件，只是未引起重视而已。

2. 实验

实验和观察一样，是非常重要的科学实践活动，是一种有目的、有计划地考察客观对象的方法，但实验还有着自己的特点。为了要正确运用和充分发挥实验的作用，需要研究选择实验方法。实验方法是人们根据一定的科学研究目的，运用一定物质手段(通常是科学仪器和设备)，在人为控制、变革客观对象的条件下获取科学事实，探索、研究客观对象本质和规律的方法。

实验方法是在人为控制条件下去观察客体的方法，因此，它比观察方法能获得更多的科学事实，具有更多的优越性。实验是一种主动的观察，能更好地发挥人的主观能动性。实验不仅和观察一样，是检验科学假说与理论的重要途径和手段，而且它比观察方法能更有力地揭示事物的本质，证明其客观必然性。

近代科学发展的历史表明，科学实验已从生产实践中分化出来形成独立的实践活动，它有着生产实践无法替代的功能。近现代新的科学理论都是在一定实验基础上产生的。实验又是科学理论运用于实际生产的桥梁和中介。在现代，新的技术成果大都是运用一定科学理论在实验室里发明创造出来的。从第一支真空管，到第一只克隆羊都是在实验室中诞生的。从水驱提高石油采收率、高分子聚合物驱油提高石油采收率，到注蒸汽提高稠油油藏采收率等成功的工程技术都是从实验室开始的。

实验是在变革自然的条件下进行的，它可以突破自然条件的限制，人为地控制和干预自然，以达到认识自然或事物本质的目的。对于某些极端复杂或已时过境迁、无法再现的自然现象，可以通过实验的方法进行研究，如生物的遗传、生命的起源等。实验又是一种有计划、有目的、向自然界索取某种预期的东西的方法，是一种改造自然的实践活动，其实验结果运用于生产将带来直接的经济效益。实验方法在揭示事物的客观必然性及其本质的运动规律方面有重要的意义。对于许多自然现象，有时单凭观察所得的经验是无法证明其必然性的。必然性的证明是在人类活动中、在实验等实践中实现的。在现代科学研究中，实验方法和实验手段具有非常重要的意义。由于实验中控制装置、测试记录、显示装置或直接作用于对象的发生装置等实验手段的革新，往往带来科学上的重大突破。据统计，获诺贝尔物理学奖的成果，60%都来自新的实验技术，实验技术水平也是判断一个国家、一个行业科学技术水平、科技创新能力和科技竞争力的标志。

实验方法的主要特点如下：

(1) 实验方法可以简化和纯化研究对象。由于自然界的事物或生产技术系统常常是各种因素相互作用交织在一起的，它们与周围环境相互联系，因而其现象十分复杂，其中哪些因素是主要的，哪些是次要的，也常常无法直接辨别。若将研究对象置于严格控制的实验条件下，把自然过程或生产过程加以简化和纯化，排除各种偶然因素、次要因素和外界因素的干扰，使对象的某种属性或联系以纯粹的形式呈现出来，以便于揭示其在自然或生产过程中的客观规律性。例如，影响西气东输管线输气量的因素有压差、流量、管壁阻力、温度等，通过实验可以把每一种因素的作用分别测量和表述出来，从而得出了减少管壁阻力可以较大程度提高输气量的结论。中国石油管道公司管道科技研究中心为此立项，李国平团队历经十年攻关，发明了具有世界领先水平的原创性减阻剂，2009 年 2 月该成果获国家技术发明二等奖。

（2）实验方法可以强化实验对象。有些事物和生产过程常常处于某种稳定状态，为了要揭示其变化的规律或本质，要在特殊的条件下强化研究的对象，如超高温、超低温、超高压等条件下，可以发现在常温常压条件下许多材料所不具有的性质。1911 年荷兰物理学家卡曼林·昂尼斯（H. Kamerlingh Onnes，1853—1926）首先发现汞在超低温 4.173K 以下时失去电阻，并初次称之为“超导性”。后来陆续发现许多金属、合金和化合物在温度低于其临界温度（即物体从正常过渡到超导态，发生这种相变的温度）时，都会出现超导性质。

（3）实验方法可以加速延缓、再现或模拟某些自然过程。如对于已成为历史的，或规模巨大的自然现象，或在自然条件下变化得过缓或过快，均可通过模拟实验再现这些过程。1995 年，为了研究莺歌海高压气田成藏过程，董伟良、单家增团队采用原始岩心做成模拟地层，每 2 厘米代表一个百万年的沉积厚度，经实验，由于气流的涌动，塑性泥质沉积物向上挤压加厚，出现了“底辟”现象，有的还可连续刺穿上面的两套储油层，这个实验与地震资料解释基本相符，较好地解释了古老构造的形成和油气聚集的过程。

（4）实验方法还是一种经济、可靠的认识自然和变革自然的方法。人类对自然界的认识和实践过程是一种探索性的活动。它可能要经历多次曲折复杂的失败以后才能获得成功。而实验方法相对于生产或其他实践环节来说，规模较小、周期较短、费用较少，即使发生多次失败，一般损失较小，且实验条件和实验对环境及人身安全的影响而言，比生产易于控制，因此在各种技术领域，新产品的试制都要经过多次实验和检验。在自然科学研究中，新的发现和新的理论的提出，也常常是在实验研究的基础上产生的。实验方法的这些特点决定了它是科学研究中普遍应用和不可缺少的方法。

五、筛选和确定课题——正确的提出问题，研究任务就完成了一半

科学的起点是问题，问题就是对已有知识的挑战。许多科学家认为，正确地提出问题，研究任务就完成了一半。科研选题十分重要，选题是科学研究认识过程的起点。一开始就必须投入时间和精力选好需研究的问题。

确立问题，就是确立研究的目标和主攻方向，以最大限度把注意力集中在关键点

上，针对科学技术的难点，提出有创见性的科学设想或解决方案，对若干个科学设想进行论证，从正反两个方面研究实现的可能性，对解决方案逐个分解到次一级要素，并分析实现的可行性和集成的可能性。研究的问题选择的好坏，往往决定研究工作的成败、进度和成果的大小。不同的问题，需要用不同的方法去解决，从这个意义上说，问题也决定了研究过程的主要方式和方法。

科学研究的一般程序或公式，可以表述为下列步骤：

——选题，包括调查研究、搜集有关理论和观察实验资料；

——科学抽象，提出猜测性假说；

——观察实验，检验假说；

——假说获得证实，上升为理论，并付诸实践，在应用中继续检验；

——假说被证伪，产生新的问题，开始新的循环。

(1) 题选得好，方向正确，可以捷足先登，后来居上，突破一点，带动全盘。选题失当，方向有误，则会久攻不克，事倍功半，得不偿失，甚至虚度光阴，劳而无获。

1982 年大庆油田吸收国外经验，决定在高含水后期采用注聚合物开采，以进一步提高油田采收率。在认真进行国外技术“调研”的基础上，用近两年的时间针对大庆油田的储层条件进行了化学剂、注采工艺、地面工艺等以工业化实现为目标的可行性研究。由于问题研究得比较透彻，技术路线正确，开题后，经过十多年的持续攻关，先后完成了室内实验、技术原型创新、中间试验和工业化试验的全部研发阶段，形成了具有自主产权的、国际领先的、新一代的核心技术。该技术每年可纯增原油 1000 万吨。

据笔者了解，过去我们的许多课题，甚至是十分重要的课题，因为开题仓促，未做认真调研，导致研究内容重复。据 2000 年国内一篇文章的统计，全国研发课题重复率为 40%。杨振宁先生说过，20 世纪 60 年代美国的基础研究项目重复率达 60%。那指的是前沿的科学探索，这方面的重大前沿课题当然允许有多个国家、多个团队同时探索；而笔者指的 40%是已有成熟技术的重复研究或稍有改进的，但绝大部分研究内容是重复的项目，这种低水平的重复应尽量避免。

选题本身也是一项科学研究。从这个意义上说，正确地选题，既是科学研究的起点，又是科学研究的结果。能不能选好题，不仅反映研究者的工作态度和思想方法，也能反映出他的研究水平和科研能力。

培根说：“一个能保持着正确道路的瘸子总会把走错了路的、善跑的人赶过去。不但如此，很显然，如果一个人跑错了路的话，那么越是运动，越是跑得快，就会越加迷失得厉害。”

爱因斯坦在回忆录中说：“提出一个问题往往比解决一个问题更重要。因为解决问题也许仅仅是一个数学上或实验上的技能而已，而提出新的问题、新的可能性，从新的角度去看待旧的问题，却需要有创造性的想象力，而且标志着科学的真正进步。”

英国著名物理学家、科学学的创始人贝尔纳(J. D. Bernal，1901—1971)也强调“课题的形成和选择，无论作为外部的经济要求(对最终获得的经济效益)，抑或作为科学本身的要求(最终取得的学术成就)，都是研究工作中最复杂的阶段。一般来说，提出课题比解决课题更困难……所以评价和选择课题，便成了研究战略的起点”。

笔者接触到的许多学者和研究者，他们的项目投入可达到成百上千万元，承诺的经济效益是上亿元，如此重大的技术创新活动，总体设计往往数月至半年就完成了，开题以后就此运行，结果是验收时很难获得经得起实践考验的高水平的理论成果和具有真正内在联系的系统集成技术创新成果。究其原因不是人的基础素质不好，而是开题开得不好。有人说，现在是1/3时间要钱要项目，主要工作是搜集资料，用PowerPoint介绍立项重要性，并介绍项目的最终目标，一旦批准立项，开题随即完成；1/3时间做项目；1/3时间组织、汇总中评估、验收和评奖材料，成果的提升往往在此同时完成。这种做法实不可取。

(2) 提出有创见的研究课题，往往成为科学发展和取得成果的生长点或指路标，甚至影响一代或几代人的研究方向。

1978年从事天然气研究的戴金星和戚厚发同志经过多年的研究认为，煤系地层产生的煤成气(III型干酪根)并不仅仅是生成煤矿的瓦斯气，可能也是天然气藏的重要源头。立项经过多方论证，由于选题正确，技术路线清晰，受到国务院领导重视，经国家科委批准立项，这个研发项目和研发团队已持续三代人，历经30年的攻关，研究成果为中国天然气勘探提供了新源头和新方向。现已证实，全国天然气已发现的储量66%为煤成气。可见能否正确地选题和提出问题作用之大！著名的石油钻井工程专家苏义脑院士认为，要提高中国钻井工程的国际竞争力，必须下决心开展国际上最前沿的技术研究并力争取得领先地位。据此，决心以地质导向钻井为目标开展研究。20世纪90年代正式立项前，他将此技术按照总体设计分解为四五个关键问题作了详尽的考察分析，论证了实现的可行性。尽管这项技术美国和法国也同步进行并率先获得成功，但国外实行技术垄断和封锁。在此背景下，苏义脑同志继续领导他的团队锲而不舍，坚持自主创新，经十多年的积累，“会说话的钻头”终于研究成功了。目前近钻头地质导向钻井技术已实现了工业化应用。该技术可自动识别地下油层并对钻井轨道进行实时导向。这项技术的研究成功使我国成为世界上第三个拥有此先进技术的国家，为此该成果获得国家技术发明二等奖。俗话说“十年磨一剑”，有创见的课题才能磨出最锋利的剑。

(3) 一个科学问题久久不能解决，换一个提法，或者从另一个思路去考虑，问题往往就迎刃而解了。

很多科学家都有这样的体会。石油化工专家高雄厚教授用了许多年的时间学习和体验科学的创新方法，他对传统的和自己已有的成果始终抱着否定的态度，在别人汇报成绩时，他偏偏寻找那些不足之处，他发现“大技术往往在人们不注意的‘小’地方产生”。当国外的研发部门认为中国的高岭土不适合做重油催化剂的基本原料时，尽管外国公司的结论已经通过，研究得也比较全面，但高教授仍然仔细寻找研究的不足，并论证了满足某些条件后实现的可行性。经过他的逆向思维和艰苦的实验探索，终于研究开发成功新型的原位晶化催化剂，取得了重大的技术突破和可观的经济效益，该成果获得了国家科技进步二等奖。据高教授介绍，采用逆向思维方法，寻找新问题，开辟新途径，重新设立技术路线，使他的成果实现成功率比通常提高了1~2倍。

现在科学研究中，最难的、最需要有见识的是能够选择合适的课题。科学上如果能把问题提明确，有办法入手，问题就解决了一半。科学家的创造能力，首先表现在能够提出有价值的问题的能力。

(4) 正确分析别人的研究成果是正确选题的重要方法。

要善于在阅读论文时研究以下问题，启发自己的思维：

——论文推理的依据是什么？是否充分？

——论文对原有理论继承了什么？肯定和否定了什么？论文的新贡献何在？

——论文怎样解决原有理论不能解决的矛盾？

——论文提出的新理论能够预见什么新的现象？这些新现象用原有理论如何解释？这些新现象能否用实验加以证实？

——找出并弄清这一新理论的局限性。

分析实验研究论文，应该注意：

——实验依据的基本原理是什么？理论是否合理？

——所用的实验设备和方法是否可靠？是否准确？造成误差的可能因素是否全部考虑到了？误差是如何估计和如何降低到最小的？

——与原有的同类型实验研究相比，所用的实验设备和方法有哪些改进？提出了哪些结果？准备程度有多大提高？发现了什么新的现象和苗头？

——新的实验现象和结果，能否用原有理论解释？作者是如何解释的？这种解释是否合理？

——实验结果验证了原来某一假说的那些内容？还有哪些内容不能验证？根据新的实验结果，应该如何修改和发展该假说？等等。

采用这样的方法，就有可能通过调研综述，博采各家之长，在选题上获得重要收获。

(5) 选题必须以科学理论和事实为重要原则。

理论都是经过实践检验、符合客观规律的正确认识，只要没有被新的实践所推翻，没有被足够的证据否定，一般不应轻易怀疑，选题不能在它的适用范围内同它相违背。以科学理论为根据，实质上，就是以客观事实为根据，按客观规律办事。恩格斯强调指出：“不论在自然科学或历史科学的领域中，都必须从既有的事实出发，因此在理论自然科学中不能虚构一些联系放到事实中，而是从事实中发现这些联系，并且在发现了之后，要尽可能地用经验去证明”。这一点十分重要。成功的经验告诉我们，要到最有希望、最需要创造性、最能激发创造力的地方去选题；到不同学派激烈争论的领域去选题；到科学技术的空白区去选题；到学科交叉的边缘地带去选题；到实践提出了迫切需要的地方去选题……概念、方法和应用上的创新常常就在这些地方应运而生。

从上述内容可以看出，科学方法论的创建者和发展者大都是著名的科学家和自然科学的研究者。我们也有许多成功的研究者，应加强科学方法论的学习运用和提炼总结，为科学的研究方法多做一些升华和贡献。

六、科学的激励——有效地提升科技人员的创造力

古往今来，不同国家、不同行业都有奖惩制度，奖优惩劣天经地义。但如何奖，如何惩却大有学问。奖励有精神奖励和物质奖励，精神奖励包括授予优秀称号，如优秀共产党员、劳动模范、先进工作者等称号；物质奖励有货币形式和实物形式，如奖金、津贴、某种物品等，现在又出现了一些新的形式，如休假、国内外旅游等，种类繁多的奖励是不是都起到了应有的激励作用，有些奖励正作用大还是副作用大？研究这些问题对于科技创新密切相关，这里介绍一些有关的激励理论并提出一些有利于激励科技创新的建议。

1. 层次需求理论

为什么人会有某种行为？这是研究激励的一个关键性问题。对此，人们提出了许多不同的答案，例如“需求的满足”。凡人都有不同的需求，也都要求得到满足。有了需求，才能促使他有目标导向的行为。

美国心理学家亚伯拉罕·马斯洛认为，人类的需求以层次形式出现，由低级需求开始逐级向上发展到高级需求。他断定，当一组需求得到满足时，这组需求就不再成为激励因素了。他将人的需求分为生理需求、安全需求、社交和爱情需求、自尊与受人尊重需求以及自我实现等五个级别的需求。

马斯洛强调并不是某一层次的需求获得百分之百的满足，次一个层次的需求才显示出来。事实上，社会中有许多人，他们的各项基本需求只可能有部分的满足，在人们的需求层次中，应有一个比较确切的描述，即从较低的层次逐级向上，满足的程度百分比逐级减少。例如，某人低层次的生理需求满足了85%；同时被尊重的需求满足了40%，而其自我实现的需求仅仅满足了30%，出现这样的结果也可能他就十分满意了。

需求的层次，以生理的需求为基础。生理的需求，即为支持生命之所必需
衣食住行等项。一个人如果缺少了这一类基本生活必需品，那么生理需求
的激励。马斯洛说：“一个人如果同时缺少食物、安全、爱情及价值
烈的渴求，当推对食物的需求。”

生理需求得到了基本的满足之后，安全需求便将接
人身安全、经济的安全，以及有秩序、可预知的环

生理需求和安全需求得到了基本的满足，社交和爱情的需求便将成为一项重要的激励因素了。人皆需要别人的接受、友谊和情谊，也都需要对别人付出其接受、友谊和情谊，亦皆需要感受别人对他的需要，所以说独房监禁是一项重罚，剥夺囚犯的社会需求，心理学认为是最痛苦的。

人在生理需求、安全需求、社交和爱情需求均已获得了基本上的满足后，自尊需求又成为最突出的需求。所谓自尊需求是双重的：一方面当事人必须自己感到自己的重要性；另一方面也必须获得他人的认可，以支持他自己的这种感受。他人的认可特别重要，如果不能获得他人的认可，那么当事人也许会觉得他自己是在孤芳自赏。如果在他周围，人人都明白地表示他确实重要，他就能由此产生自我价值、自信、声望和力量的感受。

在这一份自尊需求有了基本的满足之后，自我实现的需求又接着出现了。“自我实现”是什么？马斯洛认为，人希望能成就其本人所希望成就的欲望。在这一个需求层次中，人希望能实现其全部的潜力，他重视的是自我满足、自我发展和创造力的发挥。

应该注意的是，马斯洛所列举的需求各层次，绝不是一种刚性的结构。所谓层次，并没有截然的界限，层次与层次之间往往相互叠合，某一项需求的强度逐渐降低，则另一项需求将也许随之而上升。此外，可能有些人的需求始终维持在较低的层次上，而马斯洛提出的各项需求的先后顺序，不一定适合于每一个人，即使两个行业相通的人，也并不见得有同样的需求。

马斯洛理论最大的用处在于它指出了“人均有需求，而且需求有不同层次”。

2. 双因素理论

美国心理学家赫茨伯格和他在匹兹堡的心理学研究所的研究人员，通过一项研究提出了“双因素论”，他们认为人们对本部门的政策和管理、监督、工作条件、人际关系、薪金、地位、职业安定以及个人生活所需等等得到满足后就会积极工作。赫茨伯格把这类因素统称为“保健”(Hygiene)因素。另一方面是人们对成就、赏识(认可)、艰巨的工作、晋升和工作中的成长、责任感等得到满足则感到满意，得不到满足则没有满意感，但不是不满意。他把这一类又统称为“激励”(Motivator)因素(表1)。这一理论提示我们，不一定强调激励因素，如果能够满足保健性因素，也可以保持下属的一定士气。

表1 保健因素表(环境因素与激励因素)

保健因素(环境)	激励因素(工作本能)	保健因素(环境)	激励因素(工作本能)
工作环境	工作本身	安全	成长的可能性
薪金	赏识	政策	责任
地位	进步	团队组合	成就

3. 期望理论

期望理论是美国心理学家佛鲁姆提出的。该理论认为，人们在预期他的行动将有助于达到某个目标的情况下，才会被激励起来去做某些事情。任何时候，一个人从事某一行动的动力，将决定于他的行动之全部结果（或积极地或消极的）的期望值乘以那个人预期这种结果将会达到所要求目标的程度。换言之，激励是一个人某一行动的期望价值和那个人认为将会达到其目标的概率的乘积。用公式可表示为：

动力=效价×期望值

这里的动力是一个人所受激励的程度，效价是一个人对某一工作的偏好程度，而期望值是某一行动导致一个预期成果的概率。

从这个公式中可以看出，当一个人对达到某一目标漠不关心时，那效价是零。而当一个人宁可不要达到这一目标时，那就是负的效价，结果当然是毫无动力。同样，期望值如果是零或负值，一个人也就无任何动力去达到某一目标。为了激励员工，主管部门应当提高员工对工作的热爱程度，另一方面应当帮助员工实现其期望值，即提高期望概率。

4. 公平理论

美国心理学家亚当斯提出了公平理论。该理论指出，员工的工作动机，不仅受其所得的绝对报酬的影响，而且受到相对报酬的影响，即一个人不仅关心自己所得的绝对值（自己的实际收入），而且也关心自己收入的相对值（自己收入与他人收入的比例）。每个人会不自觉地把自己付出劳动的所得报酬与他人付出的劳动和报酬进行个人历史的比较。如果当他发现自己的收入比例与他人的收支比例相等，或者现在的收支比例与过去的收支比例相等时，便认为是应该的、正常的，因而心情舒畅、努力工作。但如果他发现不相等时，就会产生不公平感，就会满腔怨气。

5. 马太效应

美国经济学家罗伯特·莫顿引用圣经马太福音第25章中“凡有的还要加给他，叫他多余，没有的连他所有的也要夺过来”的寓言提出了“马太效应”。指出，相对于那些不知名的研究者，声名显赫的科学家通常可得到更多的声望，即使他们的成就是相似的。同样在一个项目上，声名和奖项通常给予那些已经出名的研究者，即使主要创新成果是一名普通研究生所完成。马太效应可发生在任何个体、群体或地区，一旦在某方面（金钱、名誉、地位）获得成功或进步，就会产生一种积累优势，就会有更多的机会获得更大的成功和进步。

6. 认识和建议

（1）分清需要激励的部门和对象存在问题的原因，不是所有问题都可用激励解决。比如，对领导有意见、与同事有纠纷或家庭有纠纷等，如果影响工作士气，则需要进行思想政治工作予以解决。

（2）明确激励目标。对于研发部门主要是激励和发挥研究者的创造力，而不是调动工作的积极性，不是增加多少产品而是增加多少想象力和提高科技创新的动力。笔者在研究部门诸多的奖励文件中常常见到提法是“调动积极性”，很少强调“发挥创造性”，实际上这是一个误区。

(3) 按照层级理论调查了解被激励部门和对象的需求，并实行普遍激励和个性化激励相结合。比如，某研究骨干本人或家庭成员有重病，这时组织上更加关心他并帮他及家庭解决医疗、生活服务等问题比授予他一个教授职称更加有用。

(4) 首先解决“保健因素”，即在工作环境、薪金、职位、安全、团队组合等正常管理中使团队成员安心、满意，不考虑其他因素也可取得旺盛的士气。

(5) 把应该激励的人找准。最应该激励的两种人：一种是在科技创新中做出了贡献的人(加强技术创新的考核机制，把真正的贡献者找准)；另一种是富有科学精神的人(异议、热爱、宽容)，并且将激励强度拉开差距，如果按照“公平理论”，效果会适得其反。

(6) 注意克服“增强效应”和“增值效应”，这种效应普遍存在，很不合理，实际上是调动了一个人的积极性，影响了一群同样能力或差异极小的人群的创造性，难怪有人说“水平相当的两个人，过不了几年，他们的差别怎么就这么大呢”，除了真有差距的少数案例，主要还是增强效应和增值效应在作怪。

七、科学精神——科技工作者必备的职业素养和思想境界

“科”字是用斗来计量禾，即粮食，既有数量概念，又有标准和规范概念。“精神”辞海解释为“自觉的意志”。弘扬科学精神就是让科学成为我们的自觉意志，遇到任何事情可以本能地用科学方法去解决。

科学精神是自然科学发展中形成的优良传统、认知方式、行为规范和价值取向，是科学态度、科学方法、科学道德、科学作风等诸因素的总和。当前正在大力贯彻落实科学发展观，我们应当结合科学技术界的实际情况，学习科学精神，克服当前学术界的浮躁风气，这对每一个科技工作者都是十分重要的。异议、宽容和热爱是科学精神的精髓。

1. 异议

马克思说“在科学的入口处正像在地狱的入口处一样，这里必须根除一切犹豫，这里任何怯懦都无济于事”。从事科学工作的人首先就要有一种大无畏的革命精神——异议精神，异议是智力进化的工具，是科学家天生的活动，没有异议，科学就不能进步，没有异议的人不能成为科学家。

在人类的历史上，大凡著名的大科学家都遇到过横逆之境，但他们都是坚持科学真理、坚持异议的英雄。哥白尼提出日心说被监禁，捍卫并发展其日心说的布鲁诺被烧死，血液循环理论的创立者塞尔维特被烧了两个小时，死前仍然坚持他的学说。

1982 年，我国提出了石油产量翻两番的问题，迫于政治形势和其他一些因素，有

些地质学家举手赞同，但我国著名科学家翁文波院士顶着巨大的压力坚持自己的预测：2000 年石油产量不是 4 亿吨而是 1.8 亿吨。现在已被事实证明是完全正确的。真正的科学态度用我国学者竺可桢先生的名言可以代表："不盲从，不附和，依理智为归；如遇横逆之境则不屈不挠，不畏强暴，只问是非、不问利害。"

2. 宽容

科学是一个自由探索的过程，在未知的真理面前要鼓励探索，允许犯错误，失败是成功之母，成功正是用无数次失败的代价换取的。在探索科学的道路上，不允许失败，某种意义上就是不允许成功。因此，各学术观点在真理面前一律平等，对不同意见一定要采取宽容的态度。现代生产力发展的一个突出的特点，是多学科、多专业的集成创新，需要团队工作，集体攻关，宽容就显得尤其重要。学术问题的激烈争论有助于科学的进步，能够听到不同意见，应当感谢自己的同行。历史上有很多好的榜样，相对论发现者爱因斯坦和量子力学大师玻尔是很好的朋友，但他们有几十年的学术争论，全部用书信公开化，双方尊重对方的学术观点，同时又据理反驳对方，最后促进了相对论和量子力学的进一步完善。爱因斯坦和印度诗人泰戈尔也有长期的学术对话，既针锋相对，又宽容理智。不能记仇，更不能演变为意识形态斗争。正是如此宽容、如此高尚的科学精神使他们成为大师。历史上许多成功的科学家，从 19 世纪飞机发明者美国的莱特兄弟，到 2008 年诺贝尔化学奖得主钱永健，他们在说到人生感悟时，最深刻的就是感谢家人、学校、研究团队、社会提供了宽松的研究环境和对他们实验失败时所抱有的宽容、大度、支持态度。嘲讽他们的人太少了，支持他们的人太多了，这很重要。科学技术创新需要想象力和创造力，只有宽容的环境和民主的学术气氛才有利于发挥想象力和创造力。宽容对于研究部门的行政领导、学科带头人、项目长显得尤其重要，因为他们"居高临下"。尊重下级，尊重同行，认真倾听和鼓励发表不同的学术观点，这样的宽容可以多出许多人才，激发出更多的创新点，促进科学事业的发展。

3. 热爱

热爱是科学精神的基本内涵。凡是科学事业的成功者都是对科学的热爱者，不仅科学研究领域需要有热爱，要做成任何一件事第一就是要喜欢、要有兴趣、要热爱。这里蕴含着简单又深奥的哲学道理。翁文波院士生前对笔者谈他的人生经历时说过一句深刻的话"一个聪明人二十年干二十件事，也未必成为专家，一个笨人二十年干一件事，就可能成为专家"。翁先生出身名门，留学美国，60 年前为了他热爱的地球物理科学事业，自愿奔赴十分艰苦的玉门油田，开创了中国地球物理勘探之先河。1994 年翁先生不幸身患胰腺癌，在他住院的三个月里还把计算机搬到病床旁忍着剧痛工作到生命的最后一刻，他对科学事业的热爱令人动容。

最令笔者敬佩的著名文化学者常书鸿先生，19 世纪 20 年代从国外听说敦煌发现了成千上万幅绵延千年的壁画，大喜过望，决定回国并留在这片渺无人烟、风沙弥漫的荒漠上。有人说，如果没有对科学和艺术的热爱，将很快会因寂寞和孤独患上精神疾病，但常先生兴趣盎然、终身不悔，日记中不断流露出他的幸福和欢欣，妻子离他而去、同事不辞而别都动摇不了他研究古代艺术的决心，热爱使他终成大业。

对于科学精神的内涵，著名科学家布罗诺乌斯基在《科学和人的价值》中有一段十分精彩而深刻的论证。他是这样说的：科学以追求真理为目标和最高价值，由于真理不是教条而是过程，追求真理的人必须是独立的。科学把对独创性和热爱作为独立性的标志，独立性和独创性对科学的意义要求我们把价值放在异议上，因为异议是智力进化的工具，是科学家的天生活动。没有异议就没有科学，没有异议的人根本就不可能成为科学家。

异议本身不是目的，它更深刻的价值即自由的标志。学术自由必然导致差异的分歧，而稳定进步的社会又必须把观点各异的人联合在一起，因此宽容就成为科学不可或缺的价值。科学的宽容是一种积极的价值，其精神实质在于承认给他人的观点以权利还不够，还必须认为他人的观点是有趣和值得尊重的，即使我们认为它是错误的，因为在科学探索中犯错误是不可避免的，是由科学和人的本性决定的。这段论述把异议、宽容和热爱自由的关系及其内涵描述得十分深刻，值得深思。

伟大的科学家往往都是大胆异议，提倡学术自由又能宽容别人的人，也都是不断犯错误，不断纠正错误的人。人类的科学发展史就是同迷信、愚昧、惰性作斗争的历史，就是同说谎者和伪君子作斗争的历史，也是同欺骗和自我欺骗作斗争的历史，同所有黑暗势力作斗争的历史。科学是愚昧的天敌，教条的对头，迷信的克星，弘扬科学精神是科技工作者的天职，也是每一位科技工作者不可推卸的责任。

（本文刊登于《石油科技论坛》2009 年第 4 期、第 5 期）

提高研发起点，科技创新方能事半功倍

孔子曰："温故而知新"。无论是知识创新还是技术创新，都强调一个"新"字。不温"故"何以知"新"？道理很简单，但很深刻。这些话我们耳熟能详，实际做起来难度却很大。要解决科学研究上的浮躁和急功近利，就要大力提倡科学的方法论。要"温故"，要"站在巨人肩膀上"，向高人学习，掌握他们已有的知识、经验，才有可能超越前人。

近年来，我国科技投入(R&D)已名列世界前茅，中国石油天然气集团公司(以下简称中国石油)身临其境，感受尤深。"十一五"期间，中国石油科技投入总量为销售总额的1.01%，"十二五"计划提升至1.2%，而2011年的科技投入是2000年的五倍，但团队规模仅增加0.5倍。投入大，责任也大。繁忙运行的各类科技项目从开题到中期检查，再到结题验收，以此往复、不断循环，常常是上午进行一期项目验收，紧接着下午二期项目开题。"忙"或者"忙上加忙"是研发者与管理者共同的感受。如何确保研发质量，做到忙而不乱，是当下一个十分值得关注的问题。

做好研发工作由各种因素决定，比如需要好的团队，好的工作条件，好的学术氛围等。其中最重要的一条就是做好开题设计。

爱因斯坦说，"提出一个问题往往比解决一个问题更重要，因为解决问题也许仅仅是一个数学上或者实验上的技能而已，而提出新的问题需要创造性的想象力，标志着科学的真正进步"。中外许多著名的科学家都认为"有了好的开题，研究工作就成功了一半"。伟大的科学家牛顿毕生有五大科学贡献，发现了"三大定律"，还发明了反射式望远镜，并创立了微积分。有人说，只要有一条就可称之为世界级大师，有人请教牛顿有什么成功秘诀。牛顿说，"我的秘诀就是站在巨人肩膀之上"。这个回答就像他的"$F=ma$"公式一样，既简练又深刻。

孔子有一条至理名言："学而时习之，不亦说乎？有朋自远方来，不亦乐乎？人不知而不愠，不亦君子乎？"就是强调要善于学习，更不能忘记复习，复习才能更好地消化别人的知识；特别要欢迎远方来的朋友，会带来新鲜的知识和信息；哪怕是自己学到了许多但不被同事或者领导看好，而表扬或者重用了别人，也毫不郁闷，才是正人君子啊。这深刻地表达了正确的学习方法和学习态度。

无论是知识创新还是技术创新，都强调一个"新"字。不温"故"何以知"新"？道理很简单，但很深刻。这些话我们耳熟能详，实际做起来差距却很大。要解决科学研究上的浮躁和急功近利，就要大力提倡科学的方法论。要"温故"，要"站在巨人肩膀上”，向高人学习，掌握他们已有的知识、经验，才有可能超越前人。

根据笔者对国内外优秀研发团队和科学家的认知和了解，对如何做好开题设计，保证研发质量，提出以下解决方案。

第一，无论是大项目，还是小课题，凡开题前必须严格审查是否找到了国内外最新、水平最高的同类研究成果，并以不同形式给予认定。没认定不得往下进行。

第二，把这些最新研究成果印发给团队每一位成员。

第三，每人背靠背写成一份开题前的期前报告，应该包含以下一些问题：(1)前人最新成果推理的依据是什么？是否充分？(2)前人最新成果对原有理论继承了什么？肯定和否定了什么？论文的新贡献何在？(3)前人最新成果怎样解决原理理论不能解决的矛盾？(4)前人最新成果提出的新理论方法能够预见什么新的现象？这些新现象用原有理论如何解释？这些新现象能否用实验加以证实？(5)提出并弄清前人最新成果的局限性。

如果是实验研究，则应该从以下几个方面来考虑：(1)实验依据的基本原理是什么？理论是否合理？(2)所用的实验设备和方法是否可靠？是否准确？造成误差的可能因素是否全部考虑到了？误差是如何估计和如何降低到最小的？(3)与原有的同类型实验研究相比，所用的实验设备和方法有哪些改进？提出了哪些结果？准备程度有多大提高？发现了什么新的现象和苗头？(4)新的实验现象和结果，能否用原有理论解释？作者是如何解释的？这种解释是否合理？(5)实验结果验证了原来某一假说的哪些内容？还有哪些内容不能验证？根据新的实验结果，应该如何修改和发展该假说？

第四，聘请同行专家主持召开第一次学术交流会，团队每个成员皆宣读论文，给予平等机会，相互启发。

第五，学术委员会做出评定，最有深度见解的成员可以调整为承担重要研究任务。

学习前人的知识是科学探索的起点。光有知识可以当教授，而当科学家就必须对已有知识提出问题，挑出毛病，因为科学的起点就是问题，问题就是对已有知识的挑战。笔者参加的一次评审会上，一位美国著名科学家评委说，在美国担任评委的责任就是六个字“提问题，挑毛病”。提不出问题，挑不出毛病的专家要限期出列，因为科学之所以伟大，正是因为他能够在不断证伪中发展和净化自己。

历史经验早已告诉我们，讨论和思想交锋可以促进直觉和灵感的产生，直觉和灵感往往是人们思想处于“受激”状态下的产物，不同学术观点的思想交锋和讨论是激活直觉、灵感，提升科学创造力的重要方法。在开题时就“带一个好头”，活跃学术气氛，创造民主氛围，采用这样的方法，对于提高研究工作起点，少走弯路，提高研发效率，将会起到事半功倍的作用。笔者认为，在当前不得不快开题的体制下，开题后先花些时间认真分析，消化前人最新成果，对技术路线做出一些调整，不失为一种好的选择。

（本文刊登于《中国石油报》2013-01-06）

良好的学术氛围是创新思维的助推剂

【编者按】 文章依据认识的本源——思维，论述了科技创新所必须的客观环境——自由、民主、平等，并认为“科学思维的能力和水平是衡量科学研究者能力和素质的重要标志”，良好的学术氛围在科技创新思维中扮演着十分重要的角色，是产生创新思维的助推剂。并指出石油行业的特点是多学科、多专业的集成创新，需要团队工作、集体攻关，宽容就显得尤其重要。

思维，分广义的思维和狭义的思维。广义的思维指的是人脑对客观现实概括的和间接的反映，它反映的是事物的本质和事物间规律性的联系，包括逻辑思维和形象思维；狭义的思维是指通常心理学意义上的思维、一般专指逻辑思维。

思维是人脑的一种特殊技能，是人类特有的一种认识活动；它既是认识的高级阶段，也是社会实践的产物。

历史的经验说明，人们要认识世界、改造世界，就必须深入掌握客观事物的本质及其运动规律，要经过一系列的科学抽象，包括逻辑思维、形象思维、直觉、灵感，使感性的、经验的材料，通过思维活动以去粗存精、去伪存真、由此及彼、由表及里的改造和加工，去掉事物的伪装和假象，撇开事物的偶然现象，忽略事物的非本质特征，从而获得对研究对象普遍的、本质的认识。

科学的思维的能力和水平是衡量科学研究者能力和素质的重要标志，而良好的学术氛围是启发创新思维的助推剂，扮演着十分重要的角色。

恩格斯说：“一个民族要站在科学的最高峰就一刻不能没有理论思维”。

中国改革开放30年，经济建设创造了奇迹，令世界瞩目，相比之下，科学理论仍明显滞后。著名科学家钱学森先生生前留下了令人深思的“世纪之问”——“中国为什么出不了世界顶级的科学家？”

笔者认为，其中一个重要的原因就是缺乏良好的学术环境和氛围。

科学的起点是问题，问题的提出就是对已有知识的挑战。

马克思说“在科学的入口处，正像在地狱的入口处一样，必须提出这样的要求：这里必须根绝一切犹豫，这里任何怯懦都无济于事”。

从事科学工作的人首先就要有一种大无畏的革命精神——异议精神。异议是智力进化的工具，是科学家天生的活动，没有异议，科学就不能进步；没有异议的人不能成为科学家。

科学研究有5个步骤：一是深入分析研究对象、把问题找准；二是提出科学假设；三是设计实验方法；四是证实，上升为理论；五是证伪，即回到原点。科学研究从提出问题、提出假设到设计实验方法都属于探索未知的创造性活动，只有良好的学术氛围才能有效地调动研究者的创新思维。2500年前科学尚不发达，孔子就提出了“三人行必有吾师”的深刻哲理，探索任何科学问题都要“热衷于”倾听不同意见和不同的学术观点。我们看到许多真正有学问的中外大科学家都是十分谦虚、低调、善于听取各方意见、尊重别人的人，而盛气凌人、官气十足的往往是“牌子大、学问小”的人。

科学技术创新需要想象力和创造力，只有宽容的环境和民主的学术气氛才有利于发挥想象力和创造力。宽容对于研究部门的行政领导、学科带头人、项目长显得尤其重要，因为他们“居高临下”。尊重下级，尊重同行，认真倾听和鼓励发表不同的学术观点，这样的宽容可以多出许多人才，激发出更多的创新点，促进科学事业的发展。

科学研究的目的是获取好成果、大成果，同时也要出人才。从辩证角度看，成果是人才的载体，没有大成果就出不了大人才，相反没有大人才也出不了大成果。这里不存在先有鸡还是先有蛋的问题，必须要先有人才。

人才既不能由行政命令决定，也不能由报名选举产生。人才的产生首先要有良好的民主学术氛围。行政和学术是两条线，行政必须按级别管理，而学术就一定不能有级别之分。探索真理的过程是完全平等的，我们有时或通常自觉或不自觉地把行政按级别管理的方法用到研发团队和学术研究之中，出现一些下级怕上级，一般人物不敢发表学术观点的通病。这是当下亟待解决的，也是科技体制改革的重要问题。我认为，到任何一个研发部门，凡是发现年轻学者怕行政领导，怕学术长者或长期没有学术对话，那一定是体制改革没有到位。学术氛围是科技赖以成长的土壤，是科学发展的助推剂，也是能否解决好科技第一生产力的根本性大事。尽管难度大，只要下决心解决，并且解决得好，就一定能创造人才辈出的大好局面。

“问渠那得清如许，为有源头活水来”。

社会实践的发展是创新思维的源泉；经验、认识的积累，方法的进步是创新思维产生的必备条件；良好的学术氛围则是创新思维发育、活跃的助推剂！

参 考 文 献

[1] 傅诚德．学习科学发展观探究科学方法论(之一)[J]．石油科技论坛，2009，28(4)：28-36.
[2] 傅诚德．学习科学发展观探究科学方法论(之二)[J]．石油科技论坛，2009，28(5)：35-45.
[3] 傅诚德．国家天然气攻关项目——科研组织管理的成功范例[J]．石油科技论坛．2006，25(1)：10-14.
[4] 傅诚德．学术宽容激发创新活力[N]．中国石油报，2012-05-15.

（本文刊登于《石油科技论坛》2012年第4期）

时代需要科学精神

时光荏苒，转瞬间，翁文波先生离开我们已经十年了。我有幸在相当长的一段时间里亲历他的教诲，感受他的风范。翁先生的科学精神，使我终身受益、永志不忘。

坚持真理，敢讲真话是科学家最基本的品质，也是翁先生最鲜明的特点。马克思说“在科学的入口处正像在地狱的入口处，这里必须根除一切犹豫，这里任何怯懦都无济于事。”科学的起点是问题，问题就是对已有知识的挑战，对习惯势力和旧势力的挑战，同黑暗势力和说谎者的挑战。400 多年前天文学家哥白尼发表了日心说，讲了真话，受到教会迫害；哲学家布鲁诺因接受并发展了哥白尼的日心说，被教会判处死刑；血液循环理论创立者赛尔维特讲了真话，被教会活活烧死……科学的唯一目的是探索真理，但坚持真理谈何容易！1978 年，随着任丘油田的发现，我国石油年产量首次突破 1 亿吨。这时国家提出 2000 年国民经济总产值翻两番的目标，石油工业也照此套比，把石油年产量目标提到了 4 亿吨，也就是必须在二十年内找到十个大庆！正当众多科技工作者论证十个大庆的可行性，而且认为“可行”的时候，翁文波先生不随声附和，而是在石油学会召开的一次会议上，毅然用投影仪出示了他的研究成果，该成果显示“2000 年中国石油产量为 1.6~1.8 亿吨，2015 年达 2 亿吨，以后就开始平稳下降。”现在二十年过去了，事实证明他的预测十分成功。目前翁氏预测模型已被广泛应用，成为最好的油气预测模型。我为之钦佩的不仅是翁先生预测模型的准确，更重要的是在当时的背景条件下，他敢于出示这个研究成果，要有多么大的勇气！早在 1941 年我国著名科学家竺可桢先生在《科学方法与精神》一书中就提出：一个真正的科学家应该不盲从、不附和、依理智而归、如遇横逆之境则不屈不挠、不畏强暴、只问是非、不问厉害。翁先生就是这样的人。

提倡异议和独创是翁先生的又一个鲜明特点。著名科学家布罗诺乌斯基在《科学和人的价值》一书中提出：异议是智力进化的工具，是科学家天生的活动；没有异议就没有科学，没有异议的人，根本不可能成为科学家。翁先生是著名的地球物理学家，中国科学院院士，他是玉门油矿石油测井第一人，是大庆会战地球物理勘探第一人，是多次准确预报大地震的第一人，是多次准确预报天气灾害的第一人，是诸多第一人。他所创立的信息预测论、信息预测方法体系等都属“首创”“独创”，都是在对前人知识和主流理论的挑战中勇于突破，善于创新，发展前进的。

翁先生的“异议”思维对我影响很大。1993 年，中国石油天然气总公司科技局决定每年拨 200 万元建立中青年创新基金，为此我向翁先生请教。他的回答出我意料，他说："不是要立多少个项目，每个项目投入多少钱，我关心的是如何选准、选好有独创精神的人，我看石油部有3~5个这样的人就够了。"无独有偶，我为此也请教了侯祥麟院士，他居然也说出了类似的警言。20年过去了，在科技攻关的第一线确有为数不多的"独创者"，由于潜心钻研，终成大器，有的成为院士，有的成为行业知名学者。翁老讲的问题切中要害，只有亲身的实践者才能有这样的理性思维。

热爱科学事业是翁先生的崇高品质。布鲁诺乌斯基说："追求真理的人，必须是独立的，科学把独创和热爱作为独立性的标志。"翁先生对我说过一句话使我终生难忘，他说："只要有兴趣，一个'笨人'20年坚持做一件事，有可能成为专家或科学家。一个'聪明人'20年做20件事也成不了专家，更不可能成为科学家"。科学研究要能成功必须要有浓厚的兴趣，要"浓厚"、要热爱才行。20世纪20年代，常书鸿先生从北京一到敦煌就被成千上万幅延绵千年的魏、唐时期的壁画和雕塑所迷，决定终身留在那渺无人烟、寸草不生、风沙迷漫的荒漠上。有人说，如果一个对艺术对科学不感兴趣的人到了这个环境，就会因为寂寞和孤独，不出半个月会得精神疾病。但是常书鸿先生兴趣盎然，终身不悔，妻子离他而去，同事不辞而别，都动摇不了他研究古代艺术的决心。

翁文波先生也有同样的经历。他出身书香门第，就读英国伦敦大学，回国后，在舒适的上海工作，为了验证他的地球物理技术，发现更多的石油，他毅然投奔海拔2800米，同样荒凉的玉门油田。他和常书鸿先生一样，将孤独和沙暴、荒凉和艰苦都抛至脑后，没有人"动员"，更没有人"强迫"，凭着对科学的热爱，才作出了非同常人的举动。

翁先生的一生是那样的热爱科学，孜孜不倦。他八十岁那年身体还十分健康，我常说他走起路来"大步流星"，有时还可以跳过一个小坎、小沟。1994年不幸突然降临，翁先生患了胰腺癌，我得知这件事，心中十分悲伤，到了医院却看到这么一幅情景：一个几天之内就迅速消瘦，面目十分憔悴的老人竟然坚强地坐在病床上，手把计算机，目不转睛地操作着。发现我来了，翁先生说："小傅，不要为我担心，我很平静，现在的事情就是尽快地把我的研究成果整理出来，有人接着做下去……"我不禁背过身去，两行泪水潸然而下。

坚持真理，敢讲真话，异议独创和对科学事业的执着热爱，是科学家最高贵的品质。翁先生正是这样把一生献给了科学，献给了他热爱的科学事业。在他老人家去世十周年之际，我们更加怀念他。时代需要科学精神，翁先生的科学精神永远激励着后人。

（本文刊登于《石油科技论坛》2005年第2期）

第二部分

石油科学技术发展和启示

三次科学革命和五次技术革命及世界石油科技三次飞跃的启示，21世纪科技“加速度”发展的方向、趋势及以信息技术为核心的六项高新技术的引领作用。

近代石油科学技术发展史对我们的启迪

【编者按】 在一些人的心目中，石油工业既然属于传统产业，可能已是夕阳工业了。实则大谬不然。石油天然气作为当今世界最重要的能源和化工原料，已占到世界能源消耗总量的62.9%。20世纪七八十年代以来，石油天然气已渡过了它的高峰发现期，随着探明程度和发现难度的增加，油气勘探正向着深层、沙漠、海洋和极地进军，油藏类型也向着中小型为主的隐蔽油藏转化。为了降低生产成本，提高经济效益，世界各大石油公司愈加重视科学技术，其在石油工业中的地位越来越重要。有专家研究，石油工业将会处于未来知识经济时代各产业排行的第七位，居航空之前。正是基于此，中国石油集团科技发展部主任傅诚德最近出版了《科学技术对石油工业的作用及发展对策》一书。该书从不同角度论述了科学技术对石油工业的作用，同时提出了中田石油工业的发展对策和目标。现本刊征得作者同意，选载二、五两章，以飨读者。

石油工业是一门古老又新兴的行业，人类利用石油的历史可追溯久远，它的大规模发展始于l9世纪中叶。

一般认为近代石油工业是从1859年美国第一口“狄拉克井”(Drakewel1)开始的。一百多年来石油工业的发展可分为三个时期，前期为煤油时期，从1860年至1900年，这时煤油主要用于照明和烹饪，由于市场有限，整个工业发展缓慢，1900年世界年产油量仅2000万吨。20世纪以后，内燃机的推广和汽油发动机的问世，以及随之而来的汽车、航空工业的兴起，推动了石油工业一日千里地发展，是谓汽油时期。1940年以后石油化工行业蓬勃发展起来，进入了燃料—化工原料时期。自1900年至1970年70年间世界石油年产量几乎是以每10年翻一番的速度发展的。20世纪70年代后产生两次石油危机，情况有了些变化(表1)。

石油科学技术发生革命性变化的第一个时期，所谓第一次技术革命时期是1920—1930年，在这之前石油工业处于近代工业的初始阶段，从这时开始进入了石油工业大发展时期。石油地质变化最显著的标志是由地面地质转入地下，由仅仅根据油气苗、山沟河谷的露头确定井位发展到在背斜构造理论指导下找油，由所谓“前地质时期”进入背斜理论时期。《石油勘探史》中描述道：“由于新的钻井设备，由于改进了的取心技术、测井工具和岩样分析手段，为地质学家打开了一个崭新的地下世界”。因为美国第一口油井是在 OilCreek 钻凿成功的，所以突破了成为传统的 Creeklolgy”——山沟沟哲学，应该说是革命性的。石油钻井技术则由初始的“概念孕育时期”进入“发展时期”，这时出现了大马力的钻机。有了新型牙轮钻头，有了化学处理剂用来改进钻井液和固井水泥性能，提高了固井的质量。油田开采方面由初期的密集钻井、盲目滥采，逐渐开始懂得地下油藏是个统一的水动力系统，并不是井打得越多越好。这时提出了最大有效产量(MER)的概念作为衡量生产好坏的指标。采油工艺也得到发展，无杆井下泵开始应用，酸化等改造油层技术有了发展。《石油勘探史》一书高度评价这 10 年的技术大发展，认为钻井和采油生产，除了在凿窟窿和采出烃类这两点以外，整个技术变得面目全新了。

此外还有两大类属于革命性发展。一是地球物理勘探技术的进展，特别是 1929 年开始采用地震反射波法，取代了之前的折射法，使广大地表被覆盖的平原和盆地区，都能从事油气勘探。二是显微技术引入到石油行业来，产生了微古生物学、显微岩相学等，从 1920 年研究介形虫开始，逐渐深入到微观领域。

第二次技术革命时期是在二次大战以后，特别是 20 世纪 60~70 年代。这个时期是所谓“石油文明”由美国迅速扩展到其他主要工业国的时期，也是后者完成能源结构以煤为主转移到石油为主要能源的过渡(表 1)。日本在 60 年代初率先以石油替代煤为主要能源，大量利用了当时世界市场上廉价的石油(每桶一美元多一点)，成为日本经济高速发展的一个重要因素。其后，当时的西德、苏联和法国等先后完成了类似的能源转移。

表 1　世界逐年产油量变化表

年　份	产量(万吨)	年　份	产量(万吨)
1900	2043	1960	108142
1910	4500	1970	232412
1920	9437	1980	286293
1930	19316	1990	301585
1940	29450	1998	331500
1950	53845		

以该国油和气占总能源消费量的比重超过 50%作为能源结构转移的标志，其年代顺序见表 2。

表 2　世界上主要国家油气在能源结构中所占比例

年　份	国　别	油及气占能源消费量的比例(%)
1950	美国	58.5
1963	日本	50.3
1965	法国	50.7
1966	苏联	51.3
1960	西德	52.0

这个时期世界石油年产量由几亿吨连续翻番到10亿吨、20亿吨。这个时期也是石油储量发现的黄金时期，据统计，在这阶段，每年新发现的储量约有230亿桶，世界主要石油产地也是在这一时期发现的。例如世界11个储量在10亿吨以上的大油田中，有10个是在这一时期发现的；世界68个储量10亿桶以上的油田中，有48个是在这一时期发现的。

在此期间，石油地质学的新理论、新方法层出不穷。从全球构造出发，发展了板块构造理论，被称为地学上的一次重大革命，这一理论在石油勘探中得到广泛应用。有机地球化学研究，可对沉积盆地的成油条件、油源及生油量进行定量评价，指出有利油气勘探地区。沉积学研究从现代沉积类比入手建立了地层学，可以充分利用地震信息，进行地层、岩性和岩相的研究。这些都直接指导了新资源的发现。在勘探技术上，由于大量采用数字地震仪，多道多次覆盖技术，配以大容量高速电子计算机作数据处理，使油气勘探技术达到新的水平，在勘探程度高的老探区也不断扩大了储量。

钻井方面：突出的是进入了“科学化钻井”阶段，发展了喷射钻井、平衡钻井、四合一钻头和低密度低固相钻井液。油田开采方面：油藏工程学的理论和方法有了进一步提高，二次采油发展到强化注水，油田采油速度成倍增长；三次采油方法(混相驱、化学驱、热力驱)由室内转入现场试验，其中热力法(蒸汽吞吐)已经工业化推广；海上采油有了很大进展，60年代初海上石油产量(1.1亿吨)占当时世界总产量的11%，到这个时期末(1971年的数值)海上产油猛增到4.57亿吨，占当时世界总年产量的18.7%。

从以上历史回顾中可以得到的启示：

(1) 两次技术革命都给石油工业带来新的发展，反映在世界石油产量储量的增长上都跨上一个大的台阶。新的技术革命为石油工业提供了挑战与机遇，如能把握机遇，因势利导，工作跟上，将会有效地推动我国石油科学技术的进步，加速石油工业的发展。

(2) 两次技术革命的产生，是将当代科学技术的新理论、新方法、新材料、新装备引入到石油行业中来的结果。第一次技术革命是构造学、地层学的引入而形成了初期的石油地质学；化学的引入形成石油地球化学；物理学的引入发展了石油地球物理学，这次革命的集中成果则是一大批背斜油气藏的发现。技术装备上有重大意义的是内燃机的应用解决了石油工程的动力问题，取代了过去笨重不便的锅炉、蒸汽机。

第二次技术革命有同样的特点，但要深刻得多。依赖于近代地球物理的古地磁研究成果及海洋地质勘察结果而振兴起来的板块构造理论引入石油勘探，发现了一批新的油田。现代沉积学、岩石学的引入对于砂坝、砂洲、三角洲等理论认识上的突破，发现了一大批地层岩性油气藏。有机化学的新进展提高了地质体中有机化合物分离分析技术，加上生物标记化合物的发现，使石油地球化学研究进入分子级的水平，这个时期在技术手段上，突出的是电子计算机的开始应用，几乎在各个领域中都带来新的生机。这些都说明对新的即将来临的技术革命，应特别注意“外来技术”的引入，历史的经验一再证明，这是发展石油科学技术的关键所在。

（3）两次技术革命再一个特点是“新技术群”的概念。就是说技术革命不是某一个单项技术的突破，那是形不成大气候的，而是以一批新技术群的组合为特征出现的。这在新的技术革命的来势中也可以窥测到。

自80年代中延续至今的一场新技术革命，正在向纵深发展，其影响更加深远。这次技术革命中信息技术作为主要特征，加之生物工程、新材料等是影响21世纪人类社会进程的主要科技。

在此期间，石油科技的新概念、新理论、新工艺、新方法层出不穷。举其大者有：油气系统、盆地模拟、油藏描述、油藏经营，水平井及各种分枝井，高分辨率地震，3D、4D地震，处理解释一体化，三维可视化、层析成像、核磁测井、成像测井，油气混相输送、旋流分离、油气生产自动化与优化运行、远程生产、深海作业等。

三次技术革命的概况见表3。

表3　近代石油技术革命历程

	时间	全球年产油量	新理论新技术
第一次技术革命	1920—1930年	由9437万吨上升至19316万吨	石油地质由找油苗露头转入地下，开始采用地震反射波法，发现一批背斜构造油藏；采用以MER（最大有效产量）概念为主；钻井以内燃机作为动力，有了牙轮钻头
第二次技术革命	1960—1970年	由10亿吨上升至20亿吨	板块构造理论、有机地化、现代沉积学的进展发现一批地层岩性油藏；开始应用计算机；二次采油强化注水为主，有了油藏工程概念；热采工业化；钻井采用喷射钻井，开始有定向井，海上油田出现
新技术革命	当代	维持30亿吨左右	计算机、信息技术影响深远，油气系统、盆地模拟、油藏描述、数值模拟大量采用；水平井、分支井技术得到发展；地震分辨率不断提高，非地震勘探方法重新兴起；化学驱在中国取得突破；海洋石油大发展；全球信息高速公路、互联网络的应用，数字化虚拟现实技术的引入将带来科技面貌的大改观

在当前这场新技术革命冲击下，对石油生产、经营以至工作方式、思想观念上影响最大的是有内在联系的三个概念：一是MDT（多学科团组）的出现，二是综合集成的发展，三是经营战略的改变。

随着生产向深度和广度发展以及科学技术的进步，仅靠单一学科已很难解决客观实际问题，这就要求加强多学科的综合有关部门之间的配合。近年来，多学科综合方法在石油生产尤其是老油田开发和提高采收率中的应用越来越受重视。该方法在很多油田中都取得明显的经济效益，如美国的Sho-Vel-Tun油田采用该方法使已开采70多年的老油田起死回生，其中County单元的开采储量在原来的基础上提高了78%。埃及的 Belagi Marine 油田利用多学科综合方法和先进的油藏管理技术使原有的注水采收率由 40%提高到 46%。

多学科工作团组(MDT)一般由地质、地球物理、油藏工程、钻井工程、测井、采油和地面工程人员组成。这个专家组应起到组织研究、协调各部门之间的配合和实施各种调整方案的作用。一个现代化的多学科专家组，应根据不同的工作项目确定其成员的组成，而在研究某个项目时，组内任何人都可以做项目负责人，不受学科限制，他们直接向油公司的老板负责。因此，必须赋予他们更大的经营和决策权。

集成(Integration)本来是微电子与计算机领域的名词，现在其内涵被大大地扩展了。多年来石油工业采用信息集成技术，但大多是在各个专业自己的圈子里，有的只是把某些老的工作加以计算机处理而已，实质上并没有发挥大幅度提高效益的作用；而从另一角度来说，信息集成需要新的工作方式。信息集成意味着从企业组织各个部门，同时综合原始数据和信息，将不同人员的知识技能和思想有机地集成起来，在较少的时间内做出更好的决策，能做到这一点的企业则可称之为 I^2 企业(指在整个企业中，通过发展和采用各种先进技术，做到信息化乘以综合集成 Informationalization×lntegration)。I^2 企业将是跨世纪最具竞争力的企业。

国外还提出了油公司实现 I^2 技术的四个基本步骤：第一，数据集成，即标准化、数字化的数据集成，这个层面的集成是机械式的，但这种集成是最基础的，只要考察一下地震、测井的历史数据和每年都在以几何级数增长的新数据量，就可以得出该集成所面临的技术挑战；第二，专业集成，国际石油公司日益兴起的多学科工作组方式就是这种集成表现；第三，部门集成，是更高层次、更大范围跨部门、跨学科工作组方式的集成，如勘探部门油藏描述，开发部门油藏表征，钻井部门钻井工程及装备部门装备计划集成，这种集成不是指各部门简单地在三个大办公室里工作，而是能在统一目标与合理的分工下，打破部门界限，有机地共同运用新技术和共享信息成果；第四，企业集成，在市场竞争日趋激烈和技术飞速发展的今天，具有远见的石油公司，已在着手实现作为企业一个整体的集成，这种集成从时间上贯穿于油田生命周期的全过程，从层面上纵向、横向跨越管理、操作和不同部门、将技术和管理融为一体，对企业的资源实行优化配置，运用和发展技术、采集、处理和解释信息。科学地，更迅速地做出优化决策。由此来实现效益的大幅度的增长。

上述过程只有实现前面的步骤，才有可能实现后面的步骤。据估计，到 20 世纪末，75%的石油公司可以实现步骤一，50%可以达到步骤二，大约 30%可以实现步骤三，而只有不到 20%的油公司有可能达到第四步骤。这些步骤概念上是容易理解的，而操作的难度是非常之大的，因为新一代的技术比以往任何时候都要求把技术、管理、改革更紧密地结合起来。

石油科技进步是影响石油工业发展战略的重要因素。国外石油界人士分析在近 30 年间油公司经营战略跨越了三个阶段：

(1)70年代是规模取胜时代。世界石油公司主要为高的石油价格所驱动，当时的地质对象相对简单，只要扩大生产规模，铺开新的摊子，就能获得效益，取得发展。

(2) 80年代是成本取胜时代。原油价格由顶峰的每桶34美元一路泻落，在80年代和90年代早期，石油公司降低成本才能存活，而降低成本主要是通过削减人数和紧缩开支来实现的。比如1980年，美国石油工业雇员工70多万人，之后的13年，员工总数连年下降了近60%，直到降至1980年以前的水平。

(3) 90年代的今天进入了高新技术取胜时代。世界各石油公司的取胜与否已取决于驾驭新技术、缩短技术开发和应用周期、提高生产效率的能力，这是因为国际油价在能看得到的将来仍将维持低水平，发现和生产剩余油气资源的技术难度日益加大，油气田发现的规模变小，储量的品质变差。新的发现大多位于环境恶劣地区，处于开发中后期油田的稳产面临严峻挑战。另一方面，石油需求又有很大的潜力，石油公司具有很好的发展机遇，在低油价、少人头和更大的技术需求的环境下，规模取胜和成本取胜的战略已难以奏效，最根本的途径是高新技术。正如美国一家能源研究机构所述，谁能适应潮流，尽快占领高新技术前沿阵地，谁就能抢先“摘取挂得最低的苹果”。

如上所述，在即将进入新世纪的今天，国际石油公司逐渐摒弃规模制胜战略和成本制胜战略，而开始采用高新技术制胜战略。在前两个战略时代，石油公司通过人头消肿和投资消肿来提高效益，这种对策到目前已经用到了头，那么在进入技术制胜战略时代，还能消什么肿来提高效益呢？国外油公司提出了“决策消肿”的新概念。通过对部分高层石油公司管理者的调查，这些管理者认为，石油上游行业中，无效或低效的决策过程可占到整个决策的15%~50%，平均在25%~30%。因而决策消肿有着两方面的重要意义：一方面是减少无效投入，一方面是增大有效投入。而决策消肿的关键是发展高新技术。企业实现信息综合集成的I^2技术将给企业管理和决策的科学化，提供新的技术支持。

I^2技术的发展态势及思路值得我们高度重视。我们目前的技术素质、人员素质、装备水平离这种综合集成的要求相差很大，但将企业作为一个整体看待，实行技术的综合集成，适应国际油公司技术发展的总体趋势，对于增强中国石油在国际油公司的地位和竞争力，显然是很重要的。

启示之一，遵循科学技术自身规律，超前做好储备，夺取生产经营的主动权。

石油科学技术的发展都有客观的规律性。每一项技术的发展大体上都要经历四个阶段：第一是开发阶段即室内研究和新思路的构成阶段；第二是成长阶段，即室内实验放大模拟试验、现场先导试验和工业性试验；第三是成熟阶段，即广泛应用，获得效益阶段；第四是衰退阶段，即技术老化，已不能解决新的问题，逐渐被下一代技术所替代。比如板块、含油气系统、盆地模拟、油气藏描述、层序地层学都有明显的周期，勘探技术，地震、测井大约10年一个周期。大庆油田为什么开发35年来生产始终处于主动地位，就是因为他们自觉地遵循了这个规律。超前5~10年做好技术储备，及时进行技术换代。

启示之二，每隔一段时间在诸多的技术群体中会突现出重大的主体或关键技术，从根本上改变企业。

正如近50年影响着世界工业发展的三代技术，即新技术、新工业、新材料(3N)，三维数字(3D)，智能、信息、集成(3I)，50年来对石油工业上游发展影响最大，起到关键作用的技术也有三代，即数字测井、2D地震—3D地震及油藏表征—I^2(信息×集成)。

石油工业上游的科技活动实际上是一个认识地质、油藏和改造地质、油藏客观实际的活动过程，而无论是勘探，还是开发，最基本的认识世界和改造世界的活动，都是从采集信息、处理信息和解释运用信息开始，从这一意义上讲，油田勘探、开发的实质是技术高度密集化的信息工程。油气储量是通过对地质信息的准确掌握而拥有的，油气产量是通过对油藏信息的及时监测控制而实现的。上游石油工业科技的发展始终是围绕着为勘探开发提供更好的信息采集、更科学的信息处理模型和方法、更合理的信息解释和优化控制而进行的。三代主体技术都与信息工程密切相关。

第一次飞跃出现在50年代末期至60年代，测井和2D为代表，其革命性的变化是计算机的引入将模拟信息的采集、处理解释改变为数字信息的采集、处理、解释，由此而大大改善了对地下地质和油藏情况的解释。这两项技术对渤海湾地区的复杂断块油田及华北古潜山油田的发现和开采贡献最为突出。第一次飞跃到70年代进入高峰而转为平缓，在这之后，数字测井和2D地震技术仍在改进，而其科学实质已没什么变化。第二次飞跃是80年代早期的3D地震的引入，以3D油藏表征和模拟为这一时期主体技术革新的基本特点，从一开始3D地震的主要应用集中在对构造更好地解释上，3D的技术还在改进之中，下个5年预计还会有重大进展，其重点将从主要集中在构造解释向3D甚至4D的油藏表征和模拟上，这一转向是以数据的综合集成为核心的，地质专家、地球物理学家和油藏工程师等组成多学科工作组，综合集成各种信息，再尝试监控流体运动、油气水界面等，来做出提高采收率的努力。当前方兴未艾的3D地震和3D油藏表征正在为低成本地寻找和开发复杂油气藏和流动单元体发挥着关键核心作用，为塔里木油田、吐哈油田以及新疆油田的发现和开发，四川、长庆气田和东部地区的勘探开发做出了重大贡献。第三次飞跃已经开始，I^2技术正在和将要从更深层次上为石油企业做出贡献。

(本文刊登于《石油科技论坛》2009年第5期)

发展科学技术，振兴石油工业

【编者按】 1995年中国石油天然气总公司召开了第五次科技大会，党组明确提出了“科技兴油”的战略目标。作者为此撰写本文，全面阐述科学技术及科技兴国的必要性和重要性。

科学技术是第一生产力，是经济和社会发展的首要推动力量，是国家和企业强盛的决定性因素。科技兴油就是要全面落实科学技术是第一生产力的思想，把科学技术摆在经济发展的重要位置，通过科技实力的增强和向现实生产力的加速转化，通过生产增长方式的转变获取经济效益的不断提高。总公司提出的“科技兴油”战略是全面落实关于科学技术是第一生产力思想的战略决策，是保证陆上石油工业持续高速发展的根本措施，也是振兴我国陆上石油工业的必然抉择和必由之路。

一、科学技术是人类社会发展的强大推动力，科技富国是必由之路

科学技术特别是科学，是人类在认识世界、改造世界过程中形成的正确反映客观世界的现象、本质和运动规律的系统的理论知识，纵观人类文明发展史，科学技术的每一次重大突破，都使人类社会产生深刻的变革，带来了巨大的进步。诚如马克思所言：科学“是最高意义上的革命力量”“生产力也包括科学”“另一种不需要资本家花钱的力量是科学力量”。在某种意义上说，一部人类文明史也是科学技术发展史。

人类对客观世界的认识经历了由自然客体(物质)到社会客体(能量)，再到思维客体(信息)的阶段；人类改造客观世界的能力体现在生产工具的变化上，即从手工工具到机器再到电子计算机的变化过程，从而使社会生产力的发展由自然条件起决定作用到人的地位和作用占主导地位，再到人从直接生产过程中解放出来，成为生产过程的监督者和调控者。从这些发展中可以看出，生产力中的智能性要素即科学技术在整个社会生产力中由开始比重较小上升为一种关键的力量进入物质生产过程并逐渐成为决定性因素，从而使人类社会从蒙昧走向文明。科学技术是第一生产力的论断已经并将继续在实践中得到证实。原料与劳动力在生产中的比重日益下降，技术取代资本成为提高生产率的关键要素。今天世界上的发达国家再不是以土地和自然资源取胜，而是靠技术创新取得优势。未来的主导资源将是知识，科学技术已成为富国之源。

目前，国际上都用综合国力这项指标来反映和度量一国的整体能力，国家之间的

竞争就是综合国力的竞争。综合国力是一个综合性概念，不仅包括一个国家自然形成的诸如国土面积、地理环境、自然资源、人口数量等基本能力以及人为形成的科技、经济、国防等能力，这些称作“硬国力”，而且还包括文化、教育、政治、外交、组织领导、管理决策、意志、精神能力等，这些又叫“软国力”。综合国力不是这些组成要素的简单相加，而是有机结合形成的整体能力。在综合国力这些要素中，科学技术是最活跃、最有影响的因素。科学技术是人类认识自然和改造自然的强大武器，在合理利用资源，协调人与自然关系方面，科学技术起着关键作用；科学技术又是促进文化教育知识的不断更新，提高全民族的文化素质，培养人才开发人力资源的强有力的手段，科学技术的发展为领导决策科学化、民主化、程序化奠定了基础。总之，科学技术对综合国力中其他因素都有不同程度的辐射作用。综合国力的竞争说到底还是科学技术的竞争。

当前正面临世纪之交，很多国家已经把提高产业竞争力和增强综合国力作为科技政策的核心。不仅日本、澳大利亚和新兴工业化国家等历来重视产业技术的国家如此，就连一贯主张产业技术主要靠市场竞争，企业自行开发的美英等国在科技政策和体制上也转到这一方向上来。

例如美国，科学技术已相当先进。目前，在 27 个关键技术领域基本都处于世界领先地位。其中信息与通信技术大大领先，生物、医学、农业、环保技术等都占有优势，只有制造业和能源技术与其他国家持平。与日本相比，美国在 10 个领域处于领先地位，在 11 个领域暂时领先，在 6 个领域持平；与欧洲各国相比，美国在 1 个领域处于领先地位，在 18 个领域暂时领先，在 7 个领域持平。特别是美国各产业在应用信息技术方面遥遥领先于其他国家。据国际数据公司统计，美国每 100 个职工有 63 台个人电脑，日本只有 17 台。尽管这样美国还在进一步加大发展科技的力度。近年来一直致力于制定一项适合冷战后新时期的新科技政策。

1993 年 2 月，克林顿政府提出“以技术促进美国经济增长——增强经济实力的新方向”的技术政策报告，同年 11 月发表“以技术促进经济增长——进展情况报告”，1994 年 8 月白宫科技政策办公室发布“科学——服务于国家利益”的科技白皮书。经过几年的实施，美国“以技术促进经济发展”的新科技政策逐步走向成熟。

首先，克林顿政府对国家科技发展的领导和干预比以往任何一届美国政府都更强有力。克林顿政府成立了负责科技决策和协调的“国家科技委员会”、直接向总统提供咨询的“美国总统科技顾问委员会”和科技政策执行机构“白宫科技政策办公室”。一些重大的科技发展战略，如信息高速公路建设，就是由政府直接参与倡导的。

1994 年的美国科技白皮书宣称，“科学”是技术的“基本燃料”，技术是“经济增长的发动机”。这两句话勾画出了美国新时期科技政策的新特点。

近年来，各国科技政策的变化，尤其是西方发达国家技术政策的变化体现了社会各界对科技发展的新认识。与 80 年代相比，90 年代科技发展战略思想主要有下列变化。一是以美国和英国为代表的市场经济发达的国家，改变了以往政府对产业技术发展不予支持的态度，开始积极促进并拿出一定经费支持投资强度大、风险高的竞争前技术。二是军事技术上的优势不再是决定政治和经济大国地位的关键，国防研究开发不再能刺激民用技术的发展，而民用技术往往可以在国防上获得重要应用。三是科学研究虽然对经济繁荣有重要作用，但基础研究不可能自动地转化为生产力。要保持本国产业的国际竞争能力，就必须不断开发新技术，并将这些技术成果转变成可销售的产品。四是技术本身还不能保证经济繁荣和国家安全，只有更有效地应用技术来研制新型、高质量、低成本的产品时，技术才能对国家利益作出贡献。因此，在国际市场上角逐的成功者不一定是新技术的发明者或研制者，而是善于将有关产品投入市场的实业家。因此，一个国家确定关键技术或技术发展的优先领域并不难，难的是如何从战略上迅速开发和推广这些技术。这也反映出当代科技发展过程发生了很大的变化。从一种线性的过程变成双向推动并行过程。就是说过去由于科技发展本身也很慢，经济发展与它的关系也不是那么密切，它的发展基本上是线性过程，即先由科学的某种发现、发明，然后慢慢找到它的实用价值、实用的方面，然后再变成一种商品的生产与出售，可是今天整个的研究开发和生产已经成了一种螺旋性的上升，双向性的推动，科技的进步推动经济的发展，市场的需求又推动科技本身的发展。正如恩格斯所说的“社会一旦有技术上的需要，则这种需要就会比十所大学更能把科学推向前进”。五是为了开发和推广影响国家竞争力的关键技术，必须依靠企业界、学术界和管理机构三方的合作。

由于上述战略思想的变化，各国新的科技发展战略和政策中都强调了几个关系。一是基础研究、应用研究和技术开发的关系。如在《美国国家关键技术》报告中提出的，发现、研制和推广必须实现一体化；英国科技白皮书提出的，需要改善科学基础和工业间的关系；日本则提出要加强基础性和独创性的研究开发。二是产学官合作。日本自不必说，作为这种合作的开创国，在资金、技术、人力和管理上都有产学官的合作。美国过去在国防技术、基础研究及卫生健康领域有过这类合作，现在在国家关键技术的选择及相应技术的开发和推广上也开始发展这类合作关系。英国新发布的科技白皮书也表明，要从建立产学官结合的科学技术委员会开始，促进产业界与学术界的合作和思想交流。德国的研技部则已经与日本科学技术厅合作，采用日本常用的技术预见方法，选择了德国面向 21 世纪的技术发展优先领域和项目，为产学官合作开了好头。三是合作与竞争的关系。在这些国家，合作与竞争不仅在国家之间存在，而且在企业之间存在。为了夺取技术优势，往往要取人之长，补己之短。近十几年，在技术竞争极为激烈的美国，不仅开展了企业间的技术合作，而且开始注意国际技术合作，开始采用非本国的技术成果来开发产品。

我们回顾一下大家都熟悉的世界科技发展史和当前科技发展的形势，这对正确认识科技是第一生产力，马克思为什么说是“最高意义的革命力量”，对正确理解科技兴油战略都是大有益处的。

新技术革命的形势是什么形势？

什么叫技术革命？钱学森同志讲，就是改造世界的方式发生了根本改变。科学革命是认识世界方式的根本改变，是质的改变。新的技术革命是，一场新的改造世界的方法和方式的革命，对整个人类社会的生产和生活产生深远影响的大的变革。这种变革，是多方面的改变。第一，工作对象要改变。封建社会，农业社会时期，人们的主要工作对象是土地，耕作利用土地则生长出粮食。在工业历史阶段，主要是用大机器作手段，来提高效率、效能。今后的工作对象，很可能主要是信息，加工知识，把力量放在知识上面，这样才真正抓住战略的要点。第二，生活环境将有所改变。经过工业革命，周围都是工业产品。这次信息革命，周围更多的是信息设备。信息系统是争夺的主要对象。第三，活动范围将发生变化。人们认为，随着物质文明、精神文明建设的发展，人的活动范围将不断扩大。第四，人们的生活节律加快。从历史上看，整个人类生活的节律是不断加快的。工业化大机器生产，使人们的生活节律加快了。经过一次新技术革命，生产方式发生转变，人们的生活节律也随之变快，计量时间的单位趋向缩小。生活节律跟生产方式是紧密相连的，生产节奏快，生活节奏也快。工业发达的国家，人的生活节律明显比我们要快。第五，价值观念在转变。价值观是有时代特征和不同尺度的。一次技术革命后，价值观念就发生质的飞跃。西方报刊议论六十年代以来，人们对工业产品有一种大厌倦和反感情绪，希望得到的是自然产品，天生的、艺术性的东西，而反对大机器生产的、大规模的、单一的产品。当然还有道德观念也在起变化。封建社会有封建社会的道德，跟社会主义的道德不一样。而道德观念，是以一定生产力为基础的，与生产力有密切的关系，与社会文化传统有密切关系。

如果按照上述标准来衡量技术革命，那么它已经发生过四次。现在正要发生的，在 20 世纪末可能达到高潮的，是第五次技术革命。

第一次技术革命，是史前期一万年前发明了制火技术。它使人们生活面貌改变了。火可以照明、取暖、驱寒，可以娱乐（围着火跳舞），也可以炼铜、炼铁，改变了生产面貌，使人类社会结束了石器时代，进入金属时代，所以社会发展史都从这儿谈起。有了制火技术，而后才有剩余产品，才逐步形成分工，有了分工才逐步产生阶级，才进入奴隶社会。因此，制火技术结束了人类愚昧野蛮的时代，进入人类最早的文明时期。

第二次技术革命，是三千年前耕种技术自成体系。农业技术在一万年前就有了，但有吃有穿建立完全自给的农业技术并形成体系，是在三千年前，首先是在中国。封建社会比较稳定，是靠小农经济、自给经济的稳定性。封建社会超稳定的社会结构是由小农经济超稳定的经济结构决定的。一个农户破产所造成的影响很小，而工业就不一样，一个工厂倒闭，影响一大片。

世界历史进入近代后，由于生产规模的不断扩大，产品竞争的加剧，新市场的开拓以及科学技术的高速发展，至今已至少又经历了三次由技术发展引起的产业革命。

第一次产业革命是18世纪60年代至19世纪40年代。其重要标志是发明了进入实用阶段的蒸汽机。蒸汽机的广泛应用，大大提高了劳动生产率。1840年，英国劳动生产率平均提高了20倍，有力地推动了纺织、采矿、冶炼、机械加工等工业的迅速发展。英国1820年的采煤总量占世界75%，生铁产量是世界的40%，成为当时最为强大的工业国家，享有“世界工厂”的称号。

第二次产业革命是19世纪50年代到二次世界大战前。它标志着以石油和电力为新能源的电气时代的到来。一系列的重大发明，如发电机、电动机、电话及无线电通信、内燃机、汽车、飞机、有机化工和转炉炼钢等新技术产品成为经济发展和社会前进的强大驱动力。经过第二次产业革命，世界工业总产值在19世纪最后30年中增长了两倍，其中钢铁产量猛增55倍，石油产量增加25倍。

第三次产业革命是二战以后延续至今的一次，也称为“第三次浪潮”。核能的利用、电子计算机的诞生及外层空间的探索和合成材料的广泛应用是其主要标志。第三次产业革命对人类生产能力和社会进步提高的幅度是难以用一般方法进行测算的。

这次技术革命以信息作为主要特征。信息技术的核心内容是什么呢？主要有三个方面：一个是微电子，一个是光电子，一个是通信网。从信息技术发展的历史来看，70年代的时候，有了数字运算主机，这是信息技术的幼年时期；到了80年代，PC个人机登台，信息技术进入了一个青少年时期；90年代信息技术进入成长时期，出现了巨型机、超巨型机、工作站等，而且与科技的其他方面相结合，渗透到经济的各个领域；到2000年将要成为转折点，因为过去计算机主要是大大扩大了人类的计算能力，而今后人工智能和智能机的结合将大大提高人类的思维效率。它将促成科技发展的又一次跃进，一切都可以智能化，比如说现在可以用计算机来做专家的工作，有些工作不要再请秘书了，请个电子秘书做助手就行了，它可代替秘书帮你处理各种事情。像这种工作方式的转变也引起了社会就业的一种变化。现在发达国家的失业率很高，1973年时发达国家主要的失业人口大概是1000多万，但是到1993年2月份统计已达到3000多万。而且失业工人中以前都是非熟练工人，而现在白领工人也失业了。原因是与电子秘书类似的智能化可以取代白领工人的工作有关。尤其是生物芯片的出现，它跟现在的一般硅片不一样，它具有DNA(脱氧核糖核酸)存储信息的能力。又如，光盘能提高信息的存储能力，所有图书馆实现电子化存取，光盘费用比音乐磁带高不了多少。

现在整个信息技术的组成结构也在发生变化。以前都是硬件大大超过软件，现在软件飞快发展，基本可以达到1∶1，估计将来软件的发展比硬件还要快。正是由于软件的发展才使得硬件更好地发挥作用。但是软件的生产主要是靠人的智力的，现在也正在进行自动化的软件生产。只要求设计者定出具体应用所要求的逻辑，实际的编辑过程都可以由智能机自动完成。所谓的自生软件，就是这种软件，永远不需要重写，它也不会被电脑科技的进展所淘汰，电脑将它们自动地修正或改进。目前这种软件的雏形已经研制出来了。智能化不仅体现在这些方面，它同样也体现在我们日常生活中。比如说现在日本的“智能厕所”，你在使用厕所的过程中，电子传感器能够测定你尿里的蛋白质、糖、红细胞、白细胞等参数，并显示在荧光屏上；你把手伸进扶手，马上就能够测量你的血压、脉搏和体温。你的身体若有问题就可以通过传感器马上传到医生办公室，及时进行治疗。还有智能材料，这种材料就像人一样，能对变化的环境产生反应。大家都知道修高速公路、桥梁都需要混凝土，现在有种能够感知的混凝土。用这种智能混凝土，假如哪儿压力大了，有裂缝，它可以通过自身结构传感器进行弥补，假如海底桥墩受海水浸蚀，它就可以释放出一种材料来中和海水的浸蚀。

现在可以说进入了全球网络化的新时代。最大的特点就是计算机和通信联盟，有人称这为“空中婚姻”。就是由于计算机和通信联盟以后，通过卫星等使得我们的整个空间、全球都成为一个统一的体系，从而消除了时间和空间的障碍。这也是全球经济一体化的基础。一个信息处理系统的新时代将来临，你通过这个网络可以很快知道许多事情。同时，由于速度加快，金融和整个流通在某种程度上可以光速来进行。比如上海金属交易所在 1993 年 5 月开始和路透社实行高速的 IDN 网络联通以后，使上海金属交易所和国际市场初步接轨，仅仅隔了三天交易额就增加了 50 倍。因此说这样一个计算机和通信的联盟，再加上电话、电视、电脑相结合引发了一场数字化的技术革命。数字化的技术革命是什么意思呢？就是声音、图像、文字都可以通过一体化的数字码来表达的多媒体技术。因此，电脑、电视、电话可以结合在一起，这将彻底改变人们生活、工作和活动的方式。有人估计，由于电脑、电话、电视可以融合，将来“个人通信机”(它集成手持电话与计算机和传真机的功能于一体，使信息获取和传输费用相对低廉)可能会引起世界范围内的企业革命，个人通信机将要和个人计算机形成一种革命性的抗衡。同时，由于全球性的网络或局部性的网络产生，使很多活动和工作方式都发生改变。比如电子邮件、电子信箱利用电子计算机网络来代替邮递员和信件分拣员完成信息处理和传递工作。内容广泛得多，可以包括文字、图像、语言等各种信息，同时操作起来很方便，质量又可靠，安全保密又有保证，价格又便宜。这种电子邮件、电子信箱现在也不只是谈谈而已，1991 年的时候已经有了 3000 多万个。美国大概有 2000 万个，而且不只在邮电部门，前不久美国的白宫也开通了电子信箱，公众可以与总统实行瞬间对话。还有电子市场，你要买东西，可以开通 24 小时服务的家庭采购有线网络，只要打开计算机，马上可以看到哪个商店有哪些东西，你要买什么也可以通过这个网络进行。还有办公的方式也可以改变，在家里可以通过这个网络联系，不一定非要到单位去，现在美国在家上班的职工大大增加，已有 600 多万。同时，开会可通过卫星电视、电话会议，不一定所有的人都要赶到北京来。像前一时期我们开的中纪委二次全会就是电视会议，正式会场在人民大会堂，另外通过网络联到广东、上海等，这是一个很大的进步，以后国际会议也可以这样开。包括电子旅行，现在有一些虚拟的技术，你可以坐在家里旅行许多地方。同时，视屏的录像技术也从根本上改变着我们的教学，使学生不只是单纯地听老师讲课，对课程的内容是怎么研究的整个过程都可以看到。有了这种技术，将来大学的老师也要转换角色，不只是单纯提供信息，而是变成教育咨询者，其作用是指导学生怎么去获取信息和怎么去利用信息。

在全球网络化新时代里，还有一个新的发展就是无线通信时代的到来。10 年以前对它的发展未充分认识，当时预测，20 世纪末美国将有 90 万个移动电话，但实际上现在移动电话已经超过原来预测的 6 倍，所以说无线通信时代的来临在加速。美国的大公司摩托罗拉正在准备开发一个重要系统，通过国际合作，将花 38 亿美元建成一个叫“铱金”的卫星通信系统。这个系统是什么意思呢？就是开发一个低轨道的运行小卫星系统，向全世界提供全球的个人通信服务，使地球上任何地方都可以使用无线电话。

信息技术里边最后一点就是光电子技术的发展。它将带来一场和硅芯片意义同样深远的革命，也就是说要从电子世界转向光子世界。举两个例子说明为什么是一场革命。如果用光电子来代替电子的装置进行通信的话，就可以使得传输线路的容量扩大 10000 倍，而光计算机的运算将会比电子计算机的速度提高 1000 倍。

还有三项技术将要影响 21 世纪人类发展的进程，一个是生命科学和生物工程，一个是极限技术，还有一个是环保技术。有人说 21 世纪是生物工程的世纪，领头的科学是生命科学。20 世纪的时候，领头的科学是物理，21 世纪领头的将是生命科学，21 世纪是生物工程的时代。因为生物工程跟人类社会息息相关，而且同产业的命运紧密地联系在一起，它将要在下边的三大领域为人类社会作贡献。第一方面就是治疗疑难病症，大家都知道癌症没法治，艾滋病没法治，老年痴呆没法治。通过生命科学对人类本身认识的深化，这些疑难病将是可以治疗的。第二个方面是仿生学，就是把研究生物机能的成果运用在工业产品的开发上。第三个方面就是遗传基因的重组这个领域。这里举几个简单的例子，比如说在治疗疑难病症方面，整个治病的观念要改变，即要从基因的层次上来治病。基因治疗方法是当今治疗疑难病症的非常重要的一个手段。什么叫基因治疗呢？就是把基因植入到细胞里，使得体内产生有疗效的蛋白质。这方面已经取得了带有标志性的进展。比如说 1990 年美国一个缺乏抗感染能力的 4 岁的女孩通过基因治疗获得了免疫力，现在这个女孩正在上学。假如没有基因治疗，这个女孩只能生活在无菌的环境当中，因为她没有抗感染的能力。正是由于这样一些基因治疗的成功例子，美国已经批准了类似这方面的 20 项临床试验。这是把基因植入到人体内产生有疗效的蛋白质，那么，反过来还有一种反义治疗也很重要。什么叫反义治疗呢？人为什么会得癌，就是有些不好的基因在里边起作用。反义治疗与基因治疗处置相反，就是通过消除细胞里边某些不好的基因，使细胞不再制造有害的蛋白质。

用基因工程来合成药物，这方面也有进展，最有前途的是生物反应器。这种药物是通过把有用的基因转入到动物身上去，使动物所产生的奶或者血有疗效的作用。比如在英国，通过基因工程，使山羊的奶含有一种叫 TPA 的物质能治疗心脏病。还有通过转基因植物就可产生抗体，主要是在烟草、油菜和土豆等植物里。目前，通过转基因植物生产的抗体总量已达到植物总蛋白量的1%，当然还比较低。不过，既然有可能，就可以提高。从这几个例子，我们可以看出，由于生命科学的发展和生物工程的成功，整个治疗以及药物，与过去传统观念上的概念不一样了。

还有一个方面，利用基因工程使变种动物的器官能够移植到人体中去，目的在于开发能提供用于人类的器官，如肾、肝、心脏等，现在较成功的是通过基因工程使得某些转基因猪的血能制造人类的血红蛋白。大家知道，输血有时很危险，搞不好的话又会得另外的病，如肝炎、艾滋病等。但通过基因工程，用猪的血来代替就没这些问题。这些都是基因工程与人类生命延续和健康有关的科学。

还有仿生学，研究生物的各种机能，开发新的材料。现在有很多生物机能我们还不了解。比如，大马哈鱼，不管把它放在哪里，它都知道自己的诞生地；响尾蛇有红外线的探测器；蝴蝶能从一千米以外进行通信联系。这些生物机能都还是一个谜，揭开里面的奥妙并利用这些功能就可以为人类造福。这就叫仿生学和仿生体。最普通的如人造陶瓷很脆，而生物陶瓷如牙齿却不易碎，这是为什么？研究和利用生物机能与生物所具有的特性来开发新的材料，这是一个非常重要的方面。现在还有一个趋势，为省钱省时，生物技术公司正与制药公司建立起很好的合作关系，同时生物学将走同计算机技术相结合的道路。

再谈谈极限技术，它将给人类社会带来深刻影响。在极限状态下，超高温、超高压、超真空或极低温技术都已问世。利用这种状态开发新工艺对整个世界的探索产生非常大的作用。比如“毫微米技术”，在国外叫“纳诺技术”。纳诺技术是由于其组元的尺寸为1~9纳米的数量级，在这样一个数量级的时候，致使材料性能大大改善。比如纳诺相陶瓷，在1600℃高温时就能像橡皮糖那样延展，而在室温时，它又要比粗颗粒的同样材料坚硬，而且富有韧性。所以看上去好像是尺寸的变化，实际上这种组元的尺寸变化能引起质的变化。另一种结构材料还能呈现出普通材料所没有的电磁和光的综合性能。如铁硅系统，在达到毫微米的时候，只要改变两个参数，即铁粒子的大小和它所占有的体积分数，这种材料在导电方面就可以改变14个数量级。所以，毫微米技术开辟了微型科技的新纪元。

微型科技的新纪元，现在不只是停留在一般的研究上，已有了不少的产品，如微型机器人，日本已造出了世界上最小的机器人，只有一厘米见方，还装入了传感器。所以，当这个机器人在见到手电光或太阳光时，它就会朝光源的方向加速前进，每秒行进速度可以达到14.7毫米，这已经收入到吉尼斯世界纪录大全里。现在有的微型机器人可以作为医疗用的体内机器人，它可以在人体的血管中移动，一直到达患病的部位进行治疗。还有一种进行维修的微型机器人，它可以进入到较复杂的机械系统内部去进行修理和检查。还有一种进行清扫的微型机器人，它可以把各个角落打扫得干干净净。日本还开发出一个只有7毫米长的自动行走微型汽车，还开发出一个直径只有

0.8毫米的电张式电动机。日本之所以能开发出这些产品，是因为它抓住了未来技术。日本在筑波花了25亿日元建立起一个“纳诺技术研究中心”，人称“原子工厂”。

最后谈一下环保技术。当今人类面临两大危机，一是人口的爆炸，一是环境的污染。现在许多灾难都是环境恶化的反映，所以人类对保护环境有了新的觉醒，环保技术成为新的开发热点。例如，因为现在污染严重，汽车产生的废气是一大原因，所以电动汽车成为一个热点。洛杉矶被称为废气的地狱，这个城市提出要逐年增加无公害汽车的比例，1998年要提高到2%，2001年达到5%，2003年提高到10%，出路就是发展电动汽车。电动汽车不仅是汽车行业本身的发展方向，同时与环保紧密相连。还有一个热点就是“绿色建筑”。它符合环保的要求，既节约又美观；同时还能将办公室废物的80%再次利用，包括废纸。这种建筑的材料不含有害物质。现在的大楼里许多材料是有害的，住久了头痛。在美国还准备建造环境商店，这种商店会给你提供对健康有利的环境，如使用最新的照明技术，照明会随着时间、地点的变化而变化。由于人类对环境保护有新觉醒，开发环保技术也成为一个热点。

纵观世界科技发展历史可以看出以下几条规律：

（1）科学技术的每一次重大进步，都将最终导致生产能力、生产方式以及管理方法的巨大变革。经过三次产业革命的国家和地区，主产能力得以成千倍的提高；生产方式也已由大工业代替了手工工厂的主导地位；企业的管理方法也经历了投资者直接管理的早期阶段、聘用专业管理人员为特征的科学管理阶段和运用现代科学技术手段进行系统管理的现代化管理阶段。

（2）每一次由新技术革命导致的产业革命，都伴有相当数量和比例的新产业的产生和幼稚产业的兴盛，同时出现一批老产业的衰落。新技术成为未来产业新生点的事实，已多次被历史证明。

（3）科技成果向现实生产力的转化周期越来越短，所产生的经济效益和社会效益也越来越大，在现时经济、社会发展中科技正发挥着第一位的作用。从科学发展史中我们知道，一般而言，科技产品化的平均周期在石器时代需要数千年，铁器时代需要上千年，在18世纪为100年上下，在19世纪为50年左右，而在20世纪初为30年，二战时期为16年，二战后为9年，目前只需5年左右。日本的电子消费品的产业化周期只用三个月。有人统计人类的知识最近30年的增长大概等于过去2000年的总和。预测到2003年人类的知识要比现在翻一番；到2010年很多方面将出现爆炸性的突破和扩展；估计到2020年人类的知识将比现在增加3倍到4倍；到2050年，今天运用的科技知识可能只占2050年所拥有知识的1%。技术产品化周期的不断缩短，反映了市场对科学技术需求的迫切程度，同时也代表市场竞争中科学技术的关键作用，谁在自己的产品中占据了科学技术的“高新权”，谁就具备了竞争市场的主导权。历史和现实都证明，每一次的科技进步，都对经济发展产生重大影响，这一点在当代社会表现得尤为突出，20世纪初，劳动生产率的提高5%~20%依靠科技进步，而目前，已达到60%~

80%的水平。日本《科技白皮书》认为，就日本而言，科技进步对经济增长的贡献1955—1960年为20%，1960—1965年为30%，1965—1970年为40%，1975—1980年为60%，目前达到80%左右。

历史的启示是深刻而直接的，谁掌握了现代科学技术并使之迅速产业化，谁就掌握了经济和社会发展的主动权。一国的科学技术水平直接影响其国际地位。17世纪末的伦敦曾经是欧洲科学技术中心，并享有“世界工厂”的美称，当时，英国的对外贸易超过其他所有国家国际贸易的总和。19世纪初，德国依靠化学工业的崛起，一举取代英国成为科学技术中心，40年内走完了英国一个世纪的道路，随后，世界科学技术中心又从欧洲逐步过渡到美国。正是凭借科技优势，美国人均收入超过欧洲各国水平，钢、煤的产量均占有世界三分之一以上，在航天、生物、化工、医药、国防等诸多领域居领先地位，成为超级大国。

科学技术的发展也导致了企业性质和结构的变化：

第一，过去的企业是生产的场所，而今天则应该主要是个思考的场所。以前，企业的领导者是生产的组织者，今天企业的领导者应是思考的组织者。这就是科技成为第一生产力，知识趋向性要求企业性质的根本变化。

第二，企业参与竞争的基础改变了，在资金的投入方面是科技开发的投入高于设备的投入。从科技的本身来说，要从单一的科技走向多元的科技，这也是高技术企业发展的特点。

第三，研究开发的动力在变化，就是说收集情报的意识要加强，同时要注意看不见的竞争者。

第四，企业的生产方式在改变，以前的企业(也是现代化的)基本上是机器生产机器，而今天是要用机器控制机器。就是说，要符合市场的需求，不是大规模地生产，发展的趋势是小批量、多品种、个性化。因此，人们常说“柔性生产系统”很重要。

第五，组织形式的变化，今天的组织形式是扁平化结构。要减少层次，提高效率，让公司成员参与决策，使各部门之间更好地沟通，即促进生产关系的变化。

第六，企业竞争力的基础发生变化。企业竞争力的重要要素是人，企业的个人才智和个人之间相互合作的团队精神与组织方式以及经营能力，现在成为最重要的方面。因此，现在国外兴起一个新的行业“猎头公司”，就是猎取人才。企业对人才的要求，特别是对高层次人才的要求，有战略眼光、知识面广非常重要。

所以，作为产业经济的基本主体——企业，它的性质和结构发生了变化。同时，又提出了21世纪的管理，现在是集成的时代，既然要集成，管理就更为重要。21世纪的管理有四个特点：

第一，以零为基础的管理。就是说不要迷恋于以前的辉煌，面对新的形势，在科技已成为主角，知识趋向性是主流的情况下，过去的成功经验不一定今天也能成功。所以，领导者一定要有创新精神，要面向未来，从零开始。

第二，技术管理。科技的含量，上面已谈到。

第三，增长管理。观念上要改变，不是说增长就都是好的。现在需要的增长是受控制的增长。形象地说，就像人，人身体长肌肉是好的，长脂肪就不好，长癌就完了。所以，作为企业的增长，要看是长肌肉还是长脂肪或癌细胞。增长是要受控制的。

第四，信息管理。有好的信息管理才能有科学决策，决定技术的选择、决定组织方式的调整，等等。

总之，管理部门在使知识转化为生产力方面做得怎样，这是核心。学习和了解世界科技发展动向和发展历史是十分重要的。

二、科技进步是世界石油工业发展的动力

在世界范围内，近代石油工业技术约开始于19世纪中叶，但直到20世纪20年代由于没有出现能使石油工业飞速发展的石油技术，这段时间内石油工业发展进展不大。

20世纪20~30年代，由于重力、地震折射波和地震反射波等早期地球物理勘探方法的出现和使用，同时微古生物学、沉积学、地层学和古地理学等均被引入石油地质研究，加上背斜理论的指导，使世界石油工业发展产生了一个飞跃，世界原油发现率出现两个高峰：第一个高峰是在1925~1930年，世界年均发现原油近200亿桶(约27亿吨)；第二个高峰在1935~1940年，年均发现原油300亿桶(41亿吨)。这20年期间主要在美国、中东和委内瑞拉等地获得重大发现：美国原油发现率出现的两个高峰，尤其是30年代的重大发现使美国石油工业进入一个辉煌的时期；中东地区发现了布尔甘(可采储量99.1亿吨)和基尔库克(22.4亿吨)等9个原油可采储量大于1亿吨的大型油田；委内瑞拉发现6个可采储量大于1亿吨的大型油田。

20世纪40~50年代有八项代表性技术得到了发展和应用。40年代首次应用电测方法定量评价油气层，对多油气岩层中石油流动与分布有了深入了解，发明了石油乳化物钻井液，在墨西哥湾建成了第一个海上平台。50年代用磁带记录地震信息和非炸药震源，蒸汽法开采稠油，发展了海上油田的深水钻井、完井技术，广泛应用了注水开发技术。上述技术的不断发展和改进，以及在世界各地的广泛使用不仅使中东和委内瑞拉等地的勘探成果不断扩大，而且使苏联等地获得了重大发现，使世界原油发现在1945—1960年保持了较高的水平，年均原油发现率为240~400亿桶(33~55亿吨)。中东地区发现18个可采储量大于1亿吨的大型油田；委内瑞拉发现8个；苏联发现了伏尔加—乌拉尔大油气区。

由于油田注水技术在世界各地得以推广使用，使油田采收率普遍提高了15%~20%，大幅度地增加了世界原油可采储量。

20世纪60~70年代是石油技术迅速发展时期，新技术不断出现，老技术逐步改进，新成果越来越多。

在石油地质理论方面，20世纪60年代诞生的板块构造理论被誉为地球科学的一场革命，促进了构造地质学的发展。应用板块构造理论能指导研究含油气盆地的成因机制，开展油区岩相古地理研究，推动油气成因理论的研究和油气藏形成及分布的研究。根据板块构造理论可对全球沉积盆地进行分类，分析大油气田与沉积盆地类型之间的关系，对盆地的含油气性和潜力进行预测。例如，一些地质学家曾根据传统的石油生成理论和板块学说预言，大西洋的拉布拉多海域和纽芬兰的大陆架、北格陵兰和加拿大的北部诸岛屿、澳大利亚的西北大陆等海域、太平洋西部和南部海域，都可发现巨大油气田。以后几十年的勘探成果证实了这一点，如加拿大沿岸含油气区、南美沿岸含油气区、中非裂谷系含油气区、澳大利亚西北大陆架含油气区等等都是在板块构造理论指导下发现的。

在地震勘探技术方面，20世纪60年代出现的叠加技术和数字记录仪是石油技术史上的一次革命，同时数字计算机也进入了石油行业，数字数据处理中心替代了原来的模拟回放中心，通过数字处理扩大了动态范围和通用性，使地震剖面更加清晰，更像地质剖面。

钻井技术方面发展了喷射钻井，定向钻井和优选钻井技术，发展了PDC钻头和泡沫水泥固井技术。

在油田开发方面，大型水力压裂技术的出现和蒸汽吞吐开采方法的广泛使用，扩大了世界非常规油气资源领域。大型水力压裂技术使原来认为无开采经济价值或无法开采的致密砂岩油气成为有价值的一类资源；蒸汽吞吐开采技术提高了稠油采收率。

这个时期起步的海洋石油技术进一步推动了世界石油工业的发展。建成了海上系泊采油系统，可以在500米深水钻井，在100米水深建成钻采平台，也可以说，海洋石油工业的发展是科技进步的产物。由于海洋勘探开发技术的产生和发展，在世界油气勘探开发活动中，海洋石油工业显示出越来越重要的作用。从20世纪60年代开始，相继发现几个大的海上油气区，如北海、美国墨西哥湾和中东海上油气区，另外澳大利亚南部海域、东南亚地区海域、南美海域和北极海域都形成一定规模的油气区，到目前为止全世界已经发现1600个海上油气田，其中222个油气田的最终可采储量在6800万吨以上，10个储量超过10亿吨的特大型油气田。探明可采石油储量200亿吨，占世界石油总储量的1/3，80年代末原油产量占世界总产量的25%。

总之，20世纪60~70年代是石油技术迅速发展阶段，也是石油工业飞速发展时期，世界原油发现率保持较高的水平，年均发现率270~410亿桶(37~56亿吨)；中东、美国等地区的勘探成果继续扩大，中东发现20多个亿吨级的大型油田；美国发现阿拉斯加大油气区，苏联发现西西伯利亚特大油气区，还有几个海上油气区都是这个时期的产物。

80年代以来，随着勘探程度的增加，难度也越来越大，尤其80年代中期以来持续的低油价，使世界石油工业的发展除了开拓新的勘探领域，在老区评价方面受到了更大的重视，并在提高效益降低成本方面做了很大的努力，相应的石油技术也向更精更细的方向发展。

三、科学技术现代化是四化的核心，科教兴国是中国发展的必由之路

1. 国家的科技发展形势和发展战略

西方国家的科技事业走的是与产业革命同步发展的道路。一些新兴工业国家是在引进技术建立工业后，再发展本国科技事业。二者都是以市场推动为主，以经济发展的需求带动科技发展。我国的科学技术事业则是在社会主义条件下，主要依靠国家力量推动发展起来的。新中国建立伊始，科学技术极为落后和贫乏，全国科学技术人员不超过5万人，其中专门从事科学研究工作的不超过500人，专门的科学研究机构只有30多个，较有基础的科学研究工作，主要是结合自然条件和资源特点的地质科学和生物学的分类研究，现代科学技术几乎是空白。工业生产技术陈旧落后，农业生产主要依靠传统的耕作经验和工具。为尽快改变科技落后状态，国家采取了组建科学技术机构的措施，调集国内优秀科学家予以充实；同时，800多位海外科学家响应新中国的召唤，回国参加到创建我国科技事业的行列。50年代中后期，国家发出“向科学进军”的号召，提出“百花齐放、百家争鸣”的方针，制定了我国第一个长期的科学技术发展规划——《1956—1967年全国科学技术发展远景规划》，明确了一系列基础研究、应用研究和开发研究的主要课题，如半导体技术、计算机技术、自动化技术、无线电技术、核技术、喷气技术等。经过科技战线和全国人民的共同努力，初步形成了科学技术体系的基本框架，并促进了一系列新兴工业部门和产业的诞生和壮大。《1956—1967年全国科学技术发展远景规划》提前5年基本完成。之后，国家提出科研单位的根本任务是“出成果、出人才”的科技工作政策，并制定《1963—1972年科学技术发展规划》，集中全国科技力量，组织实施重大科研项目和重大科技工程，在核技术、导弹、航天技术领域依靠自己的技术和力量取得重大突破，获得了举世瞩目的“两弹一星”的伟大成就。十年动乱期间，我国科学技术事业受到严重冲击和破坏，科学技术停滞不前。70年代末期，我国的科技事业迎来了新的春天，国家对我国科技体系进行恢复和重建，制定了《1978—1985年全国科学技术发展规划纲要》。邓小平在1978年3月召开的全国科学大会上，精辟地阐述了科学技术是生产力，科学技术现代化是实现四个现代化的关键，对我国科技事业在新的历史时期的发展，带来了深刻的影响和极大的推动，科学技术在现代化建设中的地位和作用重新得到了确立。80年代以来，我国的科学技术事业沐浴着改革开放的春风，呈现出蓬勃发展的崭新局面，进入建国以来最为繁荣、鼎盛的时期。我们已建立了学科齐全、独立完整的科学技术体系，几乎在当今世界主要科学技术研究领域，都有自己独立的研究力量，培养和造就了一支宏大的特别能战斗的科技队伍。目前全国拥有各类专业技术人员［包括工程、农业、卫生、科研、教学等技

术职务(称)系列]1700多万人，直接从事研究与开发活动的科技人员有100多万，有5000多个独立的科学研究与开发机构，近8000个企业技术开发机构，200多个接近或达到国际先进水平的重点实验室，在改革开放中还建立了52个国家级高新技术产业开发区，认定了3500多个高技术企业，此外，还涌现出25000个民营科技型企业。虽然我国在经济上仍然是发展中国家，但在科学技术上具有超越发展中国家的优势和潜力。

回顾我国科学技术体系建立和发展的历程，我国科技事业的发展，具有以下一些特点：

(1) 我国科学技术从无到有，从弱到强，国家是主要推动力量。科研机构全部由国家支持，科技经费依靠国家财政拨款，科研活动由国家以指令性计划组织实施。

(2) 国家通过制定科技发展规划，集中全国力量组织实施科技项目和工程，具有很强的宏观调控能力和优势，如“两弹一星”、大型物理装置、共生矿的综合开发、大规模农作物优种选育等大科技工程都是利用宏观调控、集中力量和资源完成的。

(3) 我国科技队伍是一支敢于拼搏、志在必得的攻坚力量，具有集中协作攻关的优势和能力，可以用少量的经费、较短的时间完成宏大的任务。例如，我国从第一颗原子弹爆炸到氢弹爆炸只用了2年零8个月的时间，而美国用了7年，原苏联用了3年。

(4) 我国科技的发展在促进建立现代工业和产业过程中发挥过重要作用，但从总体上看，科技的发展与整个国民经济建设脱节，科学技术与经济、社会的发展互不协调。

(5) 长期实行的计划管理体制使科研单位和生产单位、科学研究活动与生产经营活动脱离，科技的发展缺乏活力，科研活动缺少独立性，偏重于研究，忽视了开发应用及成果转化。

(6) 科学技术管理的政策和手段比较单一和僵化，绝大多数科研活动依靠计划项目的实施进行，科技政策没有形成与现代科技发展相适应的完善的体系。

2. 改革科技体制，解放科技生产力

进入80年代后，世界范围内的新技术革命迅猛发展，对社会生产力的发展越来越具有决定性作用，并在人类社会生活的各个领域产生广泛而深刻的影响。世界各主要国家纷纷转变战略观念，调整发展模式，力图通过全社会的科技进步，增强综合国力，夺取在未来世界格局中的有利战略地位。在这一国际大背景下，我国首先立足于把自己的事情办好，改革开放，加速发展，确立和实施了现代化建设分三步走的战略目标。科技界肩负起了迎接世界新技术革命挑战和为国民经济发展提供科技支撑的双重历史使命。然而，在特定的历史条件下形成的我国科技体制却越来越不适应加速现代化建设的需要。其主要弊病是科学研究与生产脱节，不利于科技工作面向经济建设，不利于科技成果迅速推广应用，束缚了科技人员的智慧和创造才能的发挥。因此，80年代以来，我国科技工作根据党中央、国务院的统一部署，按照“经济建设必须依靠科学技术，科学技术工作必须面向经济建设”的战略方针，紧紧围绕促进科技与经济相结合，加速科技经济一体化步伐，进行了一场旨在解放科技第一生产力的改革实践——科技体制改革。

我国的科技体制改革以《中共中央关于科技体制改革的决定》(以下简称《决定》)为标志，在全国范围内有计划、有步骤地全面展开。改革的主要内容是：在运行机制方面，改革拨款制度，开拓技术市场，在对国家重点项目实行计划管理的同时，运用经济杠杆和市场调节，使科学技术机构具有自我发展的能力和自觉为经济建设服务的活力；在组织结构方面，大力加强企业的技术吸收与开发能力和技术成果转化为生产能力的中间环节，促进研究机构、设计机构、高等院校、企业之间的协作和联合，并使各方面的力量形成合理的纵深配置；在人事制度方面，促进人才的合理流动，树立尊重知识、尊重人才的社会风尚，创造人才辈出、人尽其才的良好环境。在中央《决定》精神和国务院随后制定的一系列改革政策措施推动下，我国科技界勇于探索，大胆实践，不断完善和深化各项改革工作，使科技工作的机制和格局发生了深刻变革，解放和促进了科技生产力的发展。

3. 加速科技进步，振兴国民经济

我国科技界始终坚持改革与发展相统一，服务经济建设与繁荣科技自身相统一，按照兼顾当前与长远的原则全面推进三个层次的科技工作。

科技工作的第一个层次是直接为经济建设服务。在这个层次上，国家先后实施了重点科技攻关、“星火”、“丰收”、“燎原”以及重大科技成果推广等一批科技计划。重点科技攻关计划是为国民经济和科学技术中近期发展服务的科技计划，它是我国科技计划中，规模最大、涉及领域最广的一项计划，“七五”期间，共安排科技攻关项目76项，349个课题，4700多个专题。实施以来，为工业、农业以及资源、医药卫生、生态环境等广泛领域提供了大批新的先进技术、工艺、装备和产品，并培养了大批科技人才。1985年开始实施的“星火计划”，是一项旨在把先进适用的科技成果大规模输入农村的计划。实施以来，起到了开拓、示范、引导和推动作用。目前，累计安排“星火”项目25000多项，总投资达180亿元。现已完成18000多项，累计新增产值达459亿多元，创利税106亿元，安排国家级“星火”装备开发项目280项，分三批向全国乡镇企业、中小企业推荐先进适用技术装备302项，仅据11个省、7个计划单列市统计，已推广“星火”装备14万套(台)，为农村培训各类型的技术、管理人才达623万人。同时，通过“星火计划”的实施，吸收了一大批农村剩余劳动力，提高了广大农民的商品经济观念和科技意识，取得了显著的经济效益和社会效益。

在我国科技工作的第二个层次上，国家实施了高技术研究发展计划(863计划)和高技术产业发展计划，选择对我国今后发展有重大影响的7个领域，包括生物、航天、信息、先进防御、自动化、新能源和新材料等作为重点研究领域，跟踪世界先进水平，力争在有优势的领域上有所突破，为20世纪末和21世纪初经济建设和国防建设服务。执行7年来，已组织1万多名科技人员，数百个科研机构参与研究工作，有相当一部分课题取得了突出进展，如汉字语音识别技术、乙肝疫苗和制备技术等，都达到了国际先进水平。

为了加速高技术产业的发展，我国于1988年开始实施“火炬计划”，各级政府和部门为鼓励、支持高新技术产业的发展，制定了一系列优惠政策，创造了较为良好的环境条件，促进了高新技术开发区、创业服务中心及技工贸一体化的高新技术和企业集团的迅速发展。与此同时，国务院先后批准设立了52个国家级新技术产业开发区，这些开发区知识密集，技术密集，具有人才、资源、环境优势，是我国高新技术产业的发展基地，是高新技术向传统产业扩散的辐射源，是改革开放的示范区和试验区。根据1992年的统计，在开发区设立的高新技术企业已达到5000多家，实现技工贸总收入236亿元，工业总产值183亿元。可以预见，高新技术产业的兴起和发展，将为我国经济的腾飞插上新的翅膀。

基础研究作为科技工作的第三个层次，在我国新的科学格局中，受到充分重视。

基础性研究包括基础研究和应用基础研究，是人类为认识自然规律所进行的科学探索，是科学技术发展的源泉。确保基础研究和应用基础研究持续稳定发展是我国的一项长期方针。目前投入基础性研究的科技人员约10万人，基础性研究经费增加，安排的基础研究课题达2万多项。从1984年到现在，国家投入4.1亿元人民币和8300万美元建成了74个重点试验室。100多个部门重点实验室已对国内外开放。国家投入7亿多元建成的10多项大型科学工程和装置大部分开始正常运行。对那些具有科学前沿性、应用重要性和能充分发挥我国地理、资源、人才优势的重大项目，通过国家“攀登计划”组织实施。国家自然科学基金会成立5年多来，年基金额达1.85亿元，持续资助着约6万科研人员和2万多研究生从事基础性研究工作，并专门设立了青年科学基金和高技术新概念、新探索基金，为青年科技人才脱颖而出创造条件，为“863计划”的实施提供了新颖的科学思想和知识储备。

在加速发展科技第一生产力的同时，我国先后完成了14个领域技术政策，完成了《中华人民共和国十五年(1986—2000)科技发展规划》《中长期科学技术发展纲领》《中长期科学技术发展纲要》和《科技发展十年规划和“八五”计划》等重要文件的制定工作。这些文件已成为编制我国各项科技计划的重要依据，成为指导各个层次、各个领域科技工作的重要纲领。

4. 面向21世纪，运筹新举措

我国已提前实现经济发展的第一步战略目标，正在向第二步、第三步战略目标迈进。然而，人口膨胀、资源紧缺、生产技术和管理手段落后所带来的压力也越来越大。

——工业发展如果仍然采取以投资牵动为主的粗放型发展模式，将始终摆脱不了一放开就导致外延扩张超速，一收缩外延又引起经济滑坡的“怪圈”。

——农业发展如果仍然沿用传统模式和常规技术，则不可能突破土地等自然资源和条件的制约，在克服干旱、病虫害、沙漠化、盐碱化的基础上发展高产、优质、高效农业，支撑国民经济第二步、第三步目标的实现。

——对外贸易如果仍然主要依赖资源和低附加值产品的出口，虽然能在一定范围内创汇，但却改变不了在国际经济分工中的从属地位。

——高科技及其产业如果不能依靠自己的力量在国际上争得一席之地，就无法打破西方国家采取的限制向中国出口高科技产品和在高科技研究活动中排斥中国的强权政策，赢得国际竞争的主动权。

——深化改革中如果没有先进的科学技术手段解决全国统一大市场的规范、有序、高效运行问题，如实现金融系统的电子化、流通领域现代化等，则将贻误改革进程，影响现代化建设的全局。

解决这些改革与发展所面临的深层次问题，必须全面贯彻科学技术是第一生产力的科学论断和伟大战略思想。新时期的中国科技工作、经济工作以及整个现代化建设事业，必须以这一思想为指导，把40多年建立和发展起来的科学技术体系中所蕴藏的巨大潜力，以及1000多万中国科技人员和亿万劳动群众的智力资源充分发掘出来，把经济建设、社会发展切实转移到依靠科技进步和提高劳动者素质的轨道上来，使科技第一生产力的作用在现代化建设中得到充分发挥。

90年代中国科技改革的总任务，是建立起加速解放和发展科技生产力的新型科技体制。中国的经济体制正全面向社会主义市场经济体制过渡，建立与之相配套的新型科技体制，既要考虑到经济建设是科技工作的主战场，科技体制必须遵循市场经济规律，又要认识到科技工作特别是科学研究是一项探索性和创新性的劳动，投入要求超前，产出效益滞后，必须服从其自身的发展规律和特点。因此，中国科技体制的目标模式，应当是适应和促进社会主义市场经济发展、符合科技自身发展规律和市场经济运行规律、有利于科技进步、促进科技与经济一体化的新型科技体制。其基本框架是：

（1）建立和完善结构优化、布局合理的现代化研究、开发与创新组织结构。根据经济建设和科技进步的需要，统筹规划和建立科研机构的合理布局。从事重点基础性研究、高技术研究、社会公益性研究和重大科技攻关的队伍以政府支持为主，其他绝大部分科研机构和科研工作面向企业、长入经济，面向国内外市场，推动企业成为技术开发的主体。

（2）建立和完善市场经济与技术创新有机结合的充满生机和活力的运行机制。科技资源配置和科技运行要在国家宏观调控下，以市场调节为基础进行；科技进步由政府、企业和社会共同推动；科技经济行为用法律、法规加以规范。

（3）建立和完善科技机构和科技型企业的现代组织制度。在科技管理制度、人事和工资制度以及社会保障制度等方面加大改革力度，采用符合国际标准的现代化规范。明确产权关系，实现所有权与经营权的分离，建立适应科技进步和市场经济要求的全新的研究开发和经营管理机制。加快技术、信息、人才等市场体系的建设，使之与我国大市场体系的培育和发展相配套，并逐步与国际市场接轨。

（4）建立和完善科技宏观调控体系，改革科技管理体制，加强科技综合职能部门的宏观调控职能，强化间接管理和服务，使之具备必需的条件和手段，能够协调、指导全社会的科技进步。加强科技立法，健全各项基本法律及其配套法规，强化实施监督环节，使科技工作纳入法制轨道。

我国科技界将在全面总结中国科技体制改革的成功经验、巩固和发展改革成果的基础上，按照“稳住一头，放开一片”的原则，保持精干的科技力量，从事基础性研究、高技术研究、重点社会公益性研究和重大科技攻关项目研究工作，推动技术开发型机构、科技咨询和信息服务机构以及其他科技机构多层次、多渠道、多方位地进入市场、长入经济；发展科技企业、企业集团和与科技进步有关的第三产业；大力开展科学探索和技术创新，努力攀登科学技术高峰，提高科学技术水平。

进一步完善科技工作的战略布局，按照面向经济建设主战场、发展高新技术及其产业、加强基础性研究三个层次推进科技事业的发展，调动80%以上的科技力量进入经济建设主战场，并选择有重大影响的关键技术领域、重大工程建设和带有综合性、普遍性的关键技术问题，集中力量攻关，大规模促进我国工农业生产技术和装备的现代化，以高新技术产业开发区作为基地和辐射源，加速高新技术产业的形成和发展，孕育新的科技生产力，使我国在世界高科技领域占有一席之地；继续重视加强基础性研究、紧紧围绕经济发展、社会进步和国家安全的重大领域，开展多学科综合性研究，为科技、经济、社会的长远发展储备后劲，并为丰富人类社会的知识文明宝库、促进世界大科学的发展做出中华民族应有的贡献。

加强社会发展科技工作，引导经济、社会协调发展，认真组织制定和实施《中国21世纪议程》，加强对各种社会发展事业的支持，全面推进社会发展综合实验区的工作。重视并积极开发与社会发展密切相关的技术，推动环保产业、医药产业、住宅产业、流通产业等新兴产业的形成与发展，特别是要加速我国医药产业向自主研究开发与仿制相结合的方向转轨。积极开展对人口控制、自然资源保护与合理利用、生态环境保护以及减轻自然灾害等方面的综合系统研究，解决关键性技术问题，减轻诸多不利因素对经济发展的影响，把经济增长同充分改善生态环境、合理开发和保护资源、调节人类与自然的关系有机结合起来，为我国的中长期发展提供有力支撑。

组织科技力量，选择对全国经济发展和对外开放格局将产生重大影响的区域，通过科学的规划，技术、智力的注入和高层次的组织协调，打破区域内行政区划的界限，实现合理分工、优势互补以及产业布局和开放布局的优化组合，依托地理、资源优势形成新的经济生长点。

进入国际科技经济一体发展的大系统，参与世界性大科学研究，全方位、多层次、大跨度推进国际科技合作与交流。继续努力发展政府间科技合作，广泛开展地方和民间的科技合作与交流，在发展双边合作的同时，加快多边的科技合作，鼓励科研院所、科技企业参与全球变化和人类未来的大科学研究，力争在解决世界性重大科技问题中有大的建树。大力发展技术进出口贸易，带动技术贸易、产品贸易和服务贸易的进一步开展，以科技合作为纽带，促进中外科技界、企业界有更广泛的领域的合作。

四、发展科学技术，振兴石油工业

1. 没有科技进步就没有陆上石油工业今天的大好形势

中国石油科学技术事业初始于20世纪40年代。当时，玉门是中国大陆主要的天然石油工业基地，虽然西方国家对我们实行封锁，但是，我们依靠自力更生和苏联的帮助，石油科技有了较大发展。1958年成立北京石油科学研究院，并逐步建立了自己的技术体系。

60年代，中国处于新的被封锁状态，依靠自己的技术，发现和开发了大庆油田，实现了原油自给，以后又相继发现和开发了渤海湾及周围地区一系列油气田。与此同时，中国石油科学技术有了迅速地进步和发展。除北京石油科学研究院外，各油气田企业都建立了科研机构。除了石油地质、油田开发机构以外，还建立了一批钻井、采油、石油机械等研究机构。

1978年以来，中国实行改革开放，中国石油科学技术进入了新的发展时期。原石油工业部(现中国石油)重视研究与开发工作，投入大量的资金和外汇，为各科研机构购置和引进了先进的仪器设备及各类计算机，充实了实验室，建立了一批试验基地，培养造就了一批高水平的科学家和工程师，具备了较高的油气勘探、开发等相关专业的科学研究和技术开发能力，取得了一批具较高水平的科技成果，为石油天然气工业的发展做出了积极贡献。

经过四十余年的发展，中国石油工业已形成地质研究、油气勘探、钻井、采油、集输及石油机械等专业配套、完整的科学研究和技术开发体系，目前，总公司、油气田及大型企业下属的生产部门拥有三个层次的各类科研机构200多所，直接从事研究与开发活动的计42021人，中国石油已建有具有一定实力和规模的实验室56个，其中国家级实验室2个，联合国办国家级开放实验室1个，拥有各种科研仪器设备13000多台(套)。经多年研究与实践，中国石油发展完善了陆相油气勘探开发地质理论和工艺技术系列，其主体技术在总体上已经达到世界80年代中、后期水平，有的已进入世界先进行列。“八五”期间陆上石油科技上了一个很大台阶。

(1) 石油地质综合研究。

在基础工作方面，开展了第二次资源评价和油气储层研究，对资源量、资源分布及陆相非均质油气储层的规律有了更加深入的认识。在理论方面，低熟油和煤成烃研究取得了开拓性的进展，指导生产找到了8亿吨低熟油储量。塔里木地质研究，通过地震转换波测深大剖面，基本搞清了盆地中生代为前陆盆地，而古生代为克拉通的陆壳地质结构。天然气地质方面，对川东高陡构造、石炭系储层和资阳古隆起的研究有了突破性的进展，从而发现了大气田。鄂尔多斯盆地通过对风化壳储层和细分沉积相的深入研究，认识上又有新的进步。

（2）勘探技术。

研制和完善了盆地模拟、描述、油藏描述软件，并使之工程化，已正式进入勘探生产规范。地震 CT 技术有创新，提出新的理论方法，被学术界评为 1994 年亚洲 CT 技术进展第一位。研制成功 480 道遥测地震仪和无线遥测地震仪。高分辨率地震通过对采集、处理环节的技术攻关，使 2.5 秒的反射记录达到 60 周，比“七五”攻关结果提高了一倍。攻克了全三维处理技术、叠前二维深度偏移和叠前三维深度偏移处理技术，缩小了同国外的差距。四川石油管理局研制的射线变速尝试偏移处理软件，比较正确地表达了高陡构造的形态，成为发现川东大气田的一项极为关键的技术。“八五”期间，模式识别、神经网络等人工智能技术大面积推广应用。物探局完成了第一个具有独立版权的大型地震资料交互处理软件和解释软件，并实现了工程化、商品化，标志着我国地震软件技术出现了一个飞跃。从“七五”到“八五”攻关十年，初步研制成功 SKC-A 型数控测井仪，该测井仪由 17 种下井仪器和数控系统组成，比 3700 高出半个档次。“八五”期间还研制成功固井质量超声检测仪、钻进式井壁取心装置和深穿透射孔弹，水平或效益十分显著。

（3）油气田开采技术。

深入开展了 14 种油气藏开发模式及工艺技术系列研究，深化了对油气田开发规律的认识。大庆油田开展了由 35 项配套技术构成的稳油控水技术研究，“八五”期间，油田含水比原规划指标下降 6.0%，减少注水量 1 亿吨，减少产液量 2.5 亿吨，使油田产量长时期稳产在 5500 万吨。同时，开展了水动力学采油方法研究和不稳定注水现场试验，提高采收率 2%~3%。注聚合物三次采油矿场试验在大庆、大港、河南油田相继开展，提高采收率 8%~12%，平均注 1 吨聚合物干粉可增油 150 吨以上。三元复合驱现场先导试验在胜利和大庆开展，取得了在油田综合含水超过 95%的情况下仍可较大幅度提高采收率的好效果。“八五”期间组织了地应力、压裂技术和地面简易流程的攻关，应用于鄯善、安塞、磨溪等一批低渗油气田收到了良好效果，使 8 亿吨低渗储量的工业性开采成为可能。四川特高含硫气井初步解决了抗硫、防腐问题，试采获得成功。鄯善、彩南、东河塘等油田结合西部实际，实现了油井、油田管理自动化，劳动生产率显著提高，达到国际先进水平。

（4）钻井工程技术。

通过水平井技术攻关，在屋脊式、薄油层、疏松砂岩、稠油油藏等复杂条件下钻成大、中、小曲率半径水平井 47 口，全部实现了设计要求。胜利油田结合草桥稠油油藏的开发，集中钻成水平井 22 口，进行了水平井整体开发的工业试验，单井产量比直井提高 3~6 倍。“八五”期间，组织了五个深井钻井攻关集团，在优化设计、保护油气县、固井、井壁稳定和深井测井等方面都有新的突破。塔里木轮南油田钻5000米开发井实现了年四开四完，6000米开发井实现了年两开两完。“八五”期间，钻井液、完井液系列进一步完善，研制成功正电胶泥浆体系、两性离子泥浆体系，达到先进水平，已在生产上大面积推广应用。

（5）地面建设、集输、储运、机械装备、炼油化工等技术攻关出了一批新的成果。

国家重大攻关项目塔里木沙漠公路开展了选线、路基稳定、路面结构、筑路材料、防沙治沙、环境保护等多方面的攻关研究，四年时间不但完成了研究任务，同时修筑成世界上流动沙漠中第一条等级公路，现已全线通车。胜利油田研制成功步行座底式钻井平台。华北油田研制的异形游梁式抽油机，节能效果好，三年推广了近400台。西安管材所研究并建立了一套管材失效分析检测技术，创出了重大效益。在炼油化工方面，轻烃芳构化技术已取得中试成果；研制的超临界抽提技术、环烷基馏分油脱酸技术，已进入工业应用，效益显著。

“八五”期间总公司分别有步进式钻井船，大庆稳油控水和塔里木沙漠公路三项成就，在激烈竞争中被评为全国十大科技成就。总公司第五次科技大会上明确指出，目前我们在陆相石油地质研究，大型非均质砂岩油田开采技术和渤海湾复式油气区滚动勘探开发技术三个方面居世界前列水平。地震勘探、钻井工艺、复杂油气藏开采、地面工程建设和油田生产管理自动化技术达到或接近世界先进水平。

改革开放以来，陆上石油工业的各种常规技术基本实现了更新换代。通过自行研制开发并积极引进、消化、吸收国外先进技术，加速技术更新和技术改造，各种常规应用技术与过去相比都有很大进步，大大缩小了与国外的差距。在物探方面，现有260多个地震队全部实现数字化，其中有50多台（套）24位模数转换的新型地震仪，有800多台（套）包括并行机在内的大中型计算机和工作站，三维地震年工作量超过8000平方千米。在钻井方面，现有1000台大中型钻机中，有500台实现了科学钻井的装置配套，200台实现了打定向井、丛式井装备配套，并拥有50台6000米以上的超深井钻机，具有年钻井2000万米进尺的能力。在测井方面，现有350多个测井队全部实现数字化，其中20%为先进的数控测井队。在采油方面，展开游梁式、链条式等新型节能抽油机普遍得到推广应用，电潜泵、水力活塞泵和热力采油的成套设备基本实现国产化，还拥有300多台配套的千型压裂设备，基本适应各种类型油藏开采的需要。其他油田地面建设、管道建设等技术装备，也基本实现了更新换代。

另外，在科学管理方面，以决策民主化、科学化为主要内容的软科学研究工作得到加强，各种现代化管理方法和手段得到推广应用。在深化改革中，我们积极探索走“油公司”的路子，并按照以效益为中心、加快发展的要求，研究制定了一套符合陆上石油工业特点的管理制度和办法，包括“两定、两自、一挂钩”、目标成本控制、资金集中管理和资产经营等，进一步提高了企业管理水平。

据统计，近10年来陆上石油工业有186项科研成果获国家科技进步奖或发明奖，

1360项科研成果获省、部级科技进步奖，其中约40%的成果接近或达到国际先进水平，获得国家专利1800多项。目前，全行业科技成果应用率达到80%以上，科技进步对石油经济增长的贡献率达到42.8%，高于全国工业部门平均水平9个百分点。

大量事实表明，我国陆上石油工业不仅在生产建设上跻身于世界产油大国的行列，而且在科学技术上创造了为国际石油界和国内科技界所瞩目的重大成就。最近朱镕基同志对企业技术进步规范了以下定义，包括：技术的开发、推广、引进消化吸收、技改、质量、管理和人才七个方面，自主研究开发和对国外技术的引进消化吸收是技术资源的主要来源，通过技术改造实现走集约型和内涵扩大再生产的路子，实现经济增长方式的转变。

回顾石油工业的发展，完全是依靠了科技进步保证了生产的不断增长，建国以来陆上石油工业几个大的储量、产量增长期，六十年代大庆油田的发现与开发，七十年代渤海湾油区的发现与开发，八十年代长庆、川东气田、煤成气，吐哈油田的发现与开发，以及大庆等东部油田能够长期稳产，都和新技术的不断投入有着十分密切的关系。

2. 要充分认识科技兴油的重要性和紧迫性

石油工业是矿产资源型产业，是国民经济和国防建设的重要支柱之一。油气产品是我国现代化建设中不可替代的主要能源。在当今社会，人们为能源缺乏而焦躁不安的情况下，越来越受到普遍的关注。改革开放以来，我国的国民经济始终保持着高速发展的势头，平均年增长速度达10%左右。经济的高速发展，对能源的需求量与日俱增。社会越进步，经济越发达，油气产品的需求量越大，这是普遍性的规律。我们知道，我国的农业，已发展成为“石油农业”。谷物生产的单位面积全能耗已接近美国水平，进入高能耗时代，农业所消耗的能源，已占全国能源消耗总量的1/3，而且还在继续增长，农业能耗中，油品消耗占有很大的比例；我国的交通运输业，这些年来发展极其迅速，到20世纪末，仅按美国20年代人均年耗石油150千克的水平计算，我国的年需求量将达到1.8亿吨；石油化工等行业，改革开放以来，发展也很快，对石油的需求，以每年15%~20%速度增长。我国陆上石油天然气工业为满足社会进步和经济发展的需要，已尽了很大的努力，但年增长速度仅达到2%~3%，这样的发展速度难以适应国民经济的要求。石油工业已经成为制约我国社会进步和经济发展的“瓶颈”，其问题主要表现在以下几个方面。

一是油气储量的增长不能满足油气生产的需要。

随着陆上油气勘探的深入和发展，遇到的勘探对象日趋复杂，特别是东部老油区，已经逐步从比较整装的背斜油气藏向复杂的小断块、岩性油气藏转移，从陆地向滩海地区转移，从中深层油气藏向深层油藏转移，工作难度大，面临的困难多。虽然我国油气资源丰富，全国石油资源量达到940亿吨，天然气资源量达到38万亿立方米，但石油资源探明率仅为24%，天然气资源探明率还不到4%，由于资源紧张，生产成本上升，勘探工作量不足，勘探技术跟不上等原因，新增石油可采储量满足不了原油稳产上产的需要，剩余可采储量连年减少。以东部为例，“八五”可采储量亏空近7000万吨。

按照稳定东部的要求，“九五”期间石油储量要增加30亿吨，面对如此艰巨的任务，这就要求我们在地质认识不断深化的基础上，必须大力研究、开发、采用先进而适用的新技术、新工艺，以工艺技术上的突破，带动勘探成果的突破。

二是老油田高含水期稳油控水挖潜的难度和未动用储量的开发难度越来越大。

目前东部地区多数油田已进入高含水或特高含水开采阶段，地下油气水的分布犬牙交错，剩余油的分布十分复杂，认识的难度加大，其资源勘探大多已进入较高成熟区，资源投入严重不足，剩余可采储量不断减少，由于储层孔隙结构、物性参数和地层水矿化度的变化，原有的测试仪器、解释方法，已逐渐不能适用，调整井水淹层解释成果的符合率普遍降低。老井的自然递减，高达15%左右，在钻井和作业效果变差的情况下，为了弥补递减工作量逐年增大，经济效益问题越来越突出。

已动用的低渗、稠油油田采油速度及采收率要进一步提高，遇到的困难很大；30多亿吨难动用的低渗透和稠油储量需要有新的工艺技术去开发。

三是地面工程建设中面临着一系列急需解决的新问题。

一大批老油田相继进入高含水或特高含水期，注水量、产液量和处理量成倍增加，能耗急剧上升，地面工艺流程也不能适应新的情况；滩海、沙漠地区新油田的开发，急需解决相应的技术装备，集输工艺新流程等问题，为适应西部油气田开发，需要解决原油长输和天然气管网建设中的一系列技术难题。

四是经营困难，资金短缺，负债增加，成本上升。

在我国逐步建立社会主义市场经济体制的初始阶段，在计划经济体制下发展壮大起来的国有大、中型企业普遍遇到前所未有的困难，我们中国石油天然气总公司也不例外。我国石油工业长期以来是在计划经济体制下发展和运行，任务按照生产指标下达，油气按照计划规定的价格出售，直到现在，我们已成立公司多年，广大干部和职工，仍然是对生产技术比较熟悉，对市场经济十分陌生，经营思想，效益观念很淡薄，不能很快适应市场机制。前些年，国内对我们采取了低油价统购政策，使我们出现政策性亏损，背上了沉重的包袱。近两年，油价虽然进行了调整，但是，一则价格没有到位，再则，供销网络出现了新的变化，我们生产的原油不能顺利销售，使资金融通困难；加上税制改革，税赋增加，原材料价格不断上涨，使油气生产成本节节上升。据推算，我们不少油田企业，即便把油价调整到国际油价标准，在2~3年内也将出现经营性亏损。陆上石油天然气工业发展到今天，已经到了不依靠科学技术进步就不足以扭转局面的地步。向科学技术要储量，向科学技术要产量，向科学技术要效益已经成为我们陆上石油天然气工业继续发展的唯一选择。西方石油大国也都是依靠“科技战略”取得成功的，我们应该借鉴。

改革开放以来，我们陆上石油天然气工业系统，曾集中了很大的财力、物力，瞄准世界先进水平，引进了一大批高新技术和装备。比如，在地球物理勘探技术方面，就投入了近20亿美元。随着对引进技术的消化、吸收和创新，大大提高了我们的物探技术水平，促进了油气勘探事业的发展。我们的科技人员在消化、吸收国外先进技术和技术成就的基础上，提高了研究工作的起点，在比较短的时间内形成和建立了具有自已特点的学科和优势技术，有些方面达到和接近了世界先进水平。由于我们的工业基础和科研基础同发达国家相比，有很大的差距，他们的科技发展速度比我们要快得多。“八五”后期和“九五”期间，我们面临着资金十分短缺的困难，不可能再像改革开放初期那样投入丰厚的资金去引进先进的装备和技术。资金困难却又要求我们加快科技进步的速度，迎头赶上发达国家，使我们陆上石油工业在20世纪末能在国际市场竞争中占有一席之地，这是一个很大的矛盾。

五是世界石油科技发展提出了新的挑战。

“八五”期间，世界石油科技上了一个新的台阶，一些新理论、新技术，特别是由多学科交叉产生的综合技术投入工业应用，有力地推动了生产的发展。地质勘探方面发展应用了板块理论、层序地层学、计算机模拟技术、图形可视化技术和计算机网络技术；地球物理方面发展应用了24位模数转换遥测技术、并行机及交互处理技术、叠前三维深度偏移技术、多波多分量技术，地震分辨率的试验成果已达到2秒反射、主频20~150周以上的水平；成像测井技术已全面推广应用，下井仪器实现了组合化。新技术的应用使勘探效益逐年提高，勘探成果保持了上升趋势。油田开发方面由于并行计算技术的应用，大大加快了数值模拟计算的速度和规模，水平井开采技术和三次采油技术研究又有了新的发展。钻井工程方面发展了分枝井、小曲率半径水平井，连续管钻井和自动化钻井，已钻成12000米的超深井。地面建设与油气集输方面发展了混相输送技术，旋流分离技术和SCADA系统，集输流程密闭率达到100%，原油集输损耗率为0.3%~0.5%。对石油科技五个方面40~50项主体技术的国内外对比表明，我们的多数主体技术仍然与国外存在5~10年差距。

总公司领导反复强调陆上石油工业面对着三个挑战，即国际化、市场和高技术挑战，存在着两个准备不足，即资源准备不足和技术准备不足，说到底还是技术准备不足。“九五”及“十五”期间石油生产建设的难点与热点反映在对科技的需求上，集中起来有十个技术难题。

一是寻找大油气田的地质理论和技术；二是适应恶劣地面条件和地下复杂岩性的勘探新技术；三是高含水后期提高水驱采收率技术；四是适应复杂地层和深层的低成本钻井技术；五是廉价低投入的三次采油技术；六是不适于蒸汽驱的稠油和超稠油开采新技术；七是经济适用的滩海油田开采技术；八是大幅度降低投入和成本，提高低渗透油田单井产量的开采新技术；九是适应老油田高含水后期节能降耗、低投入的技术改造技术；十是宏观决策、部署、方案设计的最优化技术。这十个难题既是生产建设的难点与热点，也是“九五”和“十五”科技攻关与科技发展的重点。

今后不攻下这些技术难题，就不可能有生产发展的主动权和经济效益的提高，我们必须充分认识到问题的严重性和形势的紧迫性。我们必须闯出一条自主开发和技术引进相结合的、科技兴油的新路子，以全面促进石油科技进步，推动陆上油气工业的发展。

3 “科技兴油”的思路和战略措施

基本思路：把科技进步和全体职工素质的提高作为企业的重要发展战略，把科技兴油作为实现以效益求发展方针的根本保证。

战略：

(1) “九五”科技发展从大科技出发，把科技攻关和新技术推广、技术引进和技术改造捆在一起，把技术发展、效益增长和人才培养捆在一起，统一规划，统一实施。

(2) 采用科技工程的办法，组织实施关键带头项目和重大工程技术项目的攻关研究。

根据以效益为中心的要求，我们在总结国家攻关项目组织实施的经验以及存在问题的基础上，经过反复研究和征求意见，提出了按照科技工程的办法组织管理重大科技项目的新思路。

科技工程项目和以往科技项目管理最根本的不同点，在于把实现产业化和取得规模效益作为“科技工程项目”的出发点和归宿。这就是，要把目前科研工作的目标和任务向前延伸，既要出高水平的理论和技术，又要形成生产能力，取得规模效益，进一步强化科技攻关和生产应用的紧密结合。在组织管理上，由科技管理部门和生产管理部门以及承担单位共同组成项目领导小组，负责组织实施、协调和条件保证工作。在组织方式上，以生产应用或成果转化单位牵头，将科研、设计、制造等单位以及各技术领域的技术人员一条龙地组成项目研究攻关组，共同负责出成果、出人才、出水平、出产品、出效益，以求解决管理层职能交叉、重复立项、人财物分散等问题。在组织方法上，实行逐项论证，择优选择承担单位，最大限度地实现优势组合，提高研究起点。对有的项目，要试行系统内外有限招标，充分利用国内有关单位的力量。在组织实施上，实行项目长负责制，项目长由总公司招聘或任命。项目长要把主要精力投入到项目科技攻关和技术管理中，按计划进度要求完成预期的任务，项目长应具有项目参加人员的选择权和项目经费的支配权。各有关单位应积极慎重地推荐项目长，并支持他们的工作。

目前，我们已经按照科技工程的办法，对地质勘探、开发、地面建设等十多个项目进行了组织实施，不少同志反映，这种办法比较符合油公司的管理模式，希望要坚持下去。

(3) 实行目标管理。

改革开放以来，总公司的科技管理也在不断发展，“六五”抓重点项目，“七五”

“八五”抓配套工作，“九五”按大科技思路、科技工程办法实施目标管理，是一大进步、一大发展。“九五”科技规划提出了4个方面的量化目标：①攻克复杂隐蔽油气藏勘探、高含水和特高含水期采油、提高油田采收率、复杂油气藏开采等技术难题，使七项具有自己特色和优势的科学技术，继续保持或达到世界前列水平；16项专业技术跟踪世界新技术的发展，达到或接近世界先进水平。②各种常规技术总体上达到世界90年代水平。钻井、采油、地面建设、管道建设等主要技术装备基本实现国产化。计算机软件开发与国际标准接轨，建成统一的综合集成平台，实现勘探、开发、地震、测井等专业应用软件的工程化、产业化。③科技成果应用率达到90%，科技进步贡献率达到60%。通过科技进步，使油气勘探、开发的经济效益提高15%。④争取到20世纪末培养500名跨世纪的学科、技术带头人，造就一批高层次的科技专家、多学科交叉的复合型人才和优秀的科技管理人才，以及懂科技、会经营的企业家人才，形成一支政治、技术业务素质比较强，专业结构和年龄结构比较合理的石油科技队伍。“九五”期间，各企事业单位提出了自己的科技发展规划和量化目标、层层分解目标、落实目标，就可以确保科技规划从以往的软指标变成硬任务，使科技工作向量化管理和集约型管理方面迈进一步。

（4）加大科技投入，确保科研经费不低于销售额的2%。

（5）体制改革，提出了“统一规划、突出重点、分清层次、合理分工”和分两步走的原则。建立了竞争机制，以项目为纽带集中力量攻难关。建立了项目协调制度，成果登记制度及重点实验室的管理办法，有利于科技资源的优化配置。

（6）加强产业化和技术市场的发展步伐，搞好工程研究中心和企业技术中心的试点工作。

（7）建立第一把手抓第一生产力的组织管理体系。

从现在起到21世纪初，是我国现代化建设极为重要的历史时期，也是陆上石油工业进行第二次创业，实现以效益为中心、加快发展的关键时期。实施科技兴油，加速科技进步，是新时期陆上石油战线全体科技工作者和广大干部、职工共同的历史使命。让我们在全国科学技术大会精神的指引下，全面落实邓小平同志关于科学技术是第一生产力的思想，积极投身于科技兴油的伟大工程，艰苦奋斗，勇于进取，开拓创新，为陆上石油工业的持续发展，为国民经济发展和社会进步做出新的贡献。

（本文1996年6月撰写完成，未公开发表）

中国石油科学技术发展五十年

中国是世界上最早发现和利用石油与天然气资源的国家之一。东汉班固所著《汉书》地理志中已有“高奴有洧水可燃”的记载，北宋沈括(公元 1031—1095 年)在其传世名著《梦溪笔谈》中对陕北的石油做了详细的记述。在古代，人们将石油应用于战争和医药等方面，四川自流井采气熬盐的技艺甚至可追溯到上千年前。

人类历史发展到 20 世纪，石油和天然气无论作为燃料还是以它为原材料制成的千百种产品，几乎被应用到人类社会的各个领域，改变着 20 世纪以来的整个人类生活，大至政治格局、经济结构，小到人们的衣、食、住、行等日常生活事物，都在很大程度上受着石油的制约。

石油与天然气作为一种矿产资源，有其独特的存在形态，它深埋地下、流体产状，油藏处于高温、高压的隐蔽状态，较之其他矿藏的勘察与开采有更大的难度，其成品的炼制和加工，又是一个极其复杂的物理和化学变化过程。石油的这些特性，决定了石油工业是一个技术非常密集的行业，近代石油工业的发展，无不依赖于科学技术的进步。科学技术成果已渗透到石油与天然气的勘探、开采、储运和加工炼制的全过程。

20 世纪的 1949 年，中华人民共和国建立时，中国的石油工业微乎其微，全国只有甘肃玉门、陕北延长、新疆独山子和台湾的苗栗等几个小油田，石油产量不过 12 万吨，石油产品主要依赖进口，从事石油业的技术人员不足 700 人，科技力量十分薄弱。新中国的建立为我国石油工业的发展创造了历史机遇，石油科学技术也随之发展壮大。经过半个世纪的艰难创业，不仅形成了一个完整的石油工业体系，年产油量达到 1.6 亿吨，成为世界主要产油大国之一，而且在石油工业发展的实践中，培养出一大批石油科技人才，构建起完整的石油科学研究与技术研发体系，取得了一批重大的科技成果，形成了具有中国特色的石油科学技术。20 世纪的后半叶，是中国石油工业翻天覆地的 50 年，也是中国石油科技飞速进步的 50 年。

一、创业维艰

新中国成立 50 年以来，石油工业的发展历程是一部艰难创业史。石油科技的飞速进步是这一历史进程中的华耀篇章。按历史的进程，大致可以分为以下几个阶段。

1. 艰难起步(1949—1959 年)

早在新中国建国前夕，1949 年 9 月，在人民解放军进军大西北的征程中，中央军委就命令部队迅速解放了玉门油矿，并派遣曾就读于清华大学地质系的康世恩为军事总代表，接收这个当时全国最大的油田，要求尽快增加生产。

新中国成立之初，毛泽东、周恩来曾专门约见李四光等老一辈地质学家，询问我国石油和天然气资源状况，并同他们探讨油气资源的勘探方向。

1950 年 4 月，召开了第一次全国石油工作会议。同年 7 月，在中央燃料工业部建立了石油管理总局，建立石油勘探处，邀请老一辈石油地质学家孙健初、黄汲清、谢家荣、翁文波、陈贲等，着手编制全国石油勘探规划，并开始部署油气资源的普查与勘探工作。与此同时，成立了西北石油管理局，调玉门油矿军事总代表康世恩任局长，加紧在我国西部地区(主要是陕、甘、宁、青及新疆等省区)展开石油天然气的普查与勘探。

当时，全国从事石油地质的技术人员只有 20 多人，钻井工程师 10 多人，地球物理和采油专业人才只有几名。这样微薄的技术力量，根本无法适应大规模油气勘探工作的展开。培养专业技术人才是当务之急。为此，1950 年中央燃料工业部委托天津北洋大学在该校采矿系、机械系和化工系抽调学生，改学石油采矿专业，学习石油专业。并在南京大学(原中央大学)开设两个矿业专科班，培养石油地质专业学生。同时，在北京、兰州、焦作等地举办了一批训练班，培训勘探、钻井及管理人才以应急需。1951 年又委托当时政务院副总理黄炎培先生创办的上海中华职业学校转、招学生 350 人，培养石油专业人才。1952 年，全国高校院系调整时，北洋大学石油专业师生和北大工程学院的部分师生一同转入清华大学，成立了石油工程系。同年，西北石油管理局与西北大学协商，在该校地质系设两个专科班，以两年学制快速培养石油地质专业人才。同年 11 月，政务院批准筹办北京石油学院。随于 1953 年元月开始，在清华大学石油工程系的基础上筹建北京石油学院，并于当年 10 月 1 日开学，从 1954 年开始独立招生。从 1952 年开始，在北京、天津、西安、兰州、重庆和东北抚顺等地，先后创办了一批石油中等专业学校。经过建国初两年的努力，迅速建立起培养石油专业技术人才的大、中专教育系统，以后几十年的实践证明，当时这一具有战略眼光的措施，对我国石油工业的崛起和石油科技事业的发展是至关重要的。

50 年代的最初两年，我国油气资源的普查与勘探工作虽已艰难起步，但是全国性的资源评价和勘探方向的科学研究工作尚未开展，勘探工作有很大的局限性。勘探技术也非常落后，只靠仅有的几个地质队进行野外地质调查，在盆地边缘的油苗出露区使用罗盘和榔头，进行岩石采样，或用简单的测量仪器进行构造测量，勘探效率很低，在资源发现上没有什么重要突破。1952 年全国石油产量 43.5 万吨，其中天然矿产原油只有 19.5 万吨，以煤或油页岩为原料的人造合成油 24.0 万吨。加之 20 世纪二三十年代，曾有一些西方地质学家到中国进行过石油地质考察，发现中国的地层多为陆相沉积类型，凭着他们当时发现的油田都在海相沉积盆地的经验，做出中国含油前景不大的结论，即所谓的“中国贫油论”。受到这些观念的束缚，也使一部分人对我国的油气资源勘探信心不足。

1953年，我国开始执行第一个五年计划，是年元月，康世恩被任命为石油管理总局的局长。为了适应国民经济发展的需要，我国决定从苏联引进技术装备，建设兰州炼油厂，并列为苏联援建的156个重点项目之一。同年10月，苏联派A. A.特拉菲穆克博士为首的专家组一行五人来华，帮助调查评价甘肃石油资源能否满足兰炼建厂的需求。特拉菲穆克是苏联建立第二巴库大油区的功勋地质学家。康世恩认为，这是学习借鉴外国经验的一次好机会，在当时中国石油工业一无经验、二缺人才的情况下，尤其重要。为此，便建议专家组除考察甘肃玉门之外，再到陕北、四川等地进行地质调查。随后，康世恩与王尚文等几位中国地质学家陪同苏联专家组赴甘、陕、川、黔、桂、粤等七省，进行了一次石油地质大调查，历时156天。通过考察期间的交流，学到了不少苏联油气勘探的经验，回到北京，专家组写出一份题为《中国油气田》总结报告，对中国含油气远景做了积极的评价。指出，中国石油资源丰富，只是因为勘探程度太低，才没有重大突破。只要加强勘探，中国会发现许多油气田，包括大油气田，中国的石油将会自给自足。这在当时，无疑是一个很大的鼓舞。1954年，康世恩又组织中国地质人员和以苏联石油部总地质师安德烈柯为首的专家组，赴青海柴达木盆地进行了一次地质大调查。这两次调查活动，对我国大规模展开油气勘探的思路和方法，可以说是一次重要的启蒙。

1955年7月，第一届全国人大第二次会议决定，撤销燃料工业部，成立石油、煤炭和电力三个工业部门。由中国人民解放军总后勤部部长李聚奎上将任石油工业部部长。同年9月，石油工业部决定派部长助理康世恩率团访问苏联，考察发展石油工业的经验。这次考察历时4个多月，全面了解了苏联石油工业发展状况和经验，着重学习了苏联进行油气资源勘探的理论、思路、方法和技术，访问了全苏石油研究所等科研机构。

从1953年到1955年，苏联专家来华和赴苏考察这一进一出，对我国石油工业，尤其是石油科学技术的发展，可以说是具有历史意义的事件。其中一个非常重要的启示，就是发展石油工业须有强力的科技支撑，认识到科学研究和技术发展对石油工业的重要性。在中国石油工业代表团访苏期间，苏方同意帮助中国开展石油勘探的科研工作。1956年1月，新中国第一代石油专家侯祥麟、翁文波参加了由陈毅副总理主持的编制全国科学技术长远发展规划的工作，分别参与石油炼制和石油资源勘探部分，更深切地感到建立全国性石油科研机构的必要性。同年6月，石油工业部请侯祥麟负责组建石油炼制研究所筹备处，请翁文波负责组建石油地质研究所筹备处，开始筹建全国性的石油科研机构。侯、翁二人于1957年末随郭沫若率领的中国科学代表团访问苏联，与苏方签订了帮助中国实现科技发展长远规划的协议。

在积极筹备全国性石油科研机构的期间，我国西部的油气勘探工作正抓紧展开。1955年，在新疆准噶尔盆地西北缘的克拉玛依—乌尔禾地区，通过克1井的钻探，发现了工业油流。1956年4月，运用学习苏联的经验与当地的具体地质情况相结合，从整体解剖含油盆地的二级构造带入手，探明了我国第一个地质储量超过一亿吨的大油田——克拉玛依油田。这一重要的突破，对于增强我国油气资源勘探的信心，是一个很大的鼓舞。1957 年在青海冷湖和四川的川中地区也有所发现。

1958 年 2 月，中央决定将解放军总后勤部政委余秋里中将调任石油工业部部长。2 月 27 日、28 日，时任党中央总书记的邓小平听取了石油工业部的工作汇报，明确指出，发展中国石油工业必须立足于自己的力量，实行天然油与人造油并举，主要发展天然油。必须加强勘探，石油勘探应当从战略方面考虑，要求在经济比较发达、交通条件好的地区加快石油勘探，寄希望于东部勘探，并指出："就经济价值而言，华北与松辽都是一样的，主要看哪个地方先搞出来""东北、苏北和四川这三块搞出来就好。"邓小平的指示，为石油工业提出了方向，也说明党和国家对当时石油工业发展的状况十分关注，比较焦急，也非常重视。

克拉玛依等地区勘探的突破和中央关于石油勘探战略东移的要求，预示着油气勘探将要在更广阔的范围内展开，更加迫切地需要建立起全国性石油科研机构。经过两年筹备工作，1958 年，石油工业部决定将石油炼制和石油地质两个研究所合并，并将上海石油机械研究室迁京，抽调部分党政干部和技术人员，吸收了一批石油学院等高等院校刚毕业的学生，组建了石油工业部直属的石油科学研究院。张俊任院长，侯祥麟、翁文波任副院长，下设石油地质、地球物理、油田开发、钻井机械等研究室和石油炼制研究部分。同年，还成立了石油勘察设计院和四川天然气研究所。这些全国性科研机构的建立，标志着石油科技发展进入了一个新阶段。

石油科学研究院一成立，就显示出其紧密结合生产实践的突出特点。为了配合当时正在逐步展开的全国油气资源勘探，尤其是油气勘探的战略东移，当年就组成了三个研究队，一是由余伯良带队赴东北，与刚刚组建的松辽石油勘探局的地质人员联合组成松辽综合研究队；二是由曾鼎乾带队到华北，三是由闫敦实带队去南方，分别参与当时几个重点探区（松辽、华北、江汉和苏北盆地）的勘探研究工作。同时，在院内加强全国油气资源分布和勘探方向的综合研究，编制出"中国沉积盆地图"和"全国含油气盆地评价图"等基础图件，为全国油气资源勘探做了一定的技术准备。在油田开发方面，在苏联专家帮助下，参与编制了玉门老君庙油田 L 层边外注水方案和新发现的克拉玛依油田的开发方案。同时开展了一些物探、测井方法和技术的研究工作。这些工作的开展，标志着中国石油科研工作已开始艰难起步。

50 年代是我国石油工业艰难创业的开始阶段，在石油科学技术上，主要是学习借鉴外国经验，着手培养石油专业人才队伍，建立科研机构，从资源勘探开始，积极探索发展道路，是石油科技从无到有的起步阶段。

2. 自主创新（1959—1966 年）

经过 50 年代的艰难起步与积极探索，石油地质科学研究与油气勘探的技术力量有了一定的加强。1959 年 9 月 23 日，在新中国建国 10 周年的前夕，东北松辽盆地的松基三井喷出工业油流，发现了大庆油田。以此为标志，我国石油工业进入了一个新的历史时期，石油科学技术也跨进了一个自主创新、快速发展的新阶段。

大庆油田发现后，1960 年 2 月中央批准石油工业部组织全国石油系统的人力、物力和技术力量，开展大庆石油会战，以迅速探明油田的规模和储量，进行开发建设。1960 年，我国正遭受着连续三年的自然灾害，经济生活极其困难，加之中苏关系突变，失去了仅有的国际交流与援助。在当时情况下，进行规模宏大的油田勘探、开发会战，除了需要克服人力、设备不足、生活条件艰苦等困难以外，更重要的是缺乏技术和经验。但是，艰难的处境，不但没有难倒年轻的石油科技队伍，反而激发了人们爱国主义的热情和自强不息的志气。从此开始了中国石油科技自主创新的奋斗历程。

大庆油田形成于中生代白垩系陆相湖盆地的一套沉积地层之中，是一个多油层的特大型砂岩油田。这一独特的地质条件，在当时尚无先例。

油田发现后，面临的首要问题是迅速查明含油范围和石油储量，了解油田的基本地质特征和各项参数，为开发提供依据。成立不久的石油科学研究院的地质、开发科研人员和一大批石油院校应届或即将毕业的学生组成了研究院松辽研究站，后又与各地区参加会战的部分技术人员组成了地质指挥所，全面承担了大庆勘探开发的科研和技术管理工作。在区域展开，甩开钻探，查明大庆长垣连片含油的基础上，采用整体解剖的办法，部署了 91 口探井，其中 64 口井在油层部分全部取岩心。为查明油田地质特征，组成了四个研究大队：地层对比大队，由李德生担任大队长；综合研究大队，由余伯良担任大队长；测压大队，由秦同洛担任大队长；试验大队，由朱兆明担任大队长。除了胡朝元、钟其权等少数业务骨干以外，绝大多数研究人员是刚刚毕业或即将毕业的大中专学生。他们在一年时间里，完成了 91 口探井的详探任务，试油 63 口井，按照“取全取准 20 类资料和 72 种数据”的要求，获得了大量的第一性资料，动用 1.1 万米岩心，分析化验 160 多万个数据，进行了 1780 万次地层对比，完成了核准参数的油基钻井液取心试验，只用了一年零三个月的时间，就查明了大庆油田的含油范围和地质储量。并通过大量的对比分析和综合研究工作，掌握了油田的基本地质特征。

为了解决油田开发问题，在对美国东德克萨斯、苏联罗马什金等油田开发情况进行调研的基础上，确定开辟生产试验区，特别是进行了小井距强化开采的先导性试验，仅用一年多的时间，就揭示了油田开发的全过程，基本摸清开发中可能遇到的问题。针对油田陆相沉积多油层非均质性比较严重，原油黏度较高，天然能量较低等特点，编制出早期内部注水，补充能量，保持地层压力，分层开采的开发方案；针对大庆地处高寒，原油黏度、含蜡和凝固点偏高等特点，在地面油气集输系统的建设上，经过反复试验，创造性地设计出井口“水套加热炉保温”“单管密闭输送”的“萨尔图流程”；针对大庆油田多油层、层间渗透性差异大，油层开采状况不均衡的状况，创造出“水力封隔式”多级封隔器，有效地实现了非均质多油层的分层开采。

在大庆石油会战的同时，自 50 年代后期开始的华北地区油气勘探也在坚持进行。

1961 年 4 月，布置在山东东营的第八口基准井(华 8 井)获得工业油流；1962 年 9 月 23 日，建国 13 周年前夕，打在东营凹陷的营 2 井获得日产 555 吨的高产油流；1963 年 12 月，天津黄骅凹陷的勘探也取得突破，黄 3 井获得工业油流。1964 年元月，石油工业部决定将当时集中在松辽盆地的石油勘探队伍调出，挥师南下，进军渤海湾盆地。到 1965 年，相继发现了山东胜利油田和天津大港油田。在一年多的勘探实践中，人们发现渤海湾盆地的石油地质特征与松辽盆地有很大差异，这里的地层、构造、油气水性质变化很大，忽高忽低，交替频繁，一时难以找到规律。面对这种情况，石油工业部决定组织科技攻关，石油科技队伍发扬在大庆会战中的创新精神，敢想敢干，刻苦攻关，经过对国外 126 个类似油田的情况调研和实例分析，组织有经验的专家余伯良、李德生、童宪章、王纲道、王尚文等，带领年轻科技人员，锲而不舍地进行地层对比、岩性分析、构造和断层分布规律的研究，大体搞清渤海湾盆地属裂谷型盆地、断陷沉积，及其形成复杂断块油藏的基本规律。针对这种复杂地质结构，提出了一套先用地震测网和剖面钻井查清主要断层，后用加密地震测线查清断块，再以断块为单元部署钻探的勘探程序，很快就探明了渤海湾盆地的含油气情况，搞清了含油范围和石油储量。以后，又进一步将断块油田的详探工作与开发井网的部署结合在一起，创造性地提出了“滚动勘探开发”的程序，这是我国石油科技工作者在复杂断块油藏开发上的一大创造。

随着大庆等油田的发现并投入开发，在基本解决石油工业发展资源问题的基础上，把加快发展炼油技术提到了重要日程。1961 年年初，石油工业部决定从石油科学研究院、石油设计院和当时已有的兰州、上海等炼油厂抽调 70 多名炼油专家和有经验的技术人员，在大连石油七厂组织了大庆原油试炼的技术攻关，仅用 50 天，就取得了突破性进展。1962 年，召开全国炼油厂设计、建设技术座谈会和炼油科研规划会，经过对当时国内外炼油技术状况的分析、对比，针对我国原油的特性，确定以流化催化裂化、铂重整、延迟焦化、尿素脱蜡以及新型催化剂、添加剂等先进技术为目标，组织炼油科技攻关。当年年底，在同苏联的贸易谈判中，有一批急需的高级石油产品，对方表示不再给予供应，这一情况，更加激励了我们在炼油技术上自主创新的决心。1963 年 1 月 23 日，石油工业部向中央上报了“关于石油产品立足于国内的两个方案的报告”，2 月 8 日中央即批准了这个报告。由此，揭开了我国 60 年代初期大规模炼油科技攻关和炼厂建设会战的序幕。这是大庆石油会战的必然延续。在此后的二、三年内，以石油科学研究院和各有关炼厂的科技人员为主体，在石油工业部领导的直接组织和指导下，采用集中兵力打歼灭战的方法，在侯祥麟、闵恩泽等石油化学工程专家的带领下，团结协作，刻苦攻关，很快取得了一批科技成果，直接用于大庆炼油厂等一批新炼厂的建设和石油二厂、五厂等以煤和油页岩为原料的老厂技术改造。在炼油技术攻关的过程中，重点进行航空汽油、煤油和润滑油等国防用油和配合当时国家正在进行的“两弹一星”的火箭燃料油和新型润滑材料的研制工作，取得了显著的成果。到 1965 年底，我国炼油年加工能力达到1400多万吨，原油加工量突破1000万吨，汽、煤、柴、润等四大油品为主的各类石油产品基本实现自给。同时，在炼油工艺技术设计、大型炼油装置的制造和炼油厂施工建设等方面，形成了自己的技术系列，成为我国石油科学技术发展的重要组成部分。

60年代初期的几年间，松辽和渤海湾盆地的两次重大突破及其勘探开发的大规模实践，使我国的石油科技工作者经受了很大的锻炼，理论创新能力和技术水平有了很大提高。人们从科技创新的实践中受到很多的启发和教育。值得一提的是大庆会战初期，在技术人员中号召学习毛泽东的《实践论》《矛盾论》(即称之为"两论起家")，提倡用辩证唯物主义的思想方法去观察石油勘探开发和生产建设中的各种资料信息，分析问题和解决问题，这对于提出正确的技术思路、抓准技术关键、加速技术创新无疑是有极大帮助的。

围绕着这两大油区勘探开发中遇到的一系列技术难题，各专业、各学科的技术创新活动蓬勃开展，如钻井工程上的快速钻井技术、千米钻头、打直井技术，测井方面的"851型"测井仪、电测井综合解释技术、磁性定位射孔技术，炼油工业的催化裂化、铂重整、延迟焦化等"五朵金花"的创造与发展等。总之，经过这一阶段的自主创新和快速发展，奠定了我国石油科技发展的基础。

这一时期，也是我国石油科技队伍迅速形成与发展壮大的关键时期。一批老技术专家和解放初期大学毕业或留学归来的技术人员，由于增加了实践机会，丰富了技术阅历，积累了更多的经验，科技造诣更高；一批刚刚投入实践的年轻技术人员，在勘探开发的实践中认真学习、刻苦钻研、勤于思考、勇于创新，经过锻炼提高，迅速成长起来，不少人日后都成为石油科技攻关的学术带头人。

3. 负重前进(1966—1978年)

时间跨进了60年代的后半期，继松辽和渤海湾盆地的油气资源发现并投入开发之后，油气勘探领域继续向我国中部和南方扩展，已开发地区的油田开发工艺技术不断深化和完善，石油科技的发展势头愈加蓬勃和兴旺，但是，1966年开始的"文革"动乱，使国民经济的发展受到极大的干扰，几乎是百业凋敝，石油科技的发展也毫无例外地受到挫折。石油科研机构被解体，绝大多数科技工作者下放劳动；一大批新成长起来的年轻科技骨干被打成"白专"典型，一批老专家被视为"反动权威"，受到冲击。但是，广大石油科技工作者顶住重压，克服各种困难，继续坚持科研和技术发展，负重前进。

为了坚持发展国民经济，1969年3月，周恩来总理在全国计划会议上提出要组织江汉石油会战，并指名要正在接受批斗的石油工业部部长康世恩去具体指挥。同年6月，康世恩离京前，周总理专门召见并嘱咐："要排除各种干扰，把我国内地的这场石油会战打上去，同时要想方设法保存一支石油骨干队伍，保持石油工业的好传统、好作风。"遵照周总理的指示，康世恩在江汉石油会战中，尽可能把在各油田受到冲击的一批领导干部和科技骨干调到江汉，安排他们的工作。在仅有3万多平方千米的一个小盆地中，集中了10多万人，上百台钻机，展开会战。以后，在于1970年开展的辽河石油会战、1971年开展的陕甘宁长庆石油会战、1973年开发喇嘛甸油田会战和1975年开展的华北任丘石油会战中，都采取了类似的做法。在那种特殊的历史条件下，这种做法实际上起到了保护科技人才，保存科技工作的特殊作用，使许多重要的石油科技工作得以延续。这对石油科技的发展是功不可没的。

松辽和渤海湾两大盆地的陆相沉积地质特征及其中一大批油田的发现，给人们极大的启示，启发人们重新认识中国的含油气盆地，对其石油与天然气的生成与富集规律进行新的思考。通过有机地球化学和生油理论研究、陆相沉积理论和沉积规律的研究，以及对勘探实践的不断总结，使人们认识到：油气的生成，不在于海相还是陆相，本质的因素是要有大量的有机物质和适于有机物向油气转化的温度、压力等地质条件(沉积环境)，有了这些条件，无论是海相或是陆相沉积，都可以生成石油，并从勘探实践中总结出生油、储油层、盖层、圈闭条件、运移条件、构造因素和保存条件等几个因素，以及它们之间的组合关系，是形成油气藏的基本要素，为了寻找这些条件、搞清它们的组合关系，必须以一个含油气盆地为工作单元，进行区域勘探、甩开钻探，并对相对有利的区带实施整体解剖，进行详探，分步骤进行，才能提高勘探成功率。这些认识上的突破，彻底摆脱了“陆相沉积不利于生油”和“中国贫油”的思想束缚，进一步解放思想，增加了勘探实践的勇气和信心。从而提出了油气勘探要向更深、更广的领域拓展，并大力寻找隐蔽油藏的勘探思路。

这一时期，油气勘探技术也有一定提高，地震勘探仪器逐步由模拟磁带取代了“51型”光点地震仪，资料处理开始使用磁带回放数字处理技术，测井技术除常规电测井以外，开始增加了声波及放射性测井方法。这里特别需要提到的是，1972年，为了解决国民经济发展中的一些重要问题，经周恩来总理批准，李先念副总理亲自主持，国家决定投入43亿美元，引进国外先进技术装备，在当时被称为“43方案”，其中主要是化肥、化纤、采煤和交通运输的技术装备。在石油工业油气勘探方面，及时引进了数字地震仪、新型测井仪、部分大型钻机等技术装备，这对石油勘探技术的发展，是具有非常重要意义的一个步骤。

随着陆相石油地质理论研究的深化，勘探思路的拓展和勘探技术的提高，勘探效率显著提高，在我国东部、中部和南方的一些地区，如辽河盆地、华北任丘、鄂尔多斯盆地(陕甘宁)、四川的川南(威远)、湖北江汉、江苏苏北等地区，发现了一批新的油气田，为我国石油工业发展提供了雄厚的后备资源。特别是任丘古潜山油田、长庆特低渗透性油田、四川裂缝性气田的发现，标志着我国油气勘探水平的提高，这是中国陆相石油地质理论的胜利。

大庆油田的开发，在“文革”前期曾受到严重干扰，取资料规范被打乱，动态分析被迫停止，分层注水和分层采油的正常秩序遭到破坏，油层水淹严重，油井产量急剧下降。有人甚至提出:“三年不搞科研照样出油”的奇谈怪论。经过铁人王进喜的强烈呼吁，周恩来总理及时指示大庆要恢复“两论起家”的基本功。后来，在地下情况大调查的基础上，认真取全取准第一性资料，进行细致的开发动态分析，实施有针对性的调整措施，经过曲折，到“文革”后期恢复并发展了一套分层开采的工艺技术，于1976年达到年产5000万吨的水平，并于当年提出了保持5000万吨稳产10年的目标，进而继续开发并完善了一套保持稳产的开采技术。

在渤海湾盆地的胜利、大港等油田，经过细致的油藏地质研究和开发经验的总结，不断积累，对这种特殊形式的复杂断块油气藏的地质特点认识更加深化，把油田详探与开发更加紧密地结合起来，进一步完善了滚动勘探开发程序，提出“整体部署、分步实施、不断调整、逐步完善”的勘探开发步骤，逐步形成了完整的开发体系，扩大了石油储量，取得较好的开发效果，使渤海湾地区的石油年产达到5000万吨以上，形成我国第二大油区。

这一时期，还开始对我国近海石油资源的勘探进行研究，并在南中国海和渤海海域，开始进行海上油气勘探的探索性试验，均见到了油气显示，成为我国海洋石油科技的起步阶段。

这一阶段，在国内外政治经济条件十分不利的条件下，石油科技坚持了自主创新的道路，仍取得了一定的发展和进步。

4. 急起直追(1978—1998年)

1978年，党的十一届三中全会召开，决定全党工作的重点转移到经济建设上来，实行改革开放，同年召开了全国科技大会，带来了科学的春天。这一伟大的变革，为石油科技的发展创造了良好的机遇。但是，经过10年动乱的阻隔，国门初开，广大的石油科技工作者发现，我们与发达国家的现代石油科学技术相比，差距拉得更大了，必须急起直追，向现代石油科技迈进。

1979年石油工业部召开了第一次全国石油科技工作会议，决定要肃清“文革”动乱的影响，拨乱反正，加强石油科技工作。首先是抓紧恢复并充实加强被冲散的各级科研和技术开发机构，重新集结科技队伍。其实，在“文革”后期，动乱的急风暴雨稍稍平息之后，石油工业部门已开始着手这一工作。1972年在北京建立了石油勘探开发规划研究院，作为决策参谋机构，从事一些勘探开发方案部署的编制与审查工作。1978年，抓住形势变化的契机，及时将这一参谋机构恢复扩建成石油勘探开发的科学研究院和规划设计总院，加上动乱中坚持下来的石油化工研究院，基本上恢复了“文革”前的全国性石油科研机构。在部机关设立科学技术司，沈晨任司长。许多油田和探区的科研机构和科技队伍，也陆续得到恢复与加强。为加强学术交流，1978年底成立了中国石油学会。康世恩为名誉理事长，侯祥麟为第一任理事长。这是石油科技急起直追、加速发展的重要组织保证。

在迅速展开的科研和技术工作中，广大科技人员只争朝夕，刻苦学习新的科技知识和国外先进技术，加速知识更新。这一阶段，采取派人出国考察，请人进来讲学和交流，翻译出版国外最新的石油科技专著、举办科技骨干的专业培训班等办法，帮助科技人员了解世界石油科技发展的最新状况，掌握新理论、新方法和新技术。这是石油科技急起直追，加速发展的人才基础。

这一时期，抓住改革开放的有利机遇，大力引进国外先进的技术和装备，通过消化、吸收，抓紧实现石油勘探、开发、集输、炼制等主要技术的更新换代，直追世界当代石油科技水平。例如，在地震勘探方面，地震队全面装备了数字地震仪，从野外信息采集、资料处理到资料解释，全面实现了数字化；在钻井方面，从引进喷射钻井技术发展到平衡钻井及丛式井、水平井和超深井的钻井技术；在测井方面，逐步发展了测井数字化、数控测井和成像测井技术；油气集输方面的原油稳定、天然气处理、三脱三回收，密闭输送、节能降耗及防腐等新技术的应用，使我国油气田地面建设水平上了一个新台阶；在石油化工方面，大型化肥、乙烯成套装置引进，使我国油气深度加工技术得到跨越式发展。这些先进技术的引进和使用，使我国石油科技水平迅速地向国际现代水平靠近。同时，在吸收消化国外先进技术的基础上，结合我国实际，创造出不少具有中国特色的新技术，如精确地震勘探、精细油藏描述等。

随着现代电子、信息技术的引入和应用，以及试验研究手段的不断更新，我国陆相石油地质理论的研究不断深化，日益系统和完善。具有中国特色的大型多油层油田注水开发、分层开采和复杂断块油田的滚动勘探开发的开发模式逐步建立，与其相配套的开采工艺技术也不断发展和完善。

随着改革开放的不断深化，我国海洋石油通过对外招标、风险勘探、联合开发等方式，直接与国外合作，得到了迅速发展。在对外合作过程中，海洋石油勘探开发的一系列技术，包括海上地震勘探、海上石油钻井、海上采油、采气平台和油气储运设施建设，以及海底输油、输气管道建设等，均与国际同期的水平相当，通过对外开放和自营开发，到 1998 年，先后在我国渤海、东海和南海海域发现并开发了绥中 36—1、崖 13—1 等 19 个油气田，年产油达到 1600 多万吨，年产天然气 32 亿立方米，海洋油气成为我国石油工业新的增长点。同时，由于海洋石油的发展，引进了大量国外最新技术，在很多方面也推动了整个石油科技的发展进程。

这一时期，国家贯彻“科学技术是第一生产力”的指导思想，提出“科教兴国”的方针，国家计委、国家科委和各经济主管部门，针对国民经济发展需要的重大科技问题，从“六五”起，连续按五年计划组织科技攻关。石油系统第六、七、八三个五年计划的科技攻关取得了丰硕成果。通过这些科技攻关活动，将石油工业内部各方面的科技力量组织起来，联合中科院、高校等外部力量，协同攻关，取得一系列重大成果，引起全国科技界的极大关注。这些科技成果，对于贯彻中央提出的“稳定东部，发展西部”“油气并举”的石油工业发展战略，发挥了重要作用。

在我国东部地区，大庆、胜利、大港等 60 年代初期投入开发的老油田，多数已进入开发中后期，长期注水开发，使油田综合含水已达80%左右，产量递减幅度不断增加，油田稳产难度越来越大。面对这种情况，大庆油田首先提出并全面实施了“控水稳油”系统工程。他们充分利用油田开发动态分析和部分调整井获取的大量资料，结合开发地震和生产测井等技术手段，进行精细的油藏描述，重新认识经历长期注水开发后的油层状况，完善了一整套查清剩余油分布的技术，并重新计算了油田储量，由初期计算的26亿吨增至40亿吨以上。在此基础上，采取了加密钻调整井、分层配注配产、对低渗油层实施压裂酸化改造和地面集输系统调整等配套技术，进行开发层系、井网、注采系统和开采方式等四个方面的综合调整，有效地实现了挖潜增产，不仅保持了油田稳产，还使油田产量稳步上升，到80年代中期年产原油达到5500万吨的高峰，至今已稳产23年。为了进一步挖掘油田潜力，还研究开发了注聚合物等三次采油提高采收率技术，并于90年代初投入工业化应用。东部老开发区推广应用大庆的这套“控水稳油”技术，普遍见到良好效果。同时，渤海湾地区复杂断块油田的滚动勘探开发技术进一步完善提高，发展了稠油热采和低渗透油藏等复杂油藏的开发技术，也取得了明显的成效。这些技术的开发和应用，使我国东部老开发区实现了持续稳定发展。

在我国西部地区，自90年代中期开始，应用近年发展起来的盆地分析、盆地模拟、数字地震、深井钻探等新方法和新技术，展开勘探，先后在新疆塔里木、吐鲁番—哈密、准噶尔盆地腹地相继发现了轮南、东河、塔中、吐哈、五彩湾等油气田，新增石油地质储量10多亿吨，天然气储量几千亿立方米，建成原油生产能力1000多万吨，初步形成了石油天然气资源的战略接替区。

在我国中部地区的鄂尔多斯和四川盆地，运用自“六五”以来的“我国天然气分布规律和大中型气田勘探目标评价”的科技攻关成果，采用黄土塬和山地地震勘探技术、高陡构造地震解释和钻探技术，以及打科学探索井等技术，大力展开天然气勘探，取得重要突破，先后找到含气面积上千平方千米、地质储量超过1000亿立方米的鄂尔多斯盆地中央隆起古生界风化壳大气田和川东石炭系高陡构造气田群(地质储量也超过1000亿立方米)。仅“七五”以来发现的天然气储量就超过5000亿立方米，使我国天然气勘探开发上了一个大台阶。

总之，经过50年的艰苦创业和持续发展，我国的石油科技队伍和科技工作从无到有、由弱变强，取得了令人瞩目的成就。石油科技发展的50年，是艰难创业的50年，是发展壮大的50年，也是吸收世界先进技术，结合中国实际，不断探索，不断前进的50年。目前，我国石油科技的主体部分已在逐步接近或达到世界石油科技的现代水平。

二、成就辉煌

50年来，中国石油科技发展取得了令人瞩目的成就。这每一项成就的取得，都与石油工业发展息息相关，石油工业发展的需求，促进了石油科技进步；石油科技进步对石油工业产生了巨大影响。在长期石油勘探开发和生产建设的实践中，形成了一套完整的石油科技体系，培养了一支优秀的石油科技队伍，建设了一批比较完善的研究、试验基地。

1. 研究开发了一批重大科技成果

经过50年的发展，石油科技取得了丰硕成果。据近年来的统计，50年来取得各类石油科技成果大约有三万余项。其中，很多项重大成果获得了国家奖励和社会各界的赞扬。1978年召开的全国科技大会上，有150项石油科技成果受到国家奖励，这是对改革开放以前石油科技工作的充分肯定。改革开放以来，石油科技成果获得奖励更多。"六五"期间获国家科技进步奖38项，获国家自然科学奖4项，获国家科学发明奖18项，国家科技攻关奖6项；"七五"期间获国家科技进步奖78项，国家发明奖14项；"八五"期间，获国家科技进步奖47项，国家发明奖5项，国家自然科学奖2项。一些特别重大的项目，"大庆油田发现过程中的地球科学研究"获国家自然科学一等奖；"大庆油田长期高产稳产的注水开发技术""大庆油田控水稳油技术"和"渤海湾盆地复式油气聚集区(带)勘探理论及实践"等获得国家科技进步特等奖。"塔里木油气资源评价研究""大中型天然气田形成条件、分布规律和勘探技术研究""三次采油新技术研究""水平井钻井成套技术研究"等4个项目，1996年被国家计委、科委和财政部评为"对国民经济贡献巨大的十大攻关成果"之一。"大庆油田控水稳油技术"和"塔里木沙漠公路设计与建设"被国家科委评为1995年度全国十大科技成就的第二、第七名。这些获奖成果，是几十年来广大石油科技工作者，从我国石油工业实际出发，坚持不懈地进行科学研究和技术攻关的劳动结晶，是我国数以万计的石油科技成果的简要缩影，也反映了我国石油科技的水平。

概括起来，目前我国有三项石油科学技术居于世界前列，有五项石油工程技术达到或接近世界先进水平。

三项石油科学技术是：

(1)陆相石油地质理论研究。在几十年的石油勘探开发实践中，我国石油地质工作者将一般的石油地质理论与我国陆相沉积盆地的地质特征相结合，创建和发展了一套比较完整又独具特色的中国陆相石油地质理论。其中包括陆相沉积盆地形成机制及含油气区和盆地分类理论；陆相湖盆沉积理论；陆相盆地油气藏形成和复式油气聚集理论；陆相沉积地球化学和生油理论、低熟油理论、煤与煤系地层成烃理论等。形成了与世界海相生烃及油气藏形成理论并列的石油地质理论体系，有效地指导了我国的油气资源勘探。50年来，先后发现了大庆湖盆三角洲巨型砂岩油田，以及胜坨、任丘等27个储量达亿吨以上的大型油田。近年来，又在渤海湾地区找到了大批低熟油储量，在西部侏罗系也有一系列重要发现。我国长期油气勘探的实践反复证明，这套独具特色的陆相石油地质理论是切合实际的，也是行之有效的。

(2) 大型非均质砂岩油田的开发理论与开采技术。陆相沉积是以大庆油田为代表的非均质砂岩油田的基本成因，在多年的开发实践中，开展了以细分沉积相为主要内容的陆相湖盆沉积理论研究、储层孔隙结构与评价研究、非均质油层水驱油机理与层内多相流体渗流理论研究，以及油层压力与能量平衡的研究等。针对大庆油田含油层系多、储层变化大，层间、层内和单层平面展布上孔隙结构存在很大差异，以及原油黏度、含蜡和凝固点偏高，油田原始地层压力低、天然能量小等特点，提出了早期、内部注水，分层开采的开发模式。通过反复探索和实践，先后研究应用了四代开采工艺技术：一是60年代开发初期，应用以早期内部注水开发为基础，油井自喷开采，实现注水、采油、测压、求产等“六分四清”的分层开采技术，使主力油层比较充分地发挥生产能力，为1976年大庆油田年产量达到5000万吨提供了技术保障；二是70年代应用以开发层系调整为基础的机械采油、分层开采技术，有效地调整了注采系统，实现了5000万吨第一个10年稳产；三是80年代初期，应用井网、层系、注采关系、开采方式等综合调整挖潜技术，推广低渗透和薄油层开采技术，使原油产量登上了5500万吨的高峰；四是80年代后期，全面实施“控水稳油”工程，使油田的注水、产液和储采结构得到合理调整，实现了5000万吨以上连续20年稳产。与此同时，研究发展了以聚合物驱为主的三次采油提高采收率技术和以提高水驱波及体积为主要目标的三次井网加密调整技术，将为大庆油田实现第三个5000万吨稳产10年提供技术保障。特别是三次采油提高采收率技术的研究，无论是在驱油机理研究、方法筛选，还是在工艺措施配套、矿场工业性试验等方面，目前均达到国际先进水平。40年的实践证明，大庆油田不仅为国家创造了巨大的物质财富，而且在油田开采技术上达到了世界领先水平，受到国内外科技界的高度赞誉。

（3）渤海湾盆地复式含油气区滚动勘探开发技术。我国渤海湾盆地的地质结构和油气藏形成机制与国内外一些大型含油气盆地存在着明显差异。由于在盆地形成和发育过程中，主要受到太平洋板块俯冲的拉张应力作用，断裂非常发育，加之受基底性质的影响，断陷分隔性强，形成200多个级别不同的断裂构造单元和若干规模不等的复杂断块体。由于盆地的构造运动与地层沉积、油气生成、运移、聚集、成藏同步发生与发展，因而构成了渤海湾盆地多断陷、多断块、多含油层系和多种油气藏类型的基本特征，成为一个复式含油气盆地。经过30多年的艰苦探索，在勘探与开发的实践中，坚持进行盆地地质规律和油气藏形成机制的研究和不同勘探与开发方法的试验，逐步总结并创造了一套滚动勘探开发技术。这套技术对复杂断块油藏有很强的针对性和适应性，其具体程序是：首先运用高分辨率地震勘探（包括二维、三维地震）查明主要断层和构造断裂带的形态，断块分布情况；布置预探井钻探，整体解剖构造断裂带，查明次一级断层和主要含油气断块；预探井见油以后，采用油藏描述技术进行油藏早期评价；结合开发井网的设计布置详探井，把勘探与开发紧密结合起来，在探明断块含油气面积和储量的同时，不断深化对其地层特征的认识，在此基础上进行调整，逐步形成开发系统。在滚动勘探开发过程中，注意搞好层系间和区块间的接替，保持储量和产量的持续增长。采用这套技术和方法，使渤海湾复式含油气区在30多年来的勘探开发历程中，不断地发现新的储量，形成新的原油生产能力，原油产量基本稳定在6000万吨左右。

五项工程技术是：

(1) 地球物理勘探技术。经过50多年的发展，我国地震勘探技术历经光点、模拟磁带技术阶段，自80年代开始进入了数字化技术的新阶段，形成了资料采集、处理、解释以及计算机软件开发的完整系统。现已拥有289个数字化地震勘探队，具备在沙漠戈壁、高原山地、河湖港汊、荒原滩海及深海大洋进行勘探作业和资料解释的能力。在全部实现地震勘探技术装备数字化的基础上，基本解决了高分辨率地震资料采集和处理两个环节的主要技术，反射记录主频有的已达到100~120Hz，并攻克了三维处理和叠前二维、叠前三维深度偏移技术难关，研制开发了具有我国独立版权的解释软件系统，具备了当代先进的地震资料处理功能，使我国地震勘探技术接近世界先进水平。在重力、电法和磁力勘探等非地震勘探技术方面也都取得重要成果。

(2) 钻井工程技术。自70年代中期以来，我国石油钻井技术快速发展。主要依靠国产化装备，部分吸收国外先进技术，从喷射钻井技术、定向井、丛式井钻井技术到水平井和深井钻井技术，基本上实现了每隔五年上一个台阶。在钻井工艺上，逐步发展了优选参数钻井、平衡地层压力钻井、优质钻井液筛选和保护油层的钻井完井技术。在钻井工程的应用理论研究方面，岩石破碎力学、钻井流体力学、管柱力学、钻井液胶体化学的研究与应用，已接近世界先进水平。钻井时效大幅度提高。目前，全国陆上动用的700多个钻井队，就可以完成以往1000个钻井队的钻井工作量，并可适应多种地面条件下的钻井施工作业。还研制成功了极浅海步行座底式钻井平台，为滩海油田的勘探开发提供了技术手段。我国自行设计和建造的钻井船，也已投入了海洋石油勘探开发作业。

(3) 采油工艺技术。经过50年的发展，我国采油工艺技术逐步成熟，除了以大庆为代表的一整套分层注水、分层开采的工艺技术以外，在开发特殊类型的复杂油气藏方面，也形成了一套比较完善的工艺技术。例如，以蒸气吞吐为主的稠油热采技术，已形成比较完整的工艺技术系列，包括蒸气发生器的制作，井口热力管汇，稠油热采井的钻井、油管隔热、套管防护以及热力采油泵、杆等，均已基本立足国内。目前，全国稠油年产量达到1200万吨，居世界第4位。低渗透性油藏开采，从地层研究、油层保护到油气层压裂酸化改造和地面集输流程建设，采用了一系列新的工艺技术，尤其是在储层孔隙结构分析、地应力和裂缝系统识别、油藏整体改造方案编制，以及新型压裂液、支撑剂的研制和压裂施工设计、压裂效果评估等方面，都形成了自己的特色和优势。现已动用低渗透油藏储量8.5亿吨，建成1000多万吨的生产规模。

(4) 油田地面工程技术。50年来，经过多种类型油气藏的开发建设和不同地表条件下施工作业的大量实践，我国油气田地面建设工程技术日益成熟。以节能降耗为中心的油气密闭集输和常温输送技术、循环注气和天然气脱硫技术等，已普遍应用到各种类型、不同规模的油气田，油气集输密闭率逐步增长；油田注水工程及油、气、水处理系统的工艺设计和工程技术不断创新；地面建设的施工设计，从设计思路、工艺选择、材料筛选以及计算机辅助设计的软件开发等方面，均已接近当代国际水平。地面建设施工的组装化技术、长输管道敷设技术、大型储罐建设技术以及防腐、保温、焊接技术等方面，也取得显著进步，满足了我国油气田生产建设的需求。特别应当提到的是，90 年代以来，在号称“死亡之海”的塔里木盆地塔克拉玛干大沙漠腹地，采用当代先进技术装备，大规模地开展地震勘探、深井钻探，探明塔中 4 沙漠油田，并建成年产 100 万吨原油能力的全套生产设施，油田的生产动态监测、计量、测试、油气集输和水、电、讯等，全部依靠计算机遥控，实现了生产管理自动化。同时，在大面积流动沙漠中心，建成了穿越塔克拉玛干的世界第一条等级沙漠公路，全长 550 多千米，并建成 200 多千米长的沙漠输油管道。

(5) 炼油技术。我国自行研究开发的新型流化催化裂化技术，包括应用特制的酸性催化剂和新型液化反应生产气体烯烃，使炼油加速向石油化工延伸的液化裂解工艺技术(DCC)；采用特殊催化剂和工艺条件，最大量生产高辛烷值汽油和富含低碳烯烃液化气的工艺技术(MGG)；采用特定工艺条件和 RFC 新型催化剂，以部分渣油掺和重馏分油为原料，最大量生产异构烯烃的工艺技术等，均已处于国际炼油技术的前列。润滑油型原油蒸馏技术，已接近或达到国际先进水平。在炼油工艺设备方面，提升管反应器、催化剂两段再生、再生器内外取热、高效新型进料喷嘴雾化以及 PV 型高效旋风分离器和回收能量的烟气轮机等系列技术，也已接近和达到当代国际水平。此外，还研究开发了接近或达到国际先进水平的加氢精制、加氢裂化系列催化剂和双金属重整催化剂等炼油催化剂产品。

总之，在我国石油工业 50 年持续发展的实践中，石油科技取得了长足的进步，逐步形成了自己的特色和优势，建设并发展了一批重要科研基地和重大科技工程，为石油科技进一步发展创造了有利条件，奠定了可靠基础。据统计，石油科技进步对石油经济增长的贡献率已达 47.1%。

2. 形成了比较完善的石油科技发展体系

经过 50 年的发展，我国石油科技力量逐步成长壮大。目前，石油科技人员已由建国之初的 700 多人发展到 15 万人；不同层次的科学研究和技术开发机构，经历从无到有的发展历程，现已达到 279 个；直接用于科研和技术开发的各种仪器设备达到 14411 台(套)。在石油工业发展的长期实践中，逐步形成了一个比较完整的石油科技工作体系，并逐步摸索出一套行之有效的工作方式和运行机制。这主要包括：明确发展目标，统一制订发展规划；按三个层次部署科技工作，纵深配置，协调发展；建设好四个科技系统，有效展开科技攻关；调动五方面的科技力量，相互配合，协同攻关。

(1) 紧密结合生产实践，制订统一的科技发展规划。

50 年来的石油科技发展实践使我们深切地体会到，石油工业的科技活动，实际上是一个认识世界和改造世界的过程。每一次过程都是从采集资料开始的，经过处理、解释和运用这些资料，取得对油气藏的基本认识，再确定采用一定的技术手段去勘探或开发，最终取得人们所期望的效果。为了获取准确的信息资料，得到符合实际的认识，确定有效的技术对策，往往需要尽可能地运用已有的科学成果和技术手段，因而石油科学技术是一个多学科交叉、多专业配合、多种技术手段联合使用的综合性领域。为此，石油工业的主管部门在多年实践中形成了一个好的做法，就是根据石油工业发展现状和长远规划的要求，以国民经济五年计划为一个单元，针对勘探开发和生产建设中需要解决的实际问题，制订统一的科技发展规划，并分年度进行落实。实践证明，这种做法对于充分发挥各类研究机构和各方面技术人才的专长、加速科技攻关进程，尽快取得成果，解决石油工业的技术急需，成效是十分显著的。

(2) 按三个层次安排科技工作。

一是成熟技术的推广应用。主要是指经过科技攻关并取得成果，而且在生产实践中成功运用并见到效果的技术，如定向井、丛式井的钻井技术，经过“六五”攻关取得成功，“七五”期间在渤海湾地区广泛应用，现已成为被各油气田普遍采用的常规配套技术；国外引进的先进技术，如数字地震和数字测井技术，从 70 年代开始引进，经过消化、吸收，到 80 年代已被所有地震队普遍采用。这是一项量大面宽的工作，推广的过程，就是一个技术普及的过程，对于提高石油科技的整体水平具有重要意义。

二是急需的关键性技术攻关。根据不同时期石油勘探开发中发现的主要问题，组织各方面的力量联合攻关，以满足生产发展的需要。如 60 年代大庆油田针对分层开采的需要，组织了新型水力封隔器的攻关；70 年代，根据开发辽河油田稠油资源的需要，组织了稠油热采技术的攻关；80 年代，根据西部勘探的需要，组织了沙漠地震技术的攻关，等等。这些科技攻关活动，得到了领导和各方面的支持，集中人力、物力，都在不长的时间里取得成果，在生产上见到成效。

三是储备技术的超前研究。主要是根据石油工业长远发展规划和油田勘探开发技术发展趋势的预测，对一些关键技术组织力量超前研究，提供技术储备。如 60 年代中期，在大庆油田注水开发的初期阶段，组织力量研究水驱机理，并探索注聚合物等三次采油提高采收率的方法，进入 90 年代，大庆油田综合含水达到 80%以上，进入高含水开发阶段，推广应用了聚合物驱的三次采油方法，见到了年增油 400 万吨的开发效果。目前，正组织力量进行复合驱采油的研究工作，以便为进入 21 世纪提高油田最终采收率进行技术储备。在油气勘探方面，于 80 年代开始，先后两次组织了全国油气资源评价，进行盆地分类和油气资源测算，并开展了勘探目标的评价工作，将为进一步勘探提供技术储备。

(3) 建设好四个科技系统。

一是研究开发系统。主要包括各类科研和技术开发机构。这是石油科技体系的主体部分，现有 49386 人。主要从事科研和技术开发的实际工作，承担科技攻关任务。

二是技术支持和服务系统。主要是各种研究技术开发机构的技术后勤服务部门、现有7356人，直接从事为科研和技术开发服务的工作，如科研仪器、设备、材料的采购供应、计算机硬件和仪器设备和维护等。

三是技术监督系统。主要包括标准化工作和计量与质量监督等部门的工作。

四是科技管理系统。主要是指各级科技管理机构。现已形成石油工业主管部门(即现在的集团公司)的科技司、油田或企业的科技处、企业二级单位的科技科和基层生产单位的科技攻关组等四级为主的管理系统，共有管理人员5000多人，并建立了一系列管理规章和制度，从科技立项、研究开发、成果总结到技术推广，实施全过程的管理，对石油科技发展起到了重要作用。

(4) 依靠五方面力量，协同攻关。

石油直属科研院所、各油田企业的科研机构、生产一线的科技工作者、石油大专院校的科研力量和中国科学院、国防科工委及高等院校等社会协作单位的科技力量，这五个方面的科技力量各具专长和优势。充分发挥各自特长，相互配合，相互补充，形成了一批重要科研和技术开发基地，凝聚和吸收了一批人才，组成若干高水平的科技攻关群体，使科技攻关任务逐步落到实处。

3. 培养了一支高素质的石油科技队伍

50年来，在石油工业发展的实践中，培养了一支学科齐全配套、知识结构和年龄结构基本合理的高素质科技队伍。其中有一批学识渊博、经验丰富的老专家，有一批朝气蓬勃、积极进取的青年专家，也有一批优秀的科技管理工作者。丰富多彩的石油科技攻关实践，使石油科技队伍经受了锻炼，高水平人才脱颖而出，涌现出一批学识精湛的专门人才、知识广泛的复合型人才和高层次的管理人才。仅中国石油天然气集团公司就拥有中国科学院、工程院院士12人，教授级高级工程师983人，高级工程师6005人，工程师11311人，有博士249人，硕士1488人。

这支队伍具有较高的思想素质，坚持和发扬大庆“爱国、创业、求实、奉献”的优良传统，在石油科技事业的发展中，能够忘我的工作，艰苦奋斗，乐于奉献。

这支队伍具有较强的创新精神。善于吸收国内外先进的科学技术，紧密结合石油工业的实际，进行科技攻关。为解决石油勘探开发中的关键技术，勇于实践，勤于思考，敢于提出独立见解，进行独创性的工作。

这支队伍具有较高的科学素养和技术造诣，在石油科技攻关的实践中刻苦钻研，勤奋学习，开拓进取，不断提高自己的业务水平和攻关能力。

这支队伍具有良好的工作作风，坚持和发扬石油工业“三老四严”的传统作风，实事求是，勤奋工作。

三、基本认识

回顾石油科技50年的发展历程，可以清楚地看到科学技术对石油工业生产建设的重要作用。石油科技的发展，一方面是由于石油勘探、开发、炼制加工等生产建设活动的迫切需求，另一方面，也取决于人们，尤其是石油工业的决策者们对它的认识。

众所周知，科学研究和技术发明，是人类在认识世界和改造世界过程中的一种探索性和创造性的活动。人们的思想水平、认识程度和思想方法，对这些活动往往有着重要的影响。在50年石油科技发展的进程中，坚持“实践是检验真理的唯一标准”，在实践中不断地总结经验，使人们对科技进步重要性的认识不断提高。总结50年来石油科技工作，主要有以下几点基本认识。

(1) 领导者和决策层高度重视科技工作，是石油科技迅速发展的重要因素。

早在五六十年代，新中国石油工业的第一代创建者就对科技工作有了明确的认识，十分重视科技发展。1963年，大庆油田科学研究院初建时，石油工业部部长余秋里亲自兼任该院第一任院长，在会战的艰苦条件下，为研究院建设了最好的房子，配备了全新的仪器设备，创造了良好的工作条件。更重要的是，倡导以正确的思想方法指导科技工作，坚持实践第一，以辩证唯物主义的观点分析和认识科技工作中的问题，确定正确的技术思路。康世恩副部长更是亲临科技工作的第一线，与专家和科技人员一起研究油田勘探开发的一系列技术问题，大庆早期的区域侦察、甩开钻探、整体解剖二级构造带，取全取准“20项资料、72个数据”迅速探明油田的技术思路，早期内部注水、补充能量、保持压力开发和实施分层开采的技术思路，以及后来的渤海湾盆地复式油气区滚动勘探开发的技术思路等，几乎都是在康世恩等领导同志的直接参与下，组织科技人员集思广益而提出来的，有些甚至是康世恩自己在认真研究与思考的基础上，直接提出来的。他们坚持这种肯于花精力、下功夫，直接介入科技问题的研究，把科技工作列入重要议事日程，常抓不懈，真抓实干的做法，并以此作为对各级干部进行教育和作风养成的重要内容，使石油工业系统形成了重视科技的好传统。特别是在改革开放以后，中央提倡重视科技，邓小平提出“科技是第一生产力”的指导思想，中央制定了“科教兴国”的战略，石油系统重视科技工作的传统得到进一步发扬光大。更加自觉地抓好科技进步，明确提出“第一把手抓第一生产力”，要求各级主要领导干部要亲自抓好科技工作，建立了科技委员会，提出明确的科技发展目标，制定统一的科技发展规划，调整加强科技机构，组织各方面力量进行科技攻关，见到更加明显的成效。

重视科技发展，还表现在不断加大科技投入上。早在大庆石油会战初期，石油工业部就征得财政部的同意，在原油成本中增列“科研试验费”项目，每吨油提取一定数量的费用，保证了大庆油田开发建设中的科研经费。1981年中央批准石油工业实行1亿吨原油产量包干政策，允许超产原油出口换汇金额留成，康世恩明确地提出：“要把美金变成技术，把人民币变成生产力，不要当守财奴。”确定在留成外汇中拿出几亿美元，引进了地震、钻井等先进技术装备，推动了石油科技进步。以后，石油部门明确规定，按销售收入的2%提取科技费用，主管部门投入0.5%，企业(油田)投入1.5%。

近年来，每年用于科技发展的经费，大体已达到33亿元。这对科技发展是一个重要的支持和促进。科技发展加速，取得科技成果用于生产，获得良好的效益，又使得决策者对科技工作更加重视。这就形成了一个良性循环，促使科技加速发展。

（2）紧密结合生产实际，抓住关键，突出重点，是组织石油科技攻关的一条基本经验。

紧密结合生产发展科学技术，是石油工业的又一个优良传统。抓住油气田勘探、开发和生产建设中的关键问题，组织力量进行攻关，尽快取得成果，直接用于生产，迅速见到效果。这种实例在石油工业发展中比比皆是。如大庆油田的分层开采技术，渤海湾地区的滚动勘探开发技术，炼油技术的“五朵金花”，以及钻井、地震、测井等方面的配套技术，都是这样搞出来的。当时曾经总结这种做法，称之为“项目来自生产，研究结合生产，成果用于生产”。改革开放以后，中央提出“经济建设必须依靠科学技术，科学技术必须面向经济建设”的方针，石油工业部门紧密结合生产进行石油科技攻关的指导思想更加明确。“六五”期间，组织了“天然气地质”“数字地震”“高含水期油田开发调整”“稠油热采”等44项重点攻关；“七五”期间，组织了低渗透油田改造，滩海、沙漠、黄土塬地震技术以及定向井、丛式井钻井和保护油层的完井技术等12个系列的配套技术的攻关；“八五”期间又组织了塔里木盆地油气勘探、天然气大中型气田形成条件、三次采油、水平井钻井、油气精细加工与综合利用等30多项配套技术攻关。这些攻关活动都是针对油气勘探、开发中的关键问题组织攻关的。从“六五”开始，经过连续几个五年计划，坚持不懈地组织科技攻关，为解决生产实际问题发挥了重要作用，见到明显的效益。例如，天然气攻关项目，通过研究和评价，筛选出23个重要勘探目标，在我国鄂尔多斯盆地和四川盆地的川东地区，天然气勘探连续取得突破。仅“八五”前四年就探明天然气储量5000亿立方米，相当于前40年探明储量的总和；通过对塔里木盆地长期的地质研究，在塔里木盆地找到了石油储量，建成年产400万吨的生产能力，成为资源接替后备基地；通过大庆油田“控水稳油”工程的科技攻关，形成了35项配套技术，实现了大庆油田的稳产。实践证明，石油科技的进步，对石油工业发展的先导作用和推动作用是十分显著的。

（3）大力开展国内外交流与合作是提高石油科技水平的有效途径。

借助外部力量，利用国内外各方面的智力资源，解决石油科技问题，是我们一贯坚持的做法。早在1955年10月，石油工业部就曾致函中国科学院和高教部，针对当时全国油气资源勘探中的一些重要技术问题，要求协同研究，提出全国重力基点、地磁分布、岩石物理性质、化学成分分析、地球物理勘探新方法以及石油钻井、采油等方面的27个技术课题，请他们列入科研计划。几十年来，曾先后多次与中国科学院召开高层次的科研合作联席会议，共同制订科技合作计划，坚持合作攻关。改革开放以后，这种合作关系更加密切，合作的范围也更加广泛。

多年来，石油系统与中国科学院、有关高校和其他专业科研机构的合作，主要是在三个层次上展开的，一是关系石油工业全局或长远发展目标的重点项目的研究；二是基础性研究项目；三是生产中的一些亟待解决的难题，应用技术的研究。这些方面的合作，都使我们受益匪浅。例如，“八五”期间，仅中国科学院就有40多个研究所与石油科研机构进行合作，高校和军工科技系统，也有40多个科研机构与石油部门合作。合作的项目包括：天然气形成规律与大中型气田勘探目标评价研究，塔里木盆地勘探等地质、地球物理项目，油田开发的基础理论研究，以及金属材料、沙漠工程、计算机技术等各个领域，取得了一大批成果，见到了明显的经济效益。比如中国科学院金属研究所、腐蚀与防护研究所与油田合作研究的一项新技术，在机械采油井上推广以后，使井下检泵周期比原来延长了三倍，仅井下作业费用就可以每年节约1亿多元。

近年来，又从项目合作发展到联合组建研究室(所)和试验室。如与中国科学院、山东大学、成都科技大学等单位联合开办了胶体界面开发实验室、高分子材料应用研究室、腐蚀与防腐研究室、渗流流体力学研究所等。联合进行科技攻关的路子越走越宽，按照联合、开放、流动、竞争的机制开展工作，必将会更加有力地促进石油科技的发展。

石油科技发展中，始终注意同国外的技术交流与合作，并从中受到很多的益处。50年代到60年代初期，一批苏联专家来华帮助工作，通过与他们的交流，对解决石油工业起步阶段的一些技术问题发挥了重要作用。改革开放以来，与国际间的技术交流与合作活动有了更大的发展，先后与美、英、法、德、日、加拿大、荷兰、挪威等40多个国家和地区建立了技术合作关系；与联合国有关组织合作，建立十几个研究中心、培训中心、技术服务中心。通过这些合作与交流，培养了一批人才，拓宽了我们的科技发展领域。

科学技术的发展、特别是计算机和信息网络技术的发展，为解决生产实践中的问题提供了更多的途径和手段，而随着石油勘探开发的难度增加，也需要更多的高技术手段。解决生产问题，实现多学科和多专业的交叉、渗透。借助外部力量，利用全社会的智力资源联合攻关，就可以发挥石油和其他专业科技人员各自的优势，通过相互交流、相互启发，相互补充，有益于扩大视野，开阔研究思路，更有效地进行科研工作。

(4) 积极引进、消化和吸收国外先进技术，是加快石油技术装备更新，增强科技创新能力的有力措施。

引进国外先进技术和装备，是加快我国石油科技进步，提高研究开发起点的捷径。建国初期，曾经从苏联、罗马尼亚等东欧国家引进了大批技术装备，包括钻机、采油和井下作业装备以及炼油成套装备。我们的科技工作者，就是从学会使用这些设备起步，研究其作用原理，逐步消化、吸收，经过几十年的努力，现在已经完全掌握了常规的石油专用技术装备的研制开发技术，早已形成了自己的钻机、采油和井下作业装备系列，不仅满足了国内需求，而且已出口 20 多个国家和地区。

80 年代以来，随着改革开放的不断深化，国际交往不断扩大，为我们引进国外先进技术与装备创造了更为有利的条件。通过设备、技术和人才的引进，我们基本掌握了世界范围内石油科技发展动态和水平，使我们能够更有针对性的消化、吸收国外先进技术，增强自我发展的能力。我国海洋石油科技的发展就具代表性。从 1983 年起，通过国际招标，利用外国的资金、技术，通过与外国公司合作进行勘探开发，技术转让、技术培训和引进国外先进技术装备，仅用 10 多年的时间，就系统地掌握了海洋油气勘探开发技术，现已具备了独立进行海洋石油开发的能力。又如，80 年代初期，针对我国物探、测井技术比较落后的状况，引进了一批数字地震和测井技术装备，不仅使我们很快实现了地震勘探和测井技术的更新换代，同时积极地消化、吸收这些先进技术，结合我国实际情况，创造出一些新的技术成果。如在引进地震资料数字处理计算机的基础上，研制了规模庞大的银河计算机地震资料处理系统；在吸收国外地震资料处理软件的基础上，研究开发了 GRISYS 地震资料处理系统和 GRISTANTION 地震资料解释系统。80 年代中期，在引进盆地模拟、油藏数值模拟、油藏描述等新兴技术之后，我国油气勘探和油田开发的理论与方法的科研水平有很大提高。同时，通过消化吸收，也都有很多创造性的成果，形成符合中国陆相沉积特点的技术优势。

实践证明，在引进国外先进技术或装备过程中，必须处理好引进与消化吸收的关系，处理好技术引进与自主创新的关系。不能只停留在单纯学会使用的水平上，必须结合自己的实际情况消化吸收，才能更好地发挥引进技术的作用，也才能不断有所创新，有所前进，形成自己的特色和优势，促进石油科技发展赶上或超过国际先进水平。

（5）坚持开展应用基础理论和前沿技术的研究，搞好技术储备，是增强石油科技发展后劲的重要措施。

石油科技发展的一个重要经验就是历来注重技术储备、重视开展基础理论和前沿技术的研究。大庆油田之所以能够保持年产 5000 万吨水平，连续稳产 20 多年，就是因为他们坚持超前五年研究下一个五年计划的稳产规划和挖潜技术措施。近年来实施的注聚合物提高采收率的技术，是 30 年前开始研究，15 年前开始进行先导性矿场实验的结果。

石油的勘探开发，是一个认识地下油田地质特征，并根据这些特征研究开采对策的过程。这个过程往往需要几年、甚至几十年的时间，有些科技项目，特别是一些基础性科研项目，暂时看来不会发挥作用，但一旦突破，便会产生重大的影响。例如低熟油理论的研究，当时立项时，并没有估计到它的作用，经过十几年的研究，汇总了大量的我国石油勘探的实际资料，经过对比分析，突破了国际公认的有机质向石油转化的温度门限，大胆提出了在地层早期成岩阶段，有机质在低温化学反应的条件下能够转化为低成熟度原油的新观点、新理论。以这一理论为依据，仅在渤海湾和江苏油区，就探明低熟油储量 8 亿多吨，预测我国低熟油资源可达 25 亿吨。

科技工作，无论是科学研究还是技术开发，进行科学探索和技术创造都需要时间，而且在探索的过程中，有成功，也有失败。有些项目，可能还要经历多次失败，往往是屡战屡败，经过总结，再经过屡败屡战，最后取得成功，这个周期往往很长。因此，对一些前缘技术，进行超前的研究，是十分必要的。“九五”以来，以较大的财力、物力投入，建设了一批重点实验室和研究室，集中了一批学术水平较高的专家，并按照“开放、流动、联合、竞争”的原则，吸收一批非石油系统的专家，开展一些基础性和较长远的研究项目，相信这将为21世纪石油科技发展提供必要的技术储备。

在石油科技50年发展过程中，积累了丰富的经验，也摸索出不少成功的作法。上述几点只是一些基本认识，很多问题还有待于进一步总结提高。同时，在50年科技发展的实践中，由于受到不同时期历史背景的影响，也存在着不少的问题，例如，有时为了迅速取得石油勘探开发的成果，急于求成，以主观的愿望代替实际的情况，违背了实事求是的原则；在处理某些技术问题时，没能很好地贯彻“百花齐放，百家争鸣”的学术方针，甚至出现过一些不够尊重知识、尊重人才的做法；计划体制的大而全、小而全，机构重叠、课题重复，人力、物力浪费等造成了工作低效率。对于这些问题，应当坚持实事求是的原则，运用一分为二的观点，客观地、历史地、辩证地加以分析和总结，以期正确地吸取经验教训，有利于今后的发展。

[本文摘自《中国石油科学技术五十年》(石油工业出版社2003年出版)综述部分，合作者：张家茂、李希文、高超、刘炳义]

推动科技创新，重塑良好形象

推动科技创新，重塑良好形象，重在“严”和“实”。要深入学习和贯彻大庆油田的“三老四严”。克服和杜绝技术创新过程中的浮躁风气仍需再加努力。

2015年，石油行业经历了低油价的严峻挑战和考验，出现了许多“不寻常”。2016年，在“吃惊”和“没想到”之余，如何通过科技创新振兴石油经济、发扬石油行业优良传统、重塑良好形象是全体员工共同关注的热点问题，对此笔者谈谈自己的认识。

新中国成立以来，中国石油工业以年产12万吨规模能力的薄弱基础为起点，自力更生、艰苦奋斗，历经了多次大型会战，1963年实现了原油自给，一举成为世界产油大国。石油工业的光荣传统以大庆石油会战和大庆精神为榜样，激励了几代人，受到党和国家充分的肯定和赞扬。大庆油田自1959年发现，近60年来，坚持“三老四严”科学精神和科学技术的不断变革与创新，依靠自主研发的“早期注水”“分层开采”“稳油控水”和“聚合物驱油”四代技术和即将实现工业化的“三元复合驱油”第五代接替技术，实现了连续27年5000万吨和10年4000万吨大型砂岩油田高产稳产，共产出原油20.3亿吨，占全国同期产量的40%，上缴国家利税1.7万亿元，为国家做出了重大贡献。正是依靠科学创新提供充足的基本燃料，和技术创新这个强劲的发动机，大庆油田才得以实现世界奇迹。

五代技术不是一蹴而就，而是坚持创新思维、创新理念和科学发展观。按照储备一代、攻关一代、应用一代的战略布局，建立并执行了一套严格的管理办法，包括民主决策、严格开题、顶层设计和研发过程4个阶段24个程序的分类管理，注重应用实效和成果的科学评价。通过几代人的艰苦探索，不断改革、不断完善，形成了一套具有中国特色、先进水平的研发管理的方法和理念，出了大成果，培育出顶尖的团队和人才。

“三老四严”和科技创新是大庆精神和石油行业光荣传统的核心和内涵。在新时期、新环境、新挑战面前，振兴石油工业、重塑良好形象就要充分认识行业的特点和企业科技创新的重大作用，树立科学严谨的学风，认真地在“严”和“实”上下功夫。

石油行业是高风险的采掘行业，中国石油是上中下游一体化、价值链长且环环相扣的特大型企业，其生产过程随时都会遇到新问题、新难点。多年来，集团公司总体效益稳步增长，扣除油价因素的影响，主要得益于科学技术的进步。据统计，从地质、开发、物探、测井、钻井、储运、炼化到安全环保业务链的不同环节，每年要完成技术改进和技术革新5000至10000件(一线工程师和工人完成)，主体技术配套完善1000

至2000件(课题研发为主)，重大核心技术升级换代20至30件(重大课题研发完成)。依靠百万职工的聪明才智通过对生产环节持续改进和革新，对主体技术不断地配套完善(周期1至5年)，特别是对重大核心技术的升级换代(周期5至10年)，使新领域不断出现的生产难题迎刃而解。确保了中国石油从1996年到2015年科技进步贡献率达到43%至52%，高于全国工业界10% ~15%。可以看出，科技生产力的形成需要依靠一线工人、工程师和专业研发团队的共同努力，石油行业的快速发展一刻也离不开企业的技术创新，科学技术是真正的第一生产力。

近几年来，随着国民经济的快速发展和对油气需求的迅速增长，以及油气资源的日益枯竭，石油行业的发展越来越依靠科学技术的进步。在新的形势下，特别是低油价的形势下，首先要制定好一个符合国家战略方向、能够适应不同情景变化的发展战略和发展规划，要大力推进科技体制改革。近年来，中央相继出台了“促进科技成果转化法”等系列文件，要以“成果转化”“科技资源配置”和“提升科技人员创造力”三个重大问题为导向，制定分步骤实施的、能够定期落地、按时可操作的新政策和新办法，集团公司和科技管理部门下了很大功夫。特别要在技术创新过程中深入贯彻大庆精神的“严”和“实”，认真解决当前科研过程中的浮躁风气。

据统计，集团公司2015年的科技投入是2000年的10倍，但团队规模仅增加0.5倍。投入大、责任也大，繁忙运行的各类科技项目从开题到中期检查到结题验收，再到申请奖励以此往复不断循环，常常是上午进行一期项目验收，下午进行二期项目开题……“忙”或者“忙上加忙”是研发者和管理者共同的感受。

科技研发以项目为载体，项目管理十分重要，既涉及技术路线的正确选择、研发过程的真实完整，还涉及成果的客观科学评价。一是开题。中外科学家的成功经验都证实“好的开题研究工作就成功了一半”，“开题”首先就要消化前人的最新成果，要把“巨人的肩膀之上”作为项目的起点，要组织项目成员认真消化前人成果，以民主和平等的氛围创新地提出解决问题的方向、技术路线和实验方法。目前，在项目开题时，仍然存在单项思维和求同模式，各项目下属的课题之间也还缺乏融会贯通。建议在目前不得不快开题的政策环境下，也要在开题之后认真深入的研究技术路线，更多地激发一些创新思维和科学假设，并对全方位的部署做一个科学的调整再行启动。

二是创新过程。中外科学家都认为“当代科学就是实验科学”，除软科学之外任何科学研究都必须在找准提出问题之后创新性地提出解决问题、证实新理念、新假设的实验方法。对科学研究的每一个科学假设、科学发现和新学术观点的形成必须有实证材料，以真实的表达团队及每一位成员的实际贡献。受科技管理部委托，笔者组织参与了十多个重大科技专项验收前的现场检查，发现有的研发成果科学假设、科学发现及学术观点的形成不能确定真实的对应者，有的缺乏原始记录或实证材料，影响了科技成果的质量和真正贡献者的积极性、创造性，与从“严”从“实”尚有差距。

三是成果表征。科学研究有五个基本步骤：一是找准问题；二是提出解决问题的科学假设和证实科学假设的实验方法；三是开展实验分析和综合研究；四是证实科学假设，形成新理论、新技术；五是科学假设被证伪，回到原点。任何一项科学研究都要允许成功，宽容失败。我们的研发项目在成果验收时几乎没有失败的案例，相反普遍把成果说得过满过高。实际上，任何一项研发都是在前人(包括本团队)的基础上的再创新，这些创新大都体现在使单项技术实用化(性能稳定)或多项技术集成化(技术融合形成系统)，完善功能、扩大规模、建立标准，形成新的生产力。技术创新是一个持续的过程。任何一项成果，凡是起点为“零”又看不到局限性的都不符合事实。特别是“国际领先”更要有充分依据。

推动科技创新，重塑良好形象，重在“严”和“实”。要深入学习和贯彻大庆油田的“三老四严”，即对待革命事业要当老实人、说老实话、办老实事，要有严格的要求、严密的组织、严肃的态度和严明的纪律。科学是探索未知、破旧立新的事业，是根本意义上的革命力量，从事科学技术的人，必须坚持真理、实事求是、从严要求。克服和杜绝技术创新过程中的浮躁风气仍需再加努力。

(本文刊登于《中国石油报》2016-02-23)

石油天然气工业与技术进步

石油天然气作为世界上的主要能源和优质化工原料，是当今社会经济发展中重要的生产力要素之一。目前，世界能源消费的结构比例为石油 40%，煤炭 27.4%，水电 2.5%，天然气 22.9%，核能 7.1%，其他 0.1%，石油和天然气的比例占到世界能源消费的 62.9%，份额接近 2/3。一个国家对石油天然气的拥有量和占有量已成为综合国力的重要标志。近几十年来，石油问题表现出了更为强烈的战略性和政治特性，由此而引起的石油政治和石油战争众所周知。石油的供需状况不仅在相当大的程度上直接影响着一个国家的经济稳定和安危，而且往往成为影响一个地区，以至全球政治、经济秩序的重要因素。正因如此，世界各国都把发展石油天然气、保持和增加对其的拥有量和占有量作为重大战略问题，倾注了大量的人力、物力(甚至军力)和资金，以保持国家机器的正常运转。

作为一次能源的石油天然气，它的发展前景如何，是世人关注的一个重要问题。据 1994 年第 14 届世界石油大会公布的数字，全球石油资源量为 3113 亿吨，天然气为 328 万亿立方米，迄今为止，探明程度已分别达到 80%和 60%。70、80 年代，石油和天然气已渡过了高峰发现期，随着探明程度和发现难度的增加，油气勘探正向着深层、沙漠、海洋和极地进军，油藏类型也向着中小型为主的隐蔽油藏发展。世界石油工业已由 70 年代的规模取胜、80 年代的成本取胜，发展到 90 年代的高新技术取胜时代。技术进步对石油经济正发挥着日益重要的作用，当今世界谁能适应潮流，尽早占领石油高新技术的前沿阵地，谁就能“抢先摘取挂得最低的苹果”。

一、世界与中国的石油天然气资源前景

自从 1 万年前人类发明了制火技术宣告石器时代结束，在漫长的历史时期柴薪始终是人类赖以生存和发展的主要能源，18 世纪蒸汽机革命开始，煤炭逐渐代替柴薪，20 世纪初煤炭在能源结构中的比例达到 60%，19 世纪 50 年代兴起的第二次工业革命使石油的地位迅速上升，而煤炭的消耗比例从 20 世纪初的巅峰状态下降至 1967 年的 38.8%，从而宣告石油时代的开始。目前石油和天然气仍处于能源消耗的巅峰状态，预计到 21 世纪中叶将会进入石油天然气、煤炭、核能、水电多元发展的态势，而新能源包括生物能、太阳能、风能、地热能、海洋能、氢能等尚不能起到替代作用。

石油天然气作为人类社会发展和经济繁荣的重要支柱，还能维持多久？资源量是制约其发展的决定性因素：石油天然气深埋于地下岩石的孔隙、缝洞之中，深度从地

下几十米至5000~6000米，以至更深；广布于平原、海洋、沙漠、极地之下。要想搞清地下的资源量是极为困难的，需要根据认识程度进行不同层次的计算和探讨。

1. 剩余可采储量

即国际通行的在现行技术条件下有经济效益的储量。目前世界剩余探明可采储量为1151.2亿吨，天然气为145.3万亿立方米。其中大部分在中东地区，分别为881.1亿吨和47.6万亿立方米，约占世界探明油气可采储量的54%和33%，据第14届世界石油大会和BP《世界能源统计》，这部分储量可供应43~48年，即可维持到2040年。

2. 待发现的可采资源量

这类资源量指随着技术水平进一步提高即变为可采的资源量。石油为644.8亿吨，天然气为132.5万亿立方米。按照每桶油价20美元、采收率30%计算，可供开采20年，即可推算到2060年。

3. 最终石油可采资源量

这类资源量为可采资源量的极限值，石油为3113亿吨，天然气为328万亿立方米，其中中东约40%，加上北美和欧洲约占61%。现在越来越多的人认为，按目前的生产水平估算，世界石油资源可供应到21世纪末，即可维持到2100年。

4. 非常规石油资源

这类资源主要包括重油、沥青、焦油砂和油页岩等。不仅储量巨大，而且随着技术和经济条件的改善将会逐渐占到主导地位。例如，加拿大沥青砂中蕴藏着约3200亿吨石油资源量，可采油达357亿吨；委内瑞拉超重油的可采储量达414亿吨。专家估算，世界上非常规油气资源量是常规油气资源量的10倍！

随着技术的发展，油气储量和资源量计算和评估有一个认识深化的过程，比如1939年发现的玉门油田，即使按照50年代计算的储量，也已采出了总储量的1~2倍，现仍保持年产40万吨的水平。大庆油田随着认识的深化，储量比初期也翻了一番。

石油和天然气深埋于地下岩石的孔隙和缝洞中，完全采出不可能，按目前的技术水平采出程度一般定义为30%。随着技术的发展，中国东部油田采收率有的已超过50%，仍能维持正常生产，这说明储量和资源量是个动态的概念，而且基本上是向着增加的方向发展。

此外，还有一个重要方面，即地球上仍有许多尚未勘探的领域，占地表面积70%的海洋，以及极地、地壳深部位都是寻找新储量的重要地区。再有，油气资源的研究基础是依托有机成因说，目前无机成因的深层幔源气成因说正在异军突起，如这一理论得以证实，将会大大增加油气资源（特别是天然气）的总量。因此，可以肯定地说，100~150年之内，油气在能源结构中仍将发挥主力军作用。

中国是一个文明古国，也是一个石油古国。早在2000年前就有火井的记载，1000年前四川自流井已形成规模并用之熬盐。北宋科学家沈括命名了石油，并对其产状和应用作了详细描述。但石油和天然气的大规模开发还是新中国成立以后的事。

新中国成立以来，中国石油工业取得了巨大成就，原油产量由1949年的12万吨，上升到1978年的1.04亿吨，1996年又增至1.5亿吨，由一个贫油的国家跃居为世界第五位，石油工业正在国民经济中发挥着日益重要的作用，建国以来建成了大庆、胜利等21个油气生产基地，1996年陆上生产原油1.4亿吨，其中东部地区占90%，西部地区占10%，为繁荣中国东部地区的经济发展，带动西部地区的经济起飞都起了至关重要的作用。40多年来，中国累计生产原油约30亿吨。

1953年石油在中国能源比重中只占3.8%，如今，已上升到21%，大大改善了中国的能源结构，并为中国石油化工诸如乙烯、合成氨、塑料、合成纤维、合成橡胶等工业提供了宝贵的原料。

从70年代起，中国开始出口石油，石油出口换来的外汇用于进口先进的技术装备或短缺原料，有力地支援了国家现代化建设，每年出口的原油价值约占全国总出口额的1/4。从80年代开始，中国陆续增加原油和成品油的进口数量，目前进出口比例基本持平。近年来，按照“两个市场、两种资源”的指导方针，不断开拓了国外石油市场，加大利用国外油气资源的步伐。目前已在南美、中东、西亚和北非地区的自营、合作区块见到很大成效。与世界形势相比，中国储量增长和产量增长速度都高于世界水平，第14届世界石油大会统计，中国最终可采资源量占世界第9位，待发现可采资源量占第5位，探明石油可采储量居世界第10位。据中国第二轮资源评价，中国的石油资源量为940亿吨，天然气为38万亿立方米，目前探明程度仅为20%和4%，同世界相比潜力十分巨大，特别是天然气的勘探，“八五”期间连续发现了一批大型气田。预计“九五”“十五”还将有更大的突破性进展。根据国民经济发展的需求，2000年大体需要油气2亿吨(标准当量)，按照这一预测值计算，中国的石油工业可基本满足需要。

二、世界范围石油天然气工业的技术进步

在世界范围内，近代石油工业技术约开始于19世纪中叶，但直到20世纪20年代由于没有出现能使石油工业飞速发展的石油技术，这段时间内石油工业进展不大。在以后的半个多世纪中，石油工业的发展越来越依靠技术进步。

20世纪20~30年代，由于重力、地震折射波和地震反射波等早期地球物理勘探方法的出现和使用，同时微古生物学、沉积学、地层学和古地理学等均被引入石油地质，加上背斜理论的指导，使世界石油工业发展产生了一个飞跃，原油发现率出现两个高峰：第一个高峰是在1925~1930年，世界年均发现原油约27亿吨；第二个高峰在1935~1940年，年均发现原油41亿吨。

40~50年代有八项代表性技术得到了发展和应用。40年代首次应用电测方法定量评价油气层，对多 油气岩层中石油流动与分布有了深入了解，还发明了石油乳化物钻井液，在墨西哥湾建成了第一个海上平台。50年代用磁带记录地震信息和非炸药震源，蒸汽法开采稠油，发展了海上油田的深水钻井、完井技术，广泛应用了注水开发

技术。上述技术的不断发展和改进，以及在世界各地的广泛使用，不仅使中东和委内瑞拉等地的勘探成果不断扩大，而且使苏联等地获得了重大发现，使1945—1960年的世界原油发现率保持了33~55亿吨/年的高水平。

由于油田注水技术在世界各地得以推广使用，使油田采收率普遍提高了15%~20%，大幅度地增加了世界原油可采储量。

60、70年代是石油技术迅速发展时期，新技术不断出现，老技术逐步改进，新成果越来越多。

在石油地质理论方面，60年代诞生的板块构造理论被誉为地球科学的一场革命，促进了构造地质学的发展。应用板块构造理论能指导研究含油气盆地的成因机制，开展油区岩相古地理研究，推动油气成因理论研究和油气藏形成及分布研究。在板块构造理论指导下发现了一批大型油田。在地震勘探技术方面，60年代出现的叠加技术和数字记录仪是石油技术史上的一次革命，同时数字计算机也进入了石油行业，数字数据处理中心替代了原来的模拟回放中心，通过数字处理扩大了动态范围和通用性，使地震剖面更清晰、更接近真实。

钻井技术方面发展了喷射钻井、定向钻井和优选钻井技术，发展了PDC钻头和泡沫水泥固井技术。

在油田开发方面，大型水力压裂技术的出现和蒸汽吞吐开采方法的广泛使用，扩大了世界非常规油气资源领域。大型水力压裂技术使原来认为无开采经济价值或无法开采的致密砂岩油气成为有价值的资源；蒸汽吞吐开采技术提高了稠油采收率。

这个时期起步的海洋石油技术进一步推动了世界石油工业的发展。建成了海上单点系泊采油系统，可以在500米深水钻井，在100米水深建成钻采平台，也可以说，海洋石油工业的发展是科技进步的产物。由于海洋勘探开发技术的产生和发展，在世界油气勘探开发活动中，海洋石油工业显示出越来越重要的作用。

60、70年代是石油技术迅速发展阶段，也是石油工业飞速发展时期，年均发现率37~56亿吨。80年代以来，随着勘探程度的增加，难度也越来越大，尤其80年代中期以来持续的低油价，使世界石油工业的发展除了开拓新的勘探领域，在老区评价方面受到了更多的重视，并在提高效益、降低成本方面做了很大的努力，相应的石油技术也向更精更细的方向发展。一些新理论、新技术，特别是由多学科交叉产生的综合技术投入工业应用，有力地推动了生产的发展。地质勘探方面发展了板块理论、干酪根晚期热降解成烃理论、层序地层学、计算机模拟技术、图形可视化技术和计算机网络技术；地球物理方面发展应用了24位数模转换遥测技术、并行机及交互处理技术、叠前三维深度偏移技术、多波多分量技术，地震分辨率的试验成果已达到2秒反射、主频20~150周以上的水平；成像测井技术已全面推广应用，下井仪器实现了组合化。新技术的应用使勘探效益逐年提高，勘探成果保持了上升趋势。油气开发方面由于并行计算技术的应用，大大加快了数值模拟计算的速度和规模，水平井开采技术和三次采油技术的研究又有了新的发展。钻井工程方面发展了分枝井、小曲率半径水平井、连续管钻井和自动化钻井，大位移水平井的水平位移已达8000米，已钻成12000米的超深井。地面建设与油气集输方面发展了混相输送技术、旋流分离技术和SCADA系统，集输流程密闭率达到100%，原油集输损耗率达到0.3%~0.5%。90年代以来，三维油藏表征和模拟技术以及方兴未艾的I^2技术(Informationalization信息化×Integration集成)将引导石油天然气的储量、产量增长迈上一个新的台阶。向科学技术要储量、要产量已成为世界石油界的首要任务和共同心声。

三、中国石油工业的技术进步

中国石油工业的发展起步于建国初期，在短短40多年时间里，在以陆相沉积为主、储集层非均质严重、构造运动十分复杂的条件下，依靠技术进步探明石油地质储量186亿吨，天然气储量1.12万亿立方米，原油年产量1.5亿吨，居世界第5位，在世界石油史上也是一个了不起的成就。可以说，这40年的石油工业发展史就是一部科技进步史。40年的发展可分为三个历程：

1. 重大发现阶段(1949—1968年)

在地质理论上研究建立了陆相石油地质理论，推翻了西方一些地质学家认为陆相地层支离破碎、形不成大中型油气田的错误见解，为新中国石油事业发展奠定了科学基础。依靠背斜说理论、模拟磁带地震勘探技术、电法测井技术和优质快速钻井技术等，于1955年发现了克拉玛依油田，特别是1959年和1964年相继发现了大庆油田和渤海湾油区(大港、胜利、辽河)，这一批油田提供的储量和产量至今仍占陆上石油工业的80%以上，1968年原油年产量达1600万吨。

2. 快速增长阶段(1969—1978年)

在地质勘探方面完善发展了陆相石油地质理论——源控论，即东部地区不同盆地第三系地层皆围绕生油中心在四周可形成一系列不同类型的油藏，依靠这个理论和继续发展的古潜山找油理论，采用了新一代的二维数字地震技术、喷射钻井技术等在陕甘宁、江汉、江苏及华北发现了一批岩性、断块和古潜山油田。

油田开发方面，以大庆油田为代表，研究发展了分层注水、分层测试、分层开采技术；渤海湾油区研究发展了断块油田开采技术，使原油产量每年连续递增1000万吨，到1978年以任丘油田投入开发为标志，中国的原油产量突破了1亿吨大关，跻身世界产油大国的行列。

3. 稳步上升阶段(1979—1997年)

制定并执行了“稳定东部、发展西部、油气并举”的方针，首先是加强对西部地区的勘探力度，中国西部地区地面地下条件十分复杂，塔里木盆地被塔克拉玛干大沙漠所覆盖，人迹罕至。地下油层深达6000多米，普通钻机难以钻到目的层。采用新的管理体制和先进的三维地震及深井钻井等技术，现已发现28个含油构造，建成9个油田，累积生产能力440万吨。结合大规模勘探开发的需要，在被称为“死亡之海”的大漠中建成一条长达519千米的世界第一流的沙漠公路。塔里木油区每探明1吨原油储量的投资比全国平均水平少用0.3元，每建成1吨生产能力的投资比全国平均水平少用140元，同时发现和开发了吐哈油田。

石油部门从“六五”开始连续组织对天然气成因及分布规律的攻关研究，经过10多年的努力，发展了煤成气理论，建立了天然气聚集区、聚集域理论。采用先进数字地震、储层横向预测和老井开窗倒钻等技术，“八五”期间相继在陕甘宁、四川东部和塔里木等盆地以及南海海域探明天然气储量6000亿立方米，相当于建国40年的总和。

自1980年以来，东部主力油田进入了高含水阶段，每年自然递减2000万吨以上，据统计，1986—1996年，老油田减产量累计为1.97亿吨，采用调剖、堵水、层系调整等措施和推广三次采油增产技术，不仅抑制了油田减产，反而使东部各油田产量有所增加，1991年增长36万吨，1992年增长79万吨，1993年增长100万吨。大庆油田实施“稳油控水”科技工程，已使石油年产5000万吨连续稳产20年，并且将继续稳产到下世纪初。

由于勘探难度和开采难度的增加，以及原材料价格的上涨，石油勘探费用和原油生产成本大幅度上升，1992年与1985年相比，每探明1吨石油储量的费用由5.7元增至14.5元，每建成1吨产能的费用由480元增至1420元，每吨原油生产成本由261元上升为334元，1994年进一步上升为494元。为扭转这种局面，实施了一系列节能降耗新技术，有效地减缓了成本上升的幅度。

新中国成立以来，石油科技对于石油工业贡献率不断增加。1996年国家计委评出的“八五”期间为国民经济贡献巨大的十大攻关成果中，陆上石油工业技术占有四项(“塔里木盆地油气资源勘探”“天然气勘探技术”“三次采油技术”和“水平井工艺及设备”)。1996年，“大庆油田稳油控水技术”和“塔里木沙漠公路”两项成果皆被国家科委评为1995年度全国十大成就。经过研究和计算，“七五”“八五”以来石油科技进步贡献率逐年提高，“八五”末期已达到42.8%。

新中国成立以来，中国石油科技已经取得长足的进步，但是在生产需求与走向国际方面，还面临着严峻的挑战：一是生产建设难度不断增加的挑战。在目前发现的油气资源中，有近半数属于地表复杂(山地、沙漠、海洋、滩海)，近半数资源为低渗透、稠油等难采资源，还有相当比例的资源深藏在4500米以下的深部地层。自70年代以来，20多年没有发现大或特大油田，导致储采比不断下降。开发方面，老区资源主体处于高含水后期，将有较大的总递减，新区资源主体集中在滩海、沙漠、低渗及稠油，难以有效地动用，采油成本上升。依靠现有的技术已经满足不了生产发展的需要。二是面临世界石油科技发展的挑战。当前世界石油科技高速发展，中国在陆相石油地质研究和砂岩油田注水开发方面有自己的特色，但在地震、测井、钻井、采油工程、计算机等主要技术方面和国外还有5~10年的差距，2000—2010年急需攻克十大难题：

（1）寻找大油气田的地质理论和技术。

（2）适应恶劣地面条件和复杂地下条件的勘探新技术。

（3）高含水后期提高水驱采收率技术。

（4）适应复杂地层和深层低成本钻井技术。

（5）廉价低投入的三次采油技术。

（6）稠油和超稠油开采新技术。

（7）经济适用的滩海油田开采技术。

（8）提高低渗透油田单井产量的开采新技术。

（9）适应老油田高含水后期节能降耗的技术改造技术。

（10）宏观决策、部署、方案设计的最优化技术。

针对以上难题制定了“九五”期间科技发展规划及五大奋斗目标：

（1）在陆相油气藏成烃理论、成藏规律、储层模式等研究方面保持7项国际领先水平；在油气储层、地球物理模型应用基础研究等16项研究方面达到国际先进水平。

（2）大力促进科技成果转化，成果应用率达到80%，成果转化率达到60%，新技术推广的投入产出比达到1∶5。

（3）科技增效1000亿元。

（4）培养500名跨世纪学术、技术带头人。

（5）科技进步贡献值达到55%，石油科技整体水平达到国际90年代中期水平，使中国石油天然气总公司的科技实力进入世界十大油公司之列。

我们相信，在中国改革开放政策指引下，依靠科技进步，通过石油科技干部和全体职工的共同努力，一定能够实现“九五”目标，使油气生产稳步增长，不断满足国民经济发展的需要。

（本文刊登于《中外科技政策与管理》1997年9月）

改革开放 20 年石油科技回顾

20 年前的今天，我们党胜利召开了具有历史意义的十一届三中全会，重新确立了解放思想、实事求是的思想路线，开始实现全党工作重点的转移，从而开辟了我国改革开放和社会主义现代化建设的新时期。

石油科学技术在邓小平科技思想和党的十一届三中全会提出的路线、方针、政策的指引下，得到了空前的发展。20 年来，在石油部门历任领导的关怀和支持下，科技力量迅速发展壮大，现已拥有科学研究、技术开发等专业技术人员 7 万多人，培养了 2000 多名高水平的中青年学术、技术带头人，涌现了一批以翁文波、侯祥麟、王启民等为代表的著名科学家和科技专家。

20 年来，石油科学技术获得了巨大的进步。陆相石油地质研究、大型非均质砂岩油田开采技术和复式油气区滚动勘探开发技术等一批科学成就居世界前列；地震勘探技术、钻井工艺技术、复杂油气藏开采技术、油田地面工程建设和油田生产管理自动化技术等一大批工程技术成果，达到或接近世界先进水平；物探、钻井、测井、石油化工以及重大装备等各类主体技术 5~10 年实现一次更新换代，有力地促进了生产的发展和经济效益的提高。20 年来，科技成果有百分之八九十都在油气生产建设中得到应用，科技进步对石油经济增长的贡献率达到 47.1%，超过全国工业企业平均水平 10 个百分点以上。近年来，我们有 400 多项科技成果获得国家奖励，1800 多项获得省部级奖励。值得我们骄傲和自豪的是，在“八五”“九五”期间，全国评选的 20 项重大科技成就中，我们独占 3 项；在全国“为国民经济贡献巨大的 10 大攻关成果”中，我们有 4 项榜上有名。

20 年来，石油科技体制改革取得了实质性进展。科技成果商品化、技术实行有偿转让等市场经济的观点逐渐深入人心；科研单位以院所长负责制为中心的领导体制已经建立；科研院所技术经济承包责任制逐步完善，由单纯科研型向科研经营型转变，运行机制发生了很大的变化；石油技术市场已经启动，不少油田院所自己的技术优势开始面向全行业服务；技术开发类院所开始走向技工贸、科工贸一体化的发展道路，一批科研企业、高新技术产业化厂点得到发展；以产学研联合为主要特点的研究开发工作有了发展；科研院所内部结构调整、人才分流已初见成效，后勤支持与生活服务系统已开始向社会化发展；促进人才成长的激励机制有了新的进展，培养跨世纪人才队伍的一些措施开始实施。

重组以后的石油天然气集团公司，面临着市场和油价的考验。降低成本，提高效益，是科技工作的紧迫任务。对党的十一届三中全会最好的纪念，就是要更高地举起邓小平理论伟大旗帜，进一步落实邓小平科技思想，在集团公司统一部署下，坚定不移地实施科技兴油战略，加速科技进步，使集团公司的科技真正成为市场科技和效益科技，为石油工业持续稳定发展，为国民经济健康发展和社会进步作出新的贡献。

（本文发表于《中国石油报》1998-1-17）

迎接新世纪对中国石油工业的机遇与挑战

伴随着建国50年走过的光辉历程，我国的石油工业取得了举世瞩目的成就，石油科技进步也获得前所未有的长足发展。在20世纪接近尾声的时候，我们想利用《石油消息》报这个科技传播媒介，以“跨世纪的石油工业”为题，邀请各界专家学者，回顾我国石油工业的发展业绩，总结取得的经验和教训，展望新世纪石油工业的发展前景。这不但具有厚重的历史价值，而且对今后的科学决策和各个专业领域的工作都具有重要的现实指导意义。

五六十年代，我们依靠革命加拼命的“创业”精神奠定了中国石油工业的基础；七八十年代，我们经过拨乱反正，改革开放，迅速缩小了与世界石油工业的差距；九十年代以来，在我国由计划经济向社会主义市场经济转轨的过程中，石油工业的发展进入了高技术取胜的时代。

当前，我国石油石化工业经过改革重组，实现了“三个一体化”，资源优势和整体优势得到进一步发挥，抗风险的能力得到加强。但同时我们也承受着复杂多变的国际经济环境压力，还要面对国内市场需求不足和行业内部结构性矛盾突出的严峻问题。对于集团公司来讲，持续发展的现实出路就是通过科学技术的研究、新技术的推广应用来降低成本，提高效益。

集团公司把石油科技工作定位于成本科技和效益科技，也就是说，科技工作不但要为降低技术风险服务，更重要的是，要为降低经济风险和经营风险服务。科技工作要以效益为中心，全力为集团公司增储上产、产品开发、扭亏解困、挖潜增效提供技术支持和保障。

21世纪即将来临，技术和全球化正在把石油工业引入知识经济兴起的新时代。我们要站在跨世纪的发展高度，瞄准国际石油石化工业发展的先进水平，做好下个世纪集团公司科技发展的正确决策。在今年3月召开的集团公司科技工作会议上，我们向会议提交了集团公司“十五”及2010年科技发展规划纲要的“讨论稿”。《石油消息》报开辟的这个“跨世纪的石油工业”专栏，在某种意义上说，就是这一“讨论”的扩展和延伸。

我们希望听到大家对国内外石油科技的现状、发展及差距做出更中肯的分析；我们希望吸取大家对科技发展目标提出的真知灼见；我们希望大家集思广益，对规划纲要在地质勘探、物探测井、油气田开发、钻井工程、地面工程、炼油化工、软科学研究等方面所制订的各项任务，提出更加科学、有效、合理、可行的意见。

我们相信，经过科学民主决策和大家的共同努力，我们的石油科技将在新世纪取得更大的进步，我们的集团公司将以更强的竞争实力活跃于世界市场，我国的石油工业将获得前所未有的巨大发展。

（本文发表于《石油消息》1999-7-14）

第三部分

科技发展战略及规划编制方法与实践

国际石油公司科技战略，以及战略目标的方向性、预见性、可行性，智慧，“对阵”在战略中的重要性。科技战略规划对石油科技和石油工业发展的重要作用。

如何制定科技发展战略

【摘要】 针对当前企业科技管理部门研究制定今后一个时期科技发展战略的需要，探讨了战略的定义和内涵，介绍了埃克森美孚、壳牌、BP、威德福公司及我国大庆油田、延长油田科学制定发展战略并引导企业成功发展的实例，论述了制定科技发展战略应如何把握长远性、全局性、整体性、系统性、智慧与对阵，以及战略目标必须具备的基本内容，是制定科技发展战略的重要参考性、指导性文献。

时下，关于“战略”(Strategy)这个词，在报章杂志、论文专著中出现的频率很高。这个原本属于军事领域的词汇，现在已经渗透、扩展到社会生活的诸多领域和各个行业、各个部门。譬如，在领域方面，有经济发展战略、科技发展战略、社会可持续发展战略；在行业、部门方面，有油气发展战略、煤炭发展战略、钢铁发展战略、交通运输发展战略等；在企业层面上，有低成本战略、持续重组战略、营销战略等。在国际层面上，有战略伙伴或战略同盟；在政府层面上，无论国家或地方政府，也都把战略问题放在头等重要的位置上，纷纷设立战略研究院、研究室、研究中心等，以进行有关战略的研究与谋划。

当前，正值一个五年计划的结束、另一个新的五年计划着手谋划之时，石油企业科技界上上下下都在殚精竭虑思考未来的科技发展战略大计，本文仅就如何编制科技发展战略发表以下见解。

一、何谓战略

何谓“战略”？辞书上解释为“指导战争全局的方略”“战争指导者为达成战争的政治目的，依据战争规律所制定和采取的准备和实现战争的方针、策略和方法”。我国古代称“战略”为“谋、猷、韬略、方略、兵略”等。“战略”一词出于军事，“战略”的原创阐释在中国[1]。

早在2500年前的春秋时期，我国就有了关于“战略”问题的全面论述，这就是军事战略思想家孙子(孙武)所修13篇兵法《孙子兵法》，史称兵法之宝典。这部不朽的著作在军事领域的地位，至今无人撼动。美国著名现代军事战略家柯林斯说：“孙子是古代第一个形成战略思想的伟大人物……今天没有一个人对战略的相互关系、应考虑的问题和所受的制约比他有更加深刻的认识”。这里我们还要强调的是它的跨界意义，在近、现代，《孙子兵法》的运用已经扩展到人类社会生活的各个方面，特别是在市场竞争激烈的经商界，备受世人推崇。

在日本，《孙子兵法》已经全面用于商界。松下电器的创始人松下幸之助曾经说：“《孙子兵法》是天下第一神灵，我们必须顶礼膜拜，认真背诵，灵活应用，公司才能发达”。他把《孙子兵法》规定为公司员工必读之物。松下这位有胆识的企业家之所以把《孙子兵法》视为天下第一神灵，那是因为他读明白了这部书，懂了它的真谛。依据兵法之原则制定企业的发展战略，乃至企业家的第一要务[1]。

“战略”最根本的内涵是“整体”，是“全局”，是“系统”。“全局”就是指重大事务各个综合要素的集成；所谓“系统”，就是“凡大事者均按系统工程”去运作。

“战略”包括“谋略”。“谋略”，也是“战略”的核心内涵。战略除了全局性、整体性和系统性之外还有一个鲜明的特点，就是必须有“智慧”和“对阵”，必须有对立双方、争斗的“形式”和制胜的目标与行动。正如文能安邦、武能定国的盖世奇才孙武所言，欲取得战争的胜利，必须对“政治、天时、地利、将领和法度”5 个要素运筹帷幄，通盘考虑。兵书上讲：兵者，诡道也。所谓“诡道”，就是谋略、策略、计策、智慧。“战略”绝不是小窍门，而是大智慧。被称为我国古代兵法策略奇书宝典的《三十六计》，就是根据敌我双方的实力和态势设计的 6 套 36 种战法—谋略，包括：胜战计、敌战计、攻战计、混战计、并战计和败战计等。敌弱我强可以有胜战记，比如“围魏救赵”“声东击西”“以逸待劳”等；敌强我弱也有 6 套办法，比如“瞒天过海”“美人计”“苦肉计”“空城计”，以至于最后弱不抗敌时的“走为上计”(保持实力，适时再战)。根据敌我双方条件的不同，都有制胜的方法。

美国著名经济学家波特(Portor)在《竞争优势》一书中提出企业要有自己的“图景”或“愿景”，即对未来境况的一种框架式设想和设计。这也就是我们所说的“战略规划”，波特的这种景观设计在 20 世纪 80 年代曾经帮助壳牌公司在政治、经济形势急转直下的情况下顶住了危机，渡过了难关。

石油行业一些企业家把战略的具体内涵应用于企业发展之中取得了瞩目的成就。

埃克森美孚公司的发展战略是“技术自主研发”，花大功夫开发形成独有技术，一旦获得成功便实行垄断，以获得巨大经济利益。这家公司强调“源头创新”“挑战极限”“技术创造卓越”，并声称要“在所有业务领域内都有一系列行业领先的技术，从而保障其业务领先地位”，“无论是过去、现在，还是将来都要保持独特的竞争优势”。现在“人们只知道埃克森美孚是一个成功的公司，但不知缘何成功，重要答案就是有一个正确的发展战略”。

壳牌公司的发展战略是“有选择地在能够给公司带来效益的某些技术领域成为领先者”，“在技术开发生命周期的各个阶段通过高效管理，最大限度地实现技术的价值”，“成为业界在勘探开发领域最快、最具创新的应用者”。

BP 公司的发展思路与其他公司不同，它“着眼于技术的应用，而不是发明权和拥有权"，"公司会从任何地方寻找最佳实践，并将其快速转化为自己的业务，新的技术开发领域仅限于那些能够增强公司核心竞争力的技术"。

威德福公司创建时间虽短，但它依靠优厚的资金投入，实行"并购扩张战略"，迅速崛起成为拥有技术实力的大牌公司。

这些公司的发展战略和技术谋略不尽相同，但都获得了成功。这说明，战略选择是取胜的法宝，采取什么战略、策略是由各种因素决定的，但选择的正确与否，结果会大不一样。

我国也有成功经验，例如大庆油田，就是技术制胜的典范。多年来一直坚持强势科技，聚集队伍、超前储备、适时开发、形成产业、十年一代，确保产量长盛不衰，始终保持大型砂岩油田开发的世界领先地位。我们的百年老矿延长油田，不为人先，不耻最后，也找准了发展谋略，利用灵活的资金政策，采用"并购"和"应用"的拿来主义，6 年时间把年产量提升到 1200 万吨，吨油成本全国最低，并实施了"一业主导、多元支撑，油气并重、油化并举，油气煤盐综合发展"和"稳油、增气、扩化"的战略，重组整合，强强联合，不仅走出了边区，而且已经成功走向世界舞台，在 20 个国家 56 个油气区进行了勘探开发活动，使百年老矿焕发青春，再铸辉煌。

二、战略的基本内涵

1. 战略的长远性

俗话说"人无远虑必有近忧"，"战略"正是从长远来谋划国家或企业的生存、发展之大计。纵观国内外近、现代科技进步的历程，既有机械化—自动化—信息化 50 年一遇技术换代的长周期，又有石油行业 10 年一遇的专业技术换代周期。大庆油田也正是依靠 5 代技术的迭代升级才确保了 50 年的持续高产稳产（图 1）。超前做好技术储备，是技术发展战略的重要内涵。通常，从国家、企业到科技部门要按规范制定 1~5 年发展计划，重要的部门或领域则要适时开展或由主要负责人亲自挂帅研究制定 5 年以上的发展战略，以科学判定未来发展方向，指导中、短期计划规划的定位和运作。远期预测难度大，一旦预测准确，则可以"事半功倍"，作用十分重大。

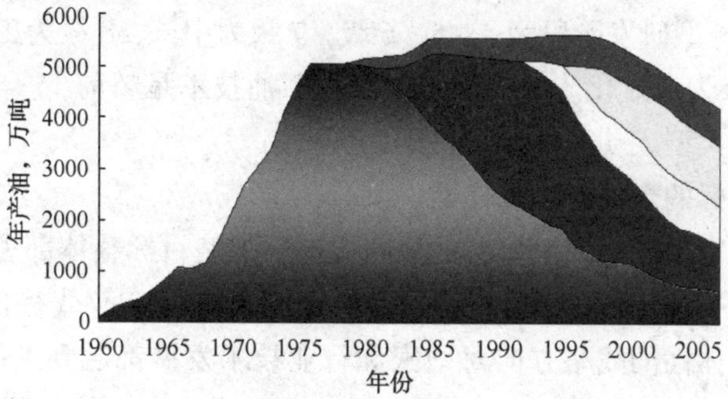

图 1 大庆油田长期高产稳产的 5 代技术

2. 战略的全局性、整体性

战略必须以全局发展为对象，围绕整体发展目标而制定，国家层面如此，企业层面也如此。全局性、整体性体现在4个方面。

一是战略行动的全局性、整体性。

战略计划、分计划及实施步骤、时间节点要相互衔接，行动上形成一个整体。

二是内部功能的全局性、整体性。

根据企业业务战略目标确定科技发展目标，根据科技发展目标确定技术发展战略，根据技术发展战略确定重大科技项目，根据重大科技项目优化科技资源配置和体制架构，根据科技资源配置和体制架构确定科技业务流程，根据科技业务流程确定绩效考核和人员激励，建立共享平台，确定系统无缝衔接，整体高效运行(图2)。

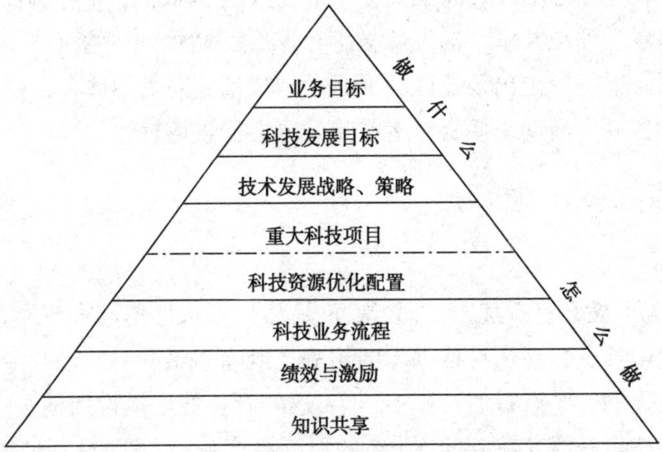

图2　技术创新体系内部功能紧密的层次结构

三是创新过程的全局性、整体性。

技术创新过程分为4个阶段，即技术原理—技术原型—工业性试验—产业化(图3)。国际上把技术创新过程称为技术成熟度，分为9个级别，技术原理探索阶段为1、2、3级，技术原型研发阶段为4、5、6级，7级为中试，8级为工业性试验(初步形成产业标准)，9级为产业化。大庆油田聚合物驱油技术是超前15年储备、整体谋划、实现工业化接替的典型成功案例。

四是方向、目标的全局性、整体性。

各个战略要素都要围绕一个统一的战略方向、战略目标整体部署。如我国在20世纪60年代提出的国民经济按“农、轻、重”的比例安排；70年代提出的“煤、电、油”能源战略；这些整体性的战略方向对国家和行业技术发展都起到了极为重要的引导作用。国家战略是这样，企业战略也概莫能外。中国石油天然气集团公司(简称中国石

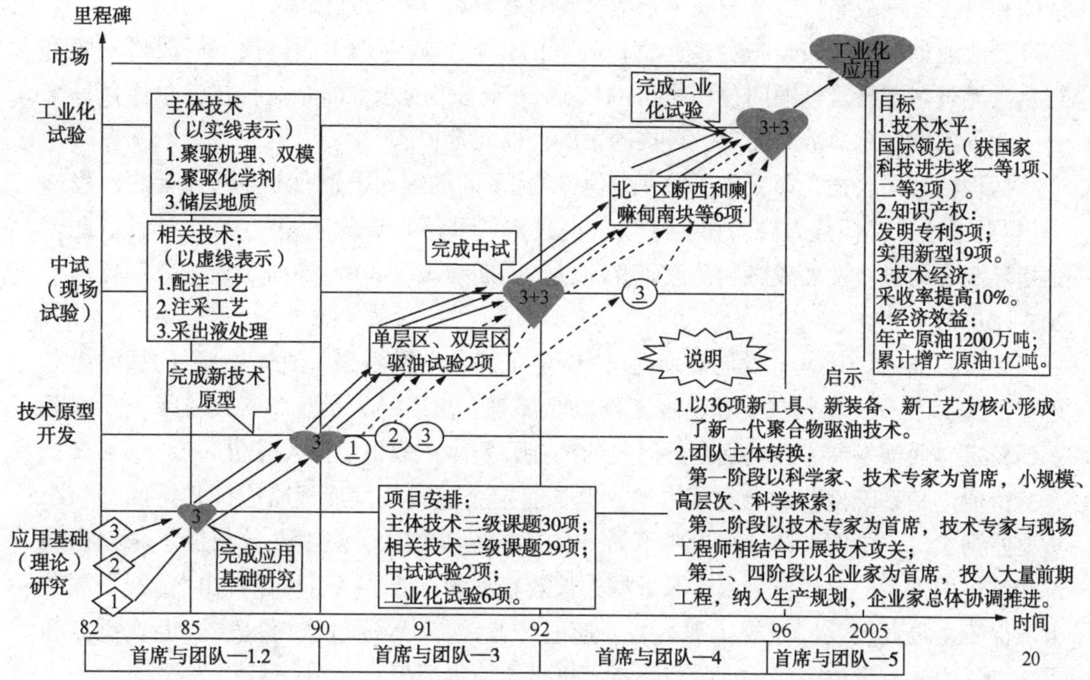

图3 大庆油田一类油层聚合物驱油技术发展的4个阶段

油)确立的四大战略就是相辅相成、互为一体的，科技创新和持续重组的管理创新是推动公司主营业务发展的根本动力(图4)。

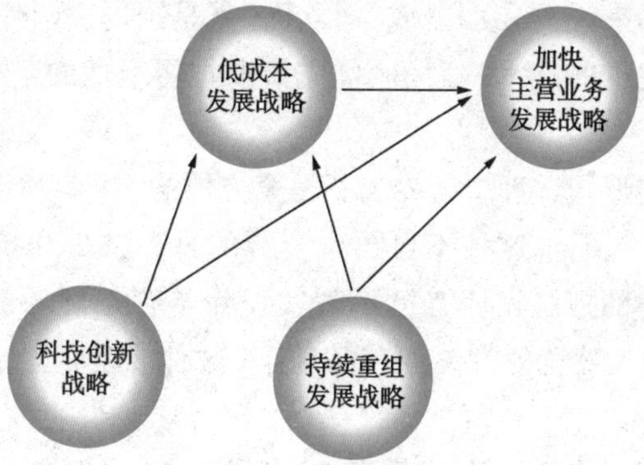

图4 中国石油战略构成

3. 战略的系统性

战略是一个系统。纵向上有国家—行业(地方)—企业战略，下级的战略意图服从上级的战略要求，如20世纪80年代提出的“国民经济产值翻两番”和“分两步走”。中国石油是下属的一个战略单元，及时跟进，提出了“稳定东部，发展西部”及“油气并举”的发展战略，与国家战略相呼应；在横向上，各战略按系统渗透、相融，这一条也十分重要。对于企业，有三个必不可少的相关性战略，即业务(生产)发展战略、营销战略和科技发展战略，业务发展是根本，营销是策略，科技是保障。

企业业务发展战略是决定企业生存发展的根本。近年来企业科技发展战略一般都遵从世界著名理特管理顾问公司推出的“第三代研发”理念，即企业科技的总体目标来自于业务发展的总体战略需求，科技的发展，以此定位。

据理特公司表述，第三代研发理念使得“技术问题纳入了企业最高领导者的日程”，“获得业务生产部门强力拉动和支撑”，“使技术转移不再成为问题”。据统计，以此理论指导制定的科技发展战略和重大研究项目，周期缩短了30%~50%，研发效率提高了20%~50%。

中国石油“八五”业务发展规划提出“稳定东部、发展西部、油气并举”的战略指导思想，30多年来，科技战略和科技工作以此部署，出了一大批重大科技成果，在保障东部稳定、西部发展方面特别是天然气的勘探开发生产取得了极大成功。

价值链是系统性的一个重要体现，也是制定企业科技发展战略应该坚持的又一个重要原则，对于中国石油这样上中下游一体化的企业集团，更要从价值链上来权衡局部和整体的关系。比如作为以资源采掘为长效获利的企业，是否可以提出“重视资源获取、保障全局发展”，“重视工程装备、形成产业优势”等通过从“价值链”上找重点和突破点的方法，形成一些重大的战略指导思想，值得提倡。

4. 智慧和对阵

战略必须有“对阵”的部署和“智慧”的体现，要有对立双方、争斗的“形式”和制胜的法宝。

对于石油技术战略来说，“敌人”或“对立面”就是国内、国外的“同行”，制胜的法宝就是拥有并利用最先进的技术，力争“优先摘取挂得最低的苹果”，保障企业获得最大的利益。

技术竞争、争斗的形式，理想境界当然是全方位的“拥有”“垄断”和“控制”，但在信息化、全球化的今天，石油这种不可再生资源的日趋减少和技术需求难度的不断加大，永远的垄断、全面的控制和拥有已不现实。除了有条件局部拥有和“垄断”之外，“合作代替对抗”“共享代替竞争”“双赢代替独享”这种战略联盟，已逐渐成为企业保持长效利益的最佳选择。

理特公司提供的资料表明：从20世纪80年代到21世纪初的20年，国际上5个大的油公司和技术服务公司研发费用已由80%自主研发变为80%合作研发，这个趋势还在延续。我们也看到，建立战略联盟已成为我国近期外交战略的重中之重。

技术发展的“智慧”和“谋略”就是在准确科学地评估未来10~15年国际、国内油气及相关能源发展的大趋势、可能实现的技术进步以及这些技术分别对油气及相关能源发展的贡献的前提下针对性地提出技术制胜的方案与对策。为此，必须要深入研究三方面的内容：

一是国内、国外同行业的竞争环境，包括国家层面宏观环境、石油石化行业环境、本公司环境，并对竞争者有量化表达的优劣势分析。从宏观的视野、不同层面的优势格局和战略前景，初步选取对2030年公司发展具有重大影响的战略性技术。

战略性技术是指具有全新的理念和技术含量，技术成熟度高，可与相关技术形成配套，对油气行业产生重大效益的技术。历史经验告诉我们，凡是一个新的发展机遇和生产需求的到来，作为创新驱动的原动力，就会迅速推动出现一批新技术，正如恩格斯所说："一旦社会上发生了需要，就比十所大学更把科学推向前进"。一批新技术中必然会出现"战略性技术"，石油行业公认的20世纪后50年影响石油工业上游发展的三代"战略性"技术是"数字测井""2D-3D地震"和"信息×集成的I^2油藏表征"。1995年美国国家石油委员会(NPC)组织89家公司从11个领域250项技术中预测了21世纪初影响石油工业发展的35项战略技术，经证实已基本实现。这些技术数量很少，但占有新增长生产力的很大比例。以我们自身的需求为主，对这些技术的准确预测十分重要。

二是对初选的战略性技术进行技术获取的可行性评估，包括技术的价值风险、市场风险、成本风险和时间风险，优选出可行的战略性技术。

三是明确战略性技术获得的方式。凡风险小、可有效获取、他人难模仿、可获知识产权有效保护、可为公司获得重大生产成效的领先技术，实行自主研发；研发条件差、快速追赶周期短、成本风险大，或其他产业已建立领先地位和知识产权的技术，可以采用合作研究或并购等形式。

这里要特别提醒在战略制定时，不要轻易把"竞争对手"或"领先技术"估计得太低，也不要把"关键技术"和自己的目标定得太高；理特公司的研究报告提示，一项战略性技术从"一般"到"领先"所需的投入比从"零"到"一般"要多5倍。必须在分析战略性技术时通过多因素综合评估，认真区别每项技术是不是企业竞争优势的主源流，拥有这些技术能使竞争对手受到什么损害？如丢失多少市场，增加多少投资；如何保持优势？该报告提示，"一个强大的公司总是知道谁是领先者"，"真正的领先者总是知道谁是第二，谁是第三"(我们经常在表达自己是"领先"或"领跑"时并不清楚第二、第三是谁)，"试图取得领先地位不仅风险很大，而且成本高昂"。1995—2003年，壳牌公司平均年投资达7.5亿美元，试图全面领先，结果仅在20%关键领域达到了目的。历史的经验告诉我们，任何一个强大的公司都不是全部"垄断"和"拥有"，而是采用多种形式获取最优技术资源。要在战略成效最大化的前提下，在引领、追随、低成本跟踪和并购之间找准平衡点和切入点，这才是谋略的重中之重[3,4]。

三、如何科学制定战略目标

技术发展战略必须有战略目标、实施方案和实施步骤。战略目标是战略的灵魂，是实现长期竞争优势最大化的综合体现，也是实施战略的一切手段、措施的最终归宿。战略目标既要宏观、简约，又要明确、清晰。在制定科技发展战略时必须充分考虑：

一是未来的方向性。方向性是战略目标制定的首要。当前，随着美国页岩气革命的兴起和煤制气等新技术的迅速发展，油气勘探开发具有常规与非常规并举，向深层、深海倾斜，向煤化工转型等发展趋势，特别是今年11月习近平主席代表我国提出了2020—2030年CO_2减排和发展新能源的承诺。未来10~20年如何瞄准和调整业务战略方向凸显重要和紧迫。方向性失误是最大的失误，必须认真把握。20世纪70年代国务院将“川气出川”重大工程作为国家战略启动了9省13市同时动工，结果因“资源”的技术评估失误，“源头”出了问题，造成了重大损失，这些教训必须吸取。

二是目标的预见性。现在我们考虑的“十三五”的战略目标定在2030年，既不能是2020年，也不是2040年，要根据历史、现状和未来形势的准确分析，实现科学预见。科学是探索未知的事业，有很大的不确定性。国家重大科技专项组织了大规模高层次科学家认真研究设计了3年，2008年正式立项，目标是2020年完成。2014年中国工程院组织的科技重大专项中期评估，设定的目标大都偏离实际，有的定“低”了，有的定“高”了，说明预见性是必须深入研究的一个难题。

三是可行性。规划的核心技术能否实现，用何种方式可以实现，必须要对15年以后的研究环境、市场前景做出相应的论证，使其切实可行。

四是可考核性。战略目标要用数据说话，要有量化指标，包括能够体现主营业务领域中主体技术的技术水平、产业化水平、科技竞争力等重要的量化指标。2014年笔者参加了由中国工程院组织的国家科技重大专项中期评估，就是紧紧抓住专项目标中的量化指标，这些指标体现了目标的内涵。

是否把战略的实质和内涵高度浓缩到目标的“方向性”“预见性”“可行性”和“可考核性”，是衡量科技战略质量、水平的重要标志。

四、公司战略的框架结构

公司战略框架结构分为9个部分，分别是：(1)国民经济发展趋势对能源和油气的需求；(2)世界油气工业发展趋势及各主体专业(行业)技术发展现状与趋势；(3)世界2030年拟实现的战略性技术与预期成效；(4)公司业务发展方向及2030年业务发展目标；(5)实现公司战略目标的生产需求和技术需求；(6)技术发展战略目标；(7)竞争对手分析；(8)2030年公司优先发展的战略性技术与预期成效；(9)“十三五”拟实现的战略性技术及预期成效。

可以看出，战略的制定是一个经过精心计算和分析的理化过程。9个部分存在严密的层次结构和逻辑关系，构成一个“全局”和“整体”。战略规划是企业顶层设计的产物，也是企业家智慧和能力的体现。当前国家和企业层面都在着力制定科技发展战略，我们相信只要紧密把握好战略的定义和基本内涵，科学地确定战略目标，定会有力地推动战略规划的编制和企业长远发展。

参 考 文 献

[1] 傅诚德. 石油科学技术发展对策与思考[M]. 北京：石油工业出版社，2010.

[2] 傅诚德. 科学技术对石油工业的作用及发展对策[M]. 北京：石油工业出版社，1999.

[3] 傅诚德. 学习科学发展观探究科学方法论(之一)[J]. 石油科技论坛，2009，28(4)：28-36.

[4] 赵永胜，牛立全，杨宝莹. 石油科学研究常用方法及其若干案例[J]. 石油科技论坛，2011，30(2)：37-44.

（本文刊登于《石油科技论坛》2014 年第 6 期，合作者：牛立全、刘嘉）

科技发展的战略思考

当前，正值一个五年计划的结束、新的五年计划着手谋划之时，石油科技界上上下下都在思虑未来的发展大计，本文就科技发展的战略思考发表以下见解。

何谓“战略”？辞书解释为“指导战争全局的方略”，“战争指导者为达成战争的政治目的，依据战争规律所制定和采取的准备和实现战争的方针、策略和方法”。

“战略”最根本的内涵是长远性、全局性、系统性，还有“智慧”和“对阵”。俗话说“人无远虑必有近忧”，“战略”正是从长远来谋划国家或企业的生存、发展之大计，对未来境况做出框架式的设想和设计。全局性包括战略行动的全局性，战略计划、分计划、实施步骤，时间节点相互衔接，行动上形成一个整体；内部功能的全局性，从目标到组织架构、资源配置整体部署；创新过程的全局性。从技术原理—技术原型—工业性试验—产业化整体谋划、超前储备。战略是一个系统。纵向上，有国家—行业（地方）—企业战略，下级的战略意图服从上级的战略要求；横向上，各战略按系统渗透、相融。价值链是系统性的一个重要体现，也是制定企业科技发展战略应该坚持的又一个重要原则，对于中国石油这样上中下游一体化的企业集团，更要从价值链上来权衡局部和整体的关系。

战略必须有“对阵”的部署和“智慧”的体现，要有对立双方、争斗的“形式”和制胜的法宝。技术发展的“智慧”和“谋略”就是在科学地评估未来（10~15 年）国际、国内油气及相关能源发展的大趋势、可能实现的技术进步以及这些技术分别对油气及相关能源发展贡献的前提下，针对性地提出技术制胜的方案与对策。选准发展方向，落实“战略性”技术和获取策略十分重要。

战略目标是战略的灵魂，是实现长期竞争优势最大化的综合体现，也是实施战略的一切手段、措施的最终归宿。战略目标既要宏观、简约，又要明确、清晰。在制定科技发展战略时必须充分考虑。

方向性是战略目标制定的首要。方向性失误是最大的失误，必须认真把握；预见性要根据历史、现状和未来形势的准确分析，实现科学预见；可考核性战略目标要用数据说话，要有量化指标，包括能够体现主营业务领域中主体技术的技术水平、产业化水平、科技竞争力等重要的量化指标。是否把战略的实质和内涵高度浓缩到目标的“方向性”“预见性”和“可考核性”，是衡量科技战略质量、水平的重要标志。

可以看出，战略的制定是一个经过精心计算和分析的理化过程。通过各要素的层次结构和逻辑关系，构成一个“全局”和“整体”。战略规划是企业顶层设计的产物，也是企业家智慧和能力的体现。当前国家和企业层面都在着力制定科技发展战略，我们相信只要紧密把握好战略的定义和基本内涵，科学地确定战略目标，定会有力地推动战略规划的编制和企业长远发展。

（本文写于2014年，未公开发表）

技术结构系统(模板)的建立与应用

——科技管理者的战略构想

一、概述

“战略”一词是各种文章中出现频率较高的词汇。在领域方面，有经济发展战略、科技发展战略、可持续发展战略；在行业方面，有油气发展战略、煤炭发展战略、钢铁发展战略、交通发展战略等等。各企业也有自己的“战略”，如低成本战略、持续重组战略、营销战略等等。何谓“战略”？辞书曰：“指导战争全局的方略”“战争指导者为达成战争的政治目的，依据战争规律所制定和采取的准备和实现战争的方针、策略和方法”。我国古代称“战略”为“谋、猷、韬略、方略、兵略”等。军事战略家孙子的13篇论著最具代表性。孙子在第一篇文章“始计篇”中就提出：战略是国家的大事，是民众生死安危的主宰，是国家存亡的关键，要获取战争胜利就必须从政治、天时、地利、将领和法制五个方面整体谋划。他强调战略是需要整体谋划的大事。美国著名现代军事战略家柯林斯说：“孙子是古代第一个形成战略思想的伟大人物……今天没有一个人对战略的相互关系、应考虑的问题和所受的制约比他有更深刻的认识”。可见“战略”出于军事，“战略”的原始创新在中国。

1598年英国著名哲学家、科学家培根就指出“科学就是力量”。1978年，邓小平同志指出“科学技术是第一生产力”。2000年世界经合组织宣布“21世纪人类进入了知识经济时代”。目前发达国家科技进步贡献率达到了80%。美国国家石油委员会公布，1991—2000年石油科技进步使勘探开发成本平均下降了40%。中国石油科技进步贡献率近5年为43%~48%。这组数字表明，科技可以在很大程度上决定一个国家或一个企业的前途和命运。发展科技是一项重大的战略举措。

战略和策略相辅相成，被称为兵法策略奇书的三十六计更是根据敌我双方的实力和态势设计了六套三十六种战法。敌弱我强，可以有胜战记，比如“围魏救赵”“以逸待劳”等；敌强我弱，也有六套办法，比如“美人计”“苦肉计”“空城计”，最后是“走为上计”——保持实力，适时再战。技术策略也大有讲究，埃克森公司和斯伦贝谢公司强调自主研发，花大功夫攻克独有技术，一旦成功便实行垄断，以获得巨大效益。雪佛龙公司采用跟进策略，BP公司则使用拿来主义。采取什么策略是由各种因素决定的。

我们也有成功经验。大庆油田是技术制胜的典型，多年来坚持强势科技，聚集队伍，超前储备，适时开发，形成产业，十年一代，确保产量长盛不衰，始终保持大型砂岩油田开发的世界领先地位。塔里木油气田适时与物探公司等工程技术队伍结成战略联盟，实行双重管理，获得了最重要的战略性科技资源，也是成功经验。百年老矿延长油田虽然是最“弱”者，也找准了谋略获得了成功。

“战略”最根本的内涵是“全局”。全局是指重大事物各综合要素的集成，又称为“系统工程”。正如孙子所述，战争取胜必须要有政治、天时、地利、将领和法制等五个要素，科技项目的成功也必须要有多种要素，缺一不可。这是科技领导者、管理者应当具备的最根本的理念。科技管理者的“战略”和“全局”是什么？根据笔者的认识应当有三方面的内容。

第一，从科技创新全过程建立全局概念。

科学的目的是认识世界、发现真理；技术的目的是改造世界，推动经济发展。“科学是技术的基本燃料，技术是经济增长的发动机”。这就是科技创新的内在关系。

从技术创新过程——结果评价体系图(图1)可以看出，科学技术工作者的工作“全局”范畴应该有三个区间。第Ⅰ区间以科学为宗旨，其基本任务是在人类未知的领域中，发现新规律、认识新规律，形成新理论、新方法。这个区间创新难度最大，是科技第一生产力的根本推动力。重大原始性创新和诺贝尔科学奖获得者基本都在此区间。第Ⅱ区间为应用技术研究阶段，是应用基础理论的有形化，并将技术资源与市场需要联结起来的阶段，技术的创新从根本性创新转移到工艺创新，主要是提供主导设计的产业标准，降低市场的不确定性，开始产生直接经济效益。第Ⅲ区间为开发研究阶段，当技术创新主导设计确定后，技术产品基本稳定，大规模生产成为可能，企业由此享有规模经济，同时创新程度急剧下降，这个阶段技术创新的重点是以降低成本和提高质量为目标的渐进性工艺创新。三个区间既有特性又为一个连贯的整体。在国家层面，应当有一批卓越的科学家进行理论创新和技术发明。在企业层面，要有一批企业家和技术专家从事或应用技术发明并使其产业化，创造新的不断扩大的经济效益。我国的三大油公司从国家机关“脱胎”不久，其研发工作仍有第1区间的任务(承担较多的国家科技项目，拥有一批包括20多位两院院士在内的国家级科学家)，但其工作重点仍然是Ⅱ和Ⅲ区间，尤其是第Ⅲ区间应当是企业科技工作的重中之重。笔者在石油系统科技管理部门工作期间，经常为高层领导的严厉批评所困扰，有的领导批评Ⅰ、Ⅱ区间工作太薄弱，有的领导批评第Ⅲ区间力度和成效远远不够等

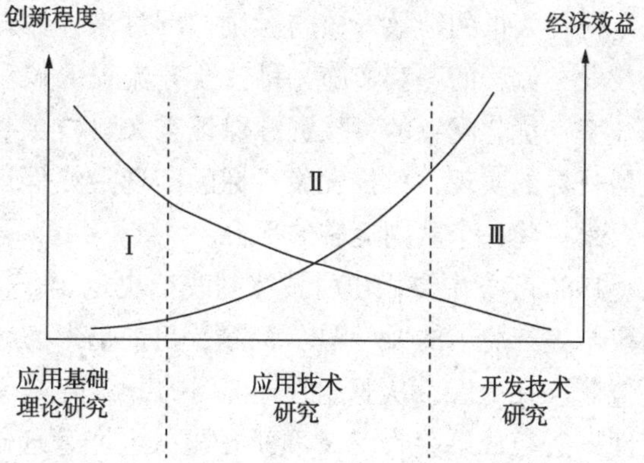

图1　技术创新过程——结果评价体系模型

等，究其原因正是缺乏一个高层领导和管理层共识的整体战略构思。

第二，从科技创新的多要素建立全局概念。

科技创新不但要有人、财、物的投入，更要有好的体制和机制。为了保证技术创新体系的高效率，现代科技管理强调多要素集成。尽管国外各大油公司的实施和表达不完全一致，其基本要素包括了七个方面，即七个层次一个整体(图 2)。其“整体”以企业业务目标为最高目标，这种以业务战略驱动为目标的研发模式，又称为“第三代研发”。

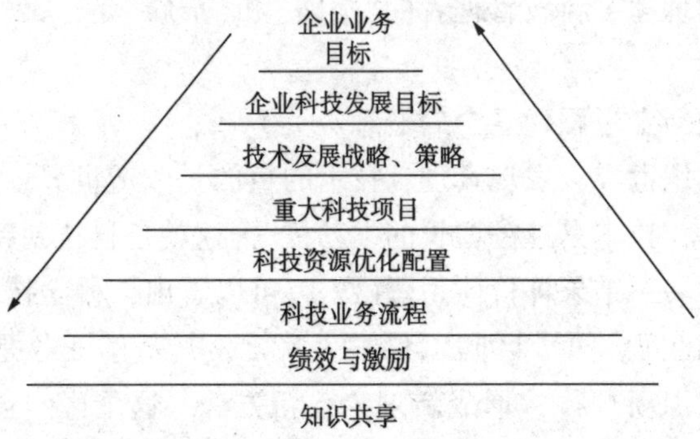

图 2　技术创新战略框架图

企业业务目标决定科技发展目标，科技发展目标决定重大科技项目，重大科技项目决定科技资源的优化配置，科技资源的优化配置决定科技业务流程，科技业务流程决定科技人员的绩效考核与激励；反过来，针对研发人员的有效绩效考核与激励保证科技业务流程的顺利实施，科技业务流程的顺利实施保证优化配置的科技资源发挥更高效率，优化配置的科技资源保证重大科技项目的完成，重大科技项目完成保证科技发展目标的实现，科技发展目标的实现最终保证企业业务目标的实现；知识共享则为全要素搭建一个共同运转的平台。

1985 年党中央做出科技体制改革决定至今已经二十年了，其根本宗旨就是要解决科研与生产脱节的“两张皮”问题，目前仍未彻底根治，“重复”“分散”“低水平”的根子在体制、在上层，从职能管理部门的分工开始就有了断层，科技管理部门管到Ⅰ、Ⅱ区间即进行成果验收，又重新开题；生产管理部门主要管Ⅱ、Ⅲ区间，技术引进和科研基本建设又由计划部门分管……总之，问题仍然较多。而一个整体七个层次系统工程的战略理念正是解决“两张皮”的上好良方。

第一个“全局”说明了科技转换成生产力的内在关系。第二个“全局”说明只有把握住“大系统”，抓住战略的整体性、全局性，才有利于将技术转换成生产力。科技管理者，特别是决策层，必须把握两个全局，才不迷失方向。

第三，从企业主体技术纵横向内在关系建立全局概念。

“企业是技术创新的主体”，然而企业生产力的形成是若干技术共同作用的结果，作为科技管理者首先就要对企业的多项技术有一个全局性的认识，才能把握战略方向。

近年来，笔者构思和提出了技术结构系统的概念。技术结构系统(模板)是将近期和长远能够形成企业生产力的主体技术(技术群)从纵向、横向分层次建立起二维专业技术系统(模板为系统的表现形式)。以此为平台，可以真实客观地评估和反映各单项技术、专业领域的地位，学科交叉关系和作用。在众多专家的支持帮助下，该系统先后应用于科技创新成果经济效益计算和长远科技规划编制，取得了很好的成效。希望能成为企业科技管理者一种新的工具和手段。

二、技术结构系统在技术创新成果经济效益计算中的应用

科技管理者经常遇到一个同样的困扰，即某一项技术有了进步，它在整体技术中占有多大份额，在对生产推动中起到多大的作用？如何科学地表述其直接经济效益？从宏观上讲科学技术是第一生产力，落实到某一项具体技术形成了多少生产力又往往回答不上。笔者提出了以下思路和方法。根据经济学原理，任何一项生产项目的直接经济效益(Q)，都是由资金投入(C)，劳动力投入(D)，管理投入(B)和新技术投入(A)等主体要素共同作用的结果，即 $Q=A+B+C+D$，而资本投入+劳动力投入可视同常规技术投入，采用余值法原理首先将常规技术投入和管理投入的贡献剥离，即可得到创新技术的贡献。表达式为：$A=Q-(B+C+D)$，Q、B、C、D 都为已知、可查，A 即可求。A 为创新技术的集合体，特别在石油行业，往往都是由多项大小不等的创新技术构成。要想得知 A 中某一项技术的直接经济效益，可以通过技术结构模板，应用层次分析法予以解决(图 3)。

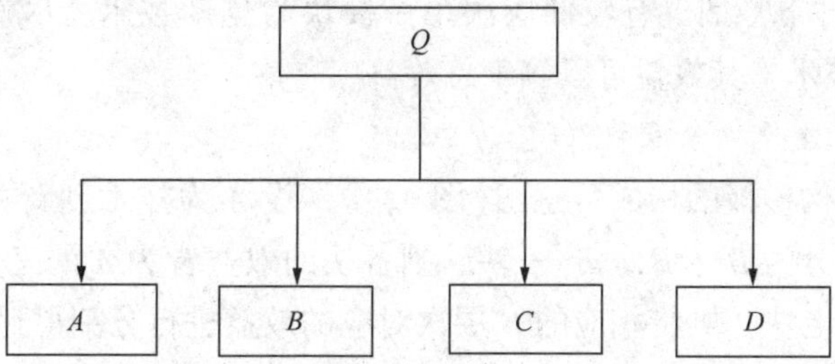

图 3 效益分解示意图

1. 技术结构模板的构成与分成原理(均分法)

专业技术结构模板的构成示意图(图 4)可以得出以下结论：

(1) 技术结构模块由形成石油石化企业生产力的主体技术构成。

(2)石油石化行业的总体技术由各专业技术群(技术)构成，而各专业技术群(技术)又由次一级技术群(技术)构成，由此根据不同专业可细分为 N 级。细分的原则是每一个模块都能直接产生经济效益。

(3)技术结构板块中不同级别(层次)技术群(技术)的经济效益相等(层次关系只是将内容逐层分解，把大技术群逐级细化)，即：$A=B=C=D=N=$技术创新成果效益总量。

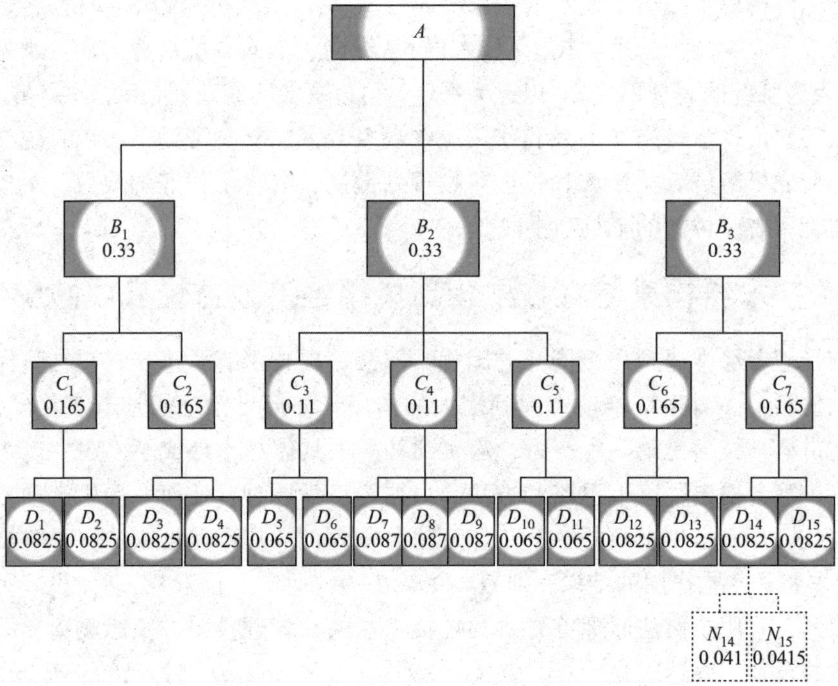

图 4　专业技术结构模板构成示意图

(4)各类技术都有创新的情况下，下一级单项技术的效益小于上一级配套技术的效益之和。

(5)在特定条件下，如仅有较低层次单一模块为创新技术，尽管该模块代表的是“中”技术或“小”技术，其效益可以等于总效益。

2. 均分法计算各模块分成系数(K值)

在专业技术结构模板的构成示意图(图 4)中，设 A 为技术创新总效益，假设 B 在某专业技术模板被分为 B_1、B_2、B_3 三块，则各块的效益皆为 A 的三分之一。C 在某专业技术模板被分为七块，则将相应的 B 层次对应的效益进行分割得到 C 中每块的效益，如 $C_1=1/2\times B_1$，$C_3=1/3\times B_2$。由此可设定每一个 D 级直至 N 级技术模块的效益分成系数。

3. 分成系数(K值)计算方法

技术结构模板是为全部技术(群)提供的一个计算平台。当全部技术皆为被统计时段的创新技术时，K 值为 1。实际上某一个时间段不大可能大小技术 100%都有创新。A 值仅反映该时段有创新成果的价值总和。如图 4，某技术领域仅在 B_1、C_6 和 D_{15}的不同局部有所创新，则 $A=B_1+C_6+D_{15}$。这种情况十分常见。计算方法是：

设：$B_1+C_6+D_{15}$的 K 值之和为 100%

由此推出 $B_1+C_6+D_{15}=0.33+0.165+0.082=0.577$ 为 100%，假设项目成果总效益 A 为 1 亿元，则 KB_1、KC_6、KD_{15}三项不同层次的创新成果具体经济效益分别为：

$KB_1=0.33/0.577=0.5719$，则 B_1 的效益为：1 亿元×0.5719=5719 万元；

$KC_6=0.165/0.577=0.2860$，则 C_6 的效益为：1 亿元×0.2860=2860 万元；

$KD_{15}=0.082/0.577=0.1421$，则 D_{15}的效益为：1 亿元×0.1421=1421 万元。

4. *层次分析法应用实例*

层次分析法(简称 AHP 法)以其系统性、灵活性、实用性特别适应于多目标、多层次、多因素的复杂系统的决策和评价，已广泛应用于技术进步综合评价与决策之中。假设要评价某技术对储量发现的贡献，可将石油天然气储量发现按若干层次的要素，建立起如图 5 所示的层次框架。

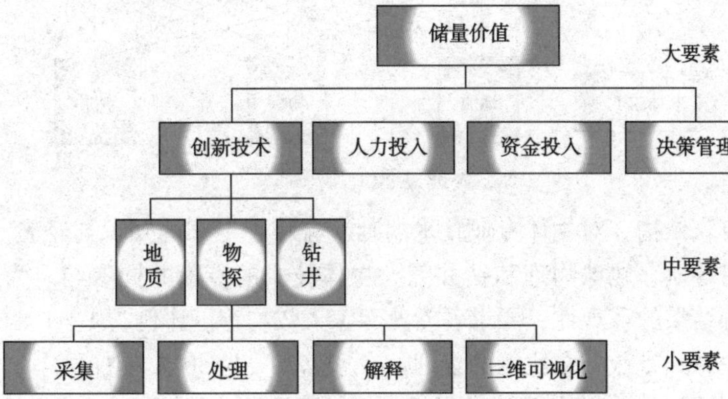

图 5 储量价值分解层次图

其理论依据：各层的小要素构成中要素，中要素构成大要素，大要素构成储量价值总量。任何一个小要素其价值都不可能超过一个中要素，更不可能超过一个大要素。通过两两对比的办法可以判别任意两个要素之间的重要程度。从而知道下一层诸要素对构成上一层要素的加权值。以此计算出各项技术对储量发现的贡献比例。

例如，某盆地某气田发现地质、地球物理和钻井三大主体技术有重大创新，其总体价值可计算(步骤省略)。需进一步应用层次分析法对储量发现的价值链中的地质、地球物理和钻井三大主体技术所占比例进行评价。

(1) 建立评价标准。即按“创新规模”“创新难度”和“专业创新技术与油气储量发现的关联度”三个准则加以度量。

① 创新规模：指该专业技术在某气田发现中仅是个别单项有创新，而大部分仍采用常规技术，还是大部分都有创新。如在某油田勘探过程中地球物理技术在采集、处理、解释、装备等方面都有创新，则其创新规模就很大。

② 创新难度：指创新技术在整体难度上属国际领先、国际先进、国内领先、国内先进还是介于某两者之间。

③ 专业创新技术与油气储量发现的关联度：指在某气田发现和探明过程中各专业的创新技术对储量发现所起作用的重要性。

(2) 建立层次结构(图6)。

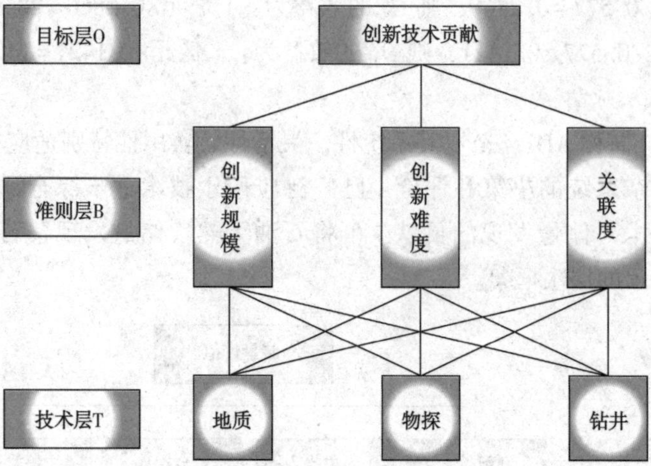

图6 层次结构图

(3) 确定专家结构。对主体专业技术的判断有赖于专家的知识与经验。由决策层、管理层的专家与地质、地球物理和钻井三大主体技术的专家共同参与。为了防止专业偏好影响对评价结果的客观性，要求各专业专家人数均等。比例为1∶1∶1∶1∶1。后两类专家还应注意到专业分布比例的合理。专家总人数为30人左右。

(4) 专家判断。设计(《专业技术创新对某气田发现的贡献打分表》，并将此发放给专家进行判断。

打分方法：在“创新规模”“创新难度”和“专业创新技术与油气储量发现的关联度”三个判断准则下，对地质、地球物理、钻井工程各专业的创新技术进行专业间的比较判断。

对地质、物探、钻井三个专业的技术创新在“创新规模”“创新难度”“专业创新技术与油气储量发现的关联度”三项指标下，按9分制进行打分。创新规模最大、创新难度最大、与储量发现关联最密切的可以分别打为9分；反之，规模最小、难度最小、与储量发现关联最不密切的为1分。根据地质、地球物理、钻井三个专业创新程度和在某气田发现中所起的作用请给以1~9分的判分，并在三项指标下的相应的数字上划√。

经过权重计算及一致性检验，层次总排序见表1。

表1 专业权重总排序表

层次B / 层次T	创新规模	创新难度	关联度	层次总排序
	0.25	0.25	0.5	
地质	0.368613	0.338078	0.34669	0.350018
物探	0.335766	0.338078	0.334495	0.335709
钻井	0.29562	0.323843	0.318815	0.314273

某气田创新技术的贡献为161亿元人民币，地质、物探和钻井三方面的创新技术贡献用层次分析法计算结果分别为：

0.350018×161 亿元=56.35 亿元；

0.335709×161 亿元=53.09 亿元；

0.314273×161 亿元=50.75 亿元。

三、技术结构系统在科技规划编制中的作用

(1) 技术结构系统是了解和认识技术作用的战略部署图(图7)。科技发展规划是科技发展战略的核心内容，其任务是对企业全局性、长远性的科技发展目标、任务及措施进行系统谋划。通常的办法是组织各方面的专家、管理人员进行科技需求调研，然后汇总形成规划。这样做，虽然有一定的系统性，但其不足之处是没有对系统的边界条件和层次结构提出规范性的要求，而可能出现对某些重要问题的遗漏。因此，应按照系统论的思想，建立行业或企业的技术结构系统。这个系统在编制规划开始就应组织各方面的人员根据企业近期和长远发展需求而建立起来，相当于编制一幅企业的战略部署图，使决策者、管理者和研发人员有一个共同的工作和对话平台，在此基础上深入研究大技术(群)、中技术(群)和小技术(群)之间的纵向关系，从属关系，以及各技术之间横向交叉关系。有利于认识全局、抓住重点。

(2) 技术结构体系是科技规划编制流程的起点和基础(图8)。通过技术结构系统(模板)可以组织各方面的专家从不同角度，应用特而菲等方法集中表述各项技术的重要特性，如各项技术对生产力的影响、各项技术的竞争性、各项技术的水平、各项技术满足生产需求程度、各项技术的自主知识产权等，从而了解和探讨企业当前的实力和差距，形成技术发展战略和策略，并最终集成重大项目，以确保规划内容的科学性。

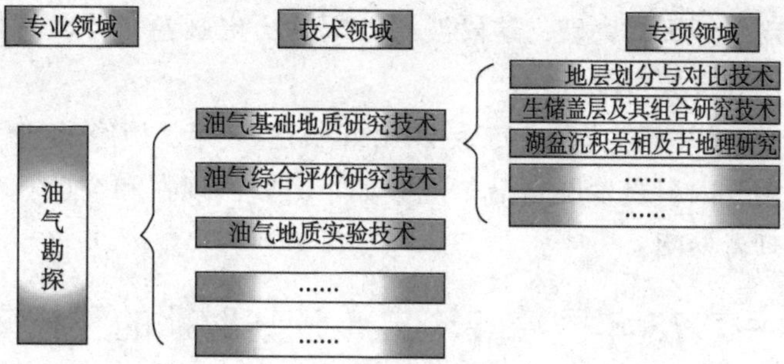

图7 技术结构系统(模板)

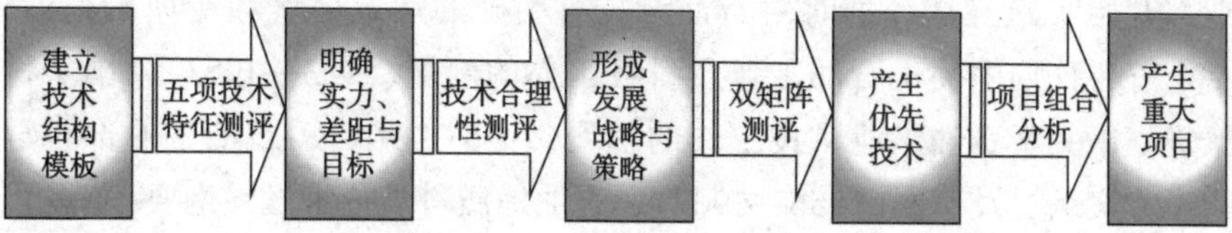

图8 重大项目产生流程

(本文刊登于《石油科技论坛》2005年第12期，有删减)

石油科技规划的引领和推动作用

——我国11个五年计划中国石油科技规划回顾

【摘要】 从国家发展战略、石油工业发展战略、石油企业发展战略等方面，对我国1953—2010年“一五”至“十一五”长达58年的石油科技规划目标和主要内容进行了系统梳理，回顾了我国石油科技的发展历程，揭示了发展战略的基本内涵和科技发展战略的指导作用，阐明了战略的执行效果。11个五年计划的科技发展战略方向明确、执行有力，科技规划的引领作用明显、推动作用突出。正是这些科技发展规划的指引使我国石油科技五年迈上一个新台阶。

石油工业是国民经济重要的支撑产业，在新中国成立65年的发展建设中发挥了重要的作用。回顾新中国石油工业的发展史，我们深切地感到，它是一部我国石油科技发展进步的历史。依据过去每五年一次的科技发展规划，以及20世纪50年代克拉玛依油田的发现、60年代大庆油田的开发、70年代渤海湾油田区的崛起、80~90年代塔里木沙漠油田的成功建设、鄂尔多斯“三低”油气田的勘探开发到21世纪东西部地区深层、岩性、非常规油气田的突破，这段波澜壮阔的历史画卷，可以清楚地看到石油技术创新的推动作用和重大贡献。

现将“一五”到“十一五”即从1953—2010年长达58年、历经11个五年计划的石油科技规划目标和主要内容之发展与沿革汇集如下，以供现在和今后石油科技发展规划编制者和科技管理者参阅。

一、1949—1975年国家4个五年计划时期的科技安排

20世纪50年代，石油工业尚处初级阶段，没有专门的科技发展规划，但在国家和石油工业部开始实施五年计划时对石油科技有明确的远景部署和专项研究计划，如：国家第一个五年计划中关于石油工业及科技工作的部署(1953—1957)，国家科学技术发展远景规划中关于石油工业科技工作的部署(1956—1967)，石油工业部科学研究远景规划初步方案纲要及草案(1956—1967)，石油地质科学技术发展纲要(草案)(1960—1962)，石油炼制科学技术发展纲要(草案)(1960—1962)，国家科学技术发展规划中关于石油工业领域的部署(1963—1972)，石油工业部地质、炼制和新型材料等专项科学技术发展规划纲要(草案)(1963—1972)和石油工业部第三个五年计划中关于科技工作

的部署(1966—1970)。

(1) 国家在第一个五年计划(1953—1957 年)中有关石油工业及相关技术发展的部署。

第一个五年计划指出，我国石油工业特别落后，不但产量很低，设备能力很小，而且资源情况不明。因此，要大力地勘察天然石油的资源，同时发展人造石油。计划规定原油年产量在1957 年要达到 201.2 万吨，获得可供设计的天然石油储量 518 万吨；充分利用抚顺等地的页岩油和煤制油的设备，使 1957 年人造原油的生产能力计划达到1952 年的 2.6 倍。

虽然只有产量目标，但通过“一五”实施，玉门油田广泛采用“五一”型地震仪和“重钻压、大排量”钻井等新技术，先后发现了石油沟、白杨河、鸭儿峡等油田。老君庙油田扩大了含油面积，开始按科学程序进行全面开发，在 1953 年实行了边缘注水，采取了压裂等一系列井下作业措施。按照地质勘探规划，走出山前，上地台，着眼全盆地搞勘探。依据这样的思路，1955 年 10 月，克拉玛依第一口井——克 1 井喷油，发现了克拉玛依大油田。

1957 年，全国石油产量达到 145.7 万吨，其中天然原油 86 万吨、人造油 59.7 万吨。特别是 1955 年新疆克拉玛依油田的发现，是新中国石油勘探史上实现的第一个突破，从此初步形成了玉门、克拉玛依、四川等天然油、气基地。抚顺石油一厂、二厂等人造石油基地，也得到了恢复和发展，并开始建设现代化的兰州炼油厂。第一个五年计划期间是新中国石油工业的创建时期，为新中国现代石油工业的建立和发展，打下了很好的基础。

(2) 国家编制的科学技术发展十年远景规划(1956—1967 年)中关于石油科技的部署。

在周恩来总理领导下，国务院成立了科学规划委员会，以中国科学院各学部为基础，集中全国 600 多位各种门类和学科的科学家，还邀请了 16 名苏联各学科的著名科学家来华，帮助我们了解世界科学技术的水平和发展趋势。按照“重点发展，迎头赶上”的方针，采取“以任务为经，以学科为纬，以任务带学科”的原则，从 13 个方面提出了 57 项重大科学技术任务、616 个中心问题，从中进一步综合提出了 12 个重点。1956 年 12 月，中共中央、国务院批准执行。

远景规划对石油行业科技工作的部署是：燃料工业和电力工业都是先行工业，必须走在其他经济建设的前面。我国目前燃料生产的中心问题是石油产量的不足，使得各企业对液体燃料的使用受到了很大的限制。我国现在石油年产量，含人造石油在内，还不到 100 万吨，只能满足目前需要量的 30%，而石油消耗量不到全部燃料消耗量的 5%。现在美国年产石油已超过 3 亿吨，加上从国外开采进口的石油，全部石油消耗量占全部燃料消耗量 1/3 以上。苏联石油产量已超过 7000 万吨，消耗量为全部燃料消耗量的 20%以上。到 1967 年，我国石油需要量至少在二三千万吨以上，为目前产量的二三十倍以上。石油方面应该着重研究如何发现新的产油地区和如何来保证最迅速和最有效的开发和加工。同时也应当加强人造石油的科学研究工作，其中包括油页岩干馏和页岩油加工工艺的研究，改进煤炼油的方法以降低成本等。此外，天然气是最便宜的一种燃料，也是最好的化工原料。我国四川等地拥有相当多的天然气。我们应及早研究它的最有利的用途，特别是在缺乏石油地区替代液体燃料的问题。为此把“发现并开发石油和天然气资源”和“扩大液体燃料及润滑剂来源”两项研究任务，列入规划的57项重大科学技术任务中。

为此提出了石油领域需要研究的11个中心问题：石油工业部根据国家的科技部署，制定了石油工业部1956—1967年石油科学研究远景规划初步方案纲要及草案(摘要)。这个纲要提出，1956—1967年的12年期间，石油工业应主要研究的工作目标是：

① 地质勘探方面，到1967年要超过100万吨。达到这一目标，首先进行我国含油区域的划分及对各含油区域的综合勘探方法、勘探技术的改进与新方法的采用等方面的研究。研究并迅速掌握构造钻井及航空地球物理等技术。同时应与科学院与地质部合作，进一步研究在我国境内具体条件下，勘探石油的根据，从油藏的形成条件和发展过程来进行研究。

② 钻井方面，钻机月速度的争取目标是1967年探井达900米，生产井1600米。应掌握及推广涡轮钻井技术，研究钻头的使用及制造，再进一步研究电钻钻井及其他新技术。

③ 采油方面，1967年的目标是用人工方法采出的原油达到全部天然原油产量的80%，油田采收率达到80%。特别应研究掌握油田注水和岩层压裂的方法，并迅速广泛使用。应进行以页岩和煤为原料生产液体燃料方面的研究工作。研究及掌握干馏颗粒及粉末油页岩的新炉型，争取到1962年油页岩能全部利用。研究新的页岩及煤的干馏炉型、高压加氢技术。

④ 原油加工方面，争取在1967年能超过70%，特别应研究掌握提高喷气机燃料产率技术，润滑油、脂添加剂的制造以及催化裂化、气体加工等方法。应进行石油工业的油类、气体以制造燃料和化学品综合利用研究，使主要化工原料，特别是甲苯和乙烯，能满足各部门的需要。

“十二年规划”在地质勘探、钻井、采油采气、人造油天然油加工、煤和页岩的液体燃料、石油机械、建筑安装等13个方面，布置了107个研究课题，全面组织攻关。在此期间，石油工业部建立了11个研究机构，规模达到1万人，按照规划目标全面完成了任务。

(3) 1963—1972年国家科学技术发展规划中对于石油工业方面的部署。

中央在1960年冬提出“调整、巩固、充实、提高”八字方针，要求对各行各业的工作进行调整，经中共中央批准，决定在“十二年规划”执行的基础上，制定《1963—1972年十年科学技术规划》(简称十年规划)。规划由国家科委负责组织制定，先后有几百名专家参与，于1963年6月定稿，12月经中共中央、国务院批准，由国家科委下达，并会同各有关部委组织实施[1]。

关于石油工业领域科技发展的安排是：今后10年，尤其是前5年，必须特别重视石油资源的勘探工作，尤其是探明那些很有希望的距离工业基地和交通干线不远的油田以及沿海的海上油田。此外，对西南的天然气资源等，还应进行增加后备基地与扩大储量的研究。

10年内，石油工业的发展，应该探、采、炼并举。着重研究掌握判断油田注水后地下水线推进的位置；研究在复杂地质条件下，判断地下油、气、水层的测井新技术；研究和解决3000米以下的深井钻探技术，以及涡轮钻井和勘探石灰岩地区的钻井、测井技术。海上钻井对于进一步扩大石油资源有重要意义。在油田开发方面，应注意合理开发速度和最大限度提高油田最终采收率，研究以注水为主保持油层压力的整套技术，研究分层合理配产、配注及各种采油新技术，研究热力驱油、混相驱油和添加表面活性剂等各种提高采收率的新技术。在储运技术方面，着重研究高凝固点原油的管道输送问题。

不断提高加工深度，是石油炼制的重要技术政策。必须提高轻质燃料的收率，提高汽油辛烷值，降低油品的凝固点，扩大喷气燃料的来源，增加燃料油、润滑油、润滑脂的品种，以及为有机合成工业提供更多的烯烃原料气、芳香烃、石蜡等原料。我国石油具有含蜡高、轻油分少、烷烃多等特点，要抓紧完成催化裂化、延迟焦化、铂重整、尿素脱蜡、加氢技术和主要添加剂生产技术等各项研究工作。

积极寻找天然气资源，贯彻油、气并重的方针，研究天然气的储运、净化和管网化问题，研究天然气的压缩液化以及液化天然气的储运和利用技术。石油化工方面，建立一个独立完整的国家工业体系，首先必须使工业生产所需要的原料和材料立足于国内，建立完整的原料和材料体系。建立基本有机合成原料工业。乙烯、丙烯、丁二烯主要依靠石油制取。掌握油、气和碎煤造气技术，扩大合成氨原料来源。

二、1976—1980年石油工业“五五”科学技术发展规划纲要（勘探开发部分）

1976年粉碎了“四人帮”，结束了长达10年的“文革”大动乱，随着“科学的春天”的到来，石油工业正式启动五年科技发展规划。该规划提出五条指导原则，包括：发扬大庆“两论”起家的基本功；发扬敢想、敢说、敢干的革命精神；坚持科技工作的群众路线；搞好协作配合，开展科研攻关会战；加强党对科学技术工作的领导。

石油地质方面主要任务是：加强全国油气资源分布和评价的研究、加强重点勘探地区石油地质的综合研究和加强石油地质基础理论的研究。

地球物理勘探方面主要任务是：研制新型地震装备，加速数字化进程。要做好国产48道数字地震仪的鉴定、推广工作，大力发展以可控震源为主的非爆炸震源，攻克黄土高原、戈壁沙漠、湖泊海滩等地震勘探关。掌握现代化的数字处理技术，提高地震资料的数字处理水平。

石油钻井方面主要任务是：研究高压喷射钻井新工艺；研制高强度钻头，两三年内，做到用四五个钻头就能打一口 3000 米的深井；研制新型优质轻钻井液，保证打 3000 米以下深井的需要；提高深井测井和试油技术。掌握中子测井、密度测井、地层倾角测井等新方法，攻克深井测井关，形成测井系列。

油气田开采方面主要任务是：全面掌握三四千米深部油气藏的开采技术。重点是研制高压注水和强采设备，提高分层测试，特别是抽油井分层测试技术，加强油田化学的应用研究，解决好分层堵水问题，进一步发展砂岩油层的开采工艺；加强石灰岩油田、凝析气田开采技术的研究；加强气田开采技术的研究；加强低渗透砂岩油藏开采技术的研究，掌握强化压裂的增产技术，为大规模开采陕甘宁、川中低产油田创造条件。

油气集输方面主要任务是：完善“三脱三回收”流程，实现全密闭输送，把油气损耗降低到千分之五以下；加强热能利用的研究，把分散的油气资源充分利用起来；加强油气井管理自动化的研究。海上石油勘探开发方面近期内要尽快解决海上地震、钻井、采油和工程建设等技术问题，为今后大规模开采海上油田积累经验。

长距离输油输气管道方面要积极研制高效率机泵、大型高压阀门等关键设备，解决长站距密闭输送，以及遥测、遥讯、遥控，油气计量和管道防腐等技术关键，并进一步提高施工机械化程度。

三、1981—1985 年石油工业“六五”科学技术发展规划纲要

1978 年原油当量上了 1 亿吨规模，国家给予 1 亿吨石油科技补贴的优惠政策。为此“六五”规划目标强调：为了稳产 1 亿吨油，综合利用好 1 亿吨油，必须依靠科学，把我国石油科学技术水平提高到一个新的高度，在现有的基础上再上一个台阶，力争“六五”期间使主要石油科学技术，达到或接近 20 世纪 70 年代国际水平。

石油地质方面，建立适合我国地质特点的油气资源评价程序和方法。开展天然气生成、聚集、保存等基础研究，分析天然气富集的地质条件，预测天然气资源分布，指出勘探方向。加强南方海相碳酸盐岩地区石油地质研究，生油理论、碎屑岩沉积相、油气藏形成和类型、板块构造等基础研究和地震地质、测井地质、数学地质、遥感地质等新技术新方法的研究。

地球物理勘探方面，力争 1985 年地震队基本都配上数字地震仪，全部电法队配上数字电法仪。引进 10 套轻便多道地震仪，装备四川及南方山区的地震队。开展地震地层学和合成声波测井的试验，在东部地区复杂的重点区带开展三维地震勘探、横波地震勘探、垂直地震剖面法及地震勘探基础理论的研究。以物探局计算站为中心，建设好新疆、南海、海洋等 4 个计算中心的常规处理和物探局计算站的特殊处理要达到世界水平。队年平均工作量由目前的 136 千米提高到 400 千米。

钻井方面，继续推广喷射钻井先进技术，摸索最优化钻井规律，开展井控技术和优选参数钻井研究。1985 年大庆 I、Ⅱ型钻机全部实现喷射钻井，部分钻井队实现优选参数钻井。研制定向钻井工具和测试工具，加强钻井基础理论的研究。“六五”期间，钻井队年平均进尺达到 12000 米；井身合格率、固井合格率达 95%以上，平均取心收获率达 85%以上。

测井方面，5 年内计划 30 个队推广使用 SJD－801 型数字磁带测井仪，主要油田资料处理实现数字化，测井解释符合率平均达到 70%以上。加快耐高温、高压仪器的技术攻关，5 年内争取突破 180℃、1200atm。发展水淹层测井、深井及抽油井找水测试、生产测井和工程测井，适应注水开发油田中后期的需要。

油田开发方面，加强油田地质油藏工程的综合研究；发展中、高含水期的采油工艺；加深气藏地质及气藏工程的研究；充实油层物理、开发及采油工艺试验室，扩大数值模拟的应用，建立全国性油田数据库；加快三次采油技术的研究试验；确定主要油田三次采油的方向，加强三次采油机理研究，开展以注蒸汽法为主的稠油开采工艺技术及其他工艺技术的研究，研制三次采油需要的化学剂、驱油剂。

油气集输与储运方面，主要油田实现密闭集输，做到轻质油基本回收利用，油气损耗由 2%降到 1. 5%左右，原油稳定达到 5000 万吨；推广原油常温集输，80%的抽油井进行常温集输；提高计量技术，使油、气、水计量仪表、设备达到计量准确；推广阴极保护防腐和污水“三防”技术。

炼油方面，大力提高炼油工艺及催化剂生产技忙水平；推广应用稀土分子筛裂化催化剂、双(多)金属重整催化剂和高效加氢催化剂，开好加氢裂化装置；进一步提高石油产品质量，发展新品种，革新产品系列；研究和推广节能技术；普遍推广常减压蒸馏改造技术、催化裂化能量回收和一氧化碳助燃剂，提高加热炉、锅炉热效率和蒸汽利用率，石油产品综合商品率提高到 92. 5%；提高“三废”治理水平。

共布置 41 个研发项目，计划科技投入 11 亿元(含科研基础 6 亿元、事业费 1 亿元)。

四、1986—1990 年石油工业“七五”科学技术发展规划纲要

1985 年中共中央提出“经济建设必须依靠科学技术，科学技术必须面向经济建设”的方针，为科技发展起到重要的推动作用。石油工业提出在 20 世纪末实现石油工业 3 个战略性目标：改变石油工业发展赶不上国民经济需要的状况；改变天然气生产的落后状况，做到石油和天然气生产协调发展；改变石油科学技术发展与生产建设需要不相适应的状况，争取在主要工艺技术方面达到当时的世界先进水平。提出在勘探开发的主要工艺技术方面，达到 20 世纪 80 年代初的世界水平，并为后 10 年石油工业的大发展做好技术准备。到 1990 年要实现 4 个新水平，实现 12 项配套技术，抓好 12 项储备技术，突出了技术的集成应用和引领作用，边排思路有所创新。4 个新水平具体包括：

（1）油气资源勘探新水平。在全部实现地震勘探数字化的基础上，提高三维、特

殊处理技术等水平，发展垂直地震剖面，高分辨地震勘探、数控测井等新技术，普遍采用地层测试技术，加强石油地质基础工作和综合研究，发展石油地质理论，不断开辟油气勘探新领域，使我国地质勘探技术达到80年代初的世界水平。建成大、中、小相结合的计算机处理系统，全面实现地震工作数字化，资料处理能力达到26万千米，使96道以上的地震仪占90%，全面实现24次以上的多次覆盖，队年平均率达500千米以上；三维地震、垂直地震剖面、横波地震等新技术配套形成能力。到1990年数字测井队达到60%，在复杂油气水层的解释技术方面，达到80年代初斯伦贝谢公司的水平。

(2)钻井技术新水平。推广优选参数钻井，1990年全国队年进尺超过1.5万米(平均井深2000多米)。基本配套定向井、丛式井工艺技术，具备一个井场能钻15口井、井斜大于40°、最大水平位移1.2千米的能力。掌握保护油层的钻井、完井工艺技术，减少对油层的污染，充分保护油层的产能。在进行钻进地层矿物成分分析、地层孔隙压力、破裂压力预测的基础上，采用计算机进行钻井工程设计，优选钻井参数，使钻井进入科学化阶段。

(3) 油气田开发新水平。着重解决：寻找剩余油饱和度富集带的方法和技术；合理布置加密调整井，提高储量动用程度；调节层间和平面水淹状况，提高波及系数；主要开发阶段采出原始可采储量的75%~85%。掌握断块早期高速度开采和区块产量接替的滚动开发工艺技术，使小断块单井稳产3~5年，单个区块稳产6~7年。“七五”前两年，1000米井深蒸汽吞吐技术，达到配套工业化程度；1600米井深蒸汽吞吐技术过关，基本配套；基本掌握稠油油田的蒸汽驱技术；提高低渗透油气藏储量动用程度，将开采速度提高到2%。

(4) 油气田建设新水平。新建油田实现油气集输常温密闭、多级分离、连续计量等新工艺；采用高效分离器、加热炉和注水泵等高效设备，实现天然气利用率、油气处理率、污水回注率3个百分之百；已开发油田油气损耗由目前的2%降到1%以下；研制高效分离器、天然气压缩机、膨胀机、新型高压注水泵等，将泵效提高到75%~80%。

五、1991—1995年石油工业“八五”石油科技规划

“八五”期间，中国石油天然气总公司遵照中央“稳定东部、发展西部”的战略方针，和“科学技术必须面向经济建设，经济建设必须依靠科学技术”的科技发展方针，以10个重大攻关项目、10个配套技术项目、10个应用基础项目，共30个重大项目为龙头，带动陆上石油工业科学技术的全面进步，以保证油气勘探开发生产建设总体实力和水平的提高以及增储上产任务的实现。

奋斗目标是：

(1) 积极采用先进而适用的技术，加强科技成果向生产力转化的中间环节，使石

油系统科技成果转化率达到60%。

(2) 加大技术改造和装备更新的力度，有计划、有步骤地更新改造现有的地震队、测井队、钻井队、作业队、施工队伍的科研装备，并通过直接引进及国内研制开发等办法，解决浅海、沙漠、深井以及高强度、抗高温、耐腐蚀、适用特殊恶劣作业环境的材料和设备。

(3) 选择近期生产急需的重点项目，组织好国家级、总公司级和企业级三个层次的攻关研究，不断增强行业的科技实力，达到基本具备自主解决石油生产建设关键技术的能力。

(4) 积极开展与国外的技术合作与交流，开拓国外技术市场，扩大技术出口，在参与国际竞争中提高我国的石油科技水平。

(5) 理顺科技进步体制，深化科技体制改革，较大幅度地增加科技投入，统筹协调好两个“五位一体”，即：科技攻关—技术改造—新技术推广—引进与消化吸收—技术培训—体化；研究—设计—制造—推广—服务一体化。

“八五”的目标更加清晰地体现了规划的整体性、系统性和实效性。

“八五”石油科技规划提出了科技进步的5个战略任务：

(1) 从稳定东部的目的出发，用新的理论、新的方法深化东部成熟区的勘探，向油气新层系、新领域、新类型地区进军，保持东部地区储采比比例平衡；重点解决老油田注水后期难动用储量的开采技术，减缓油田递减，保持油田稳产，发展三次采油技术，提高油田最终采收率。

(2) 加快发展勘探开发技术。根据“两新两高”的要求，在塔里木、吐哈等新区，广泛采用新技术、新工艺、新装备、新材料，开发上建设一流新油田，勘探上早日得手大油气田。

(3) 加快发展天然气工业。以陕甘宁盆地和四川盆地为重点，加强综合研究，建立和发展适用于天然气藏特点的勘探开发配套技术系列，确保“八五”期间天然气储量比“七五”翻番。

(4) 积极准备渤海海湾及浅海海域油气勘探开发的特殊装备与工艺技术，力争在运载和牵引装置、移动式浅海钻井平台、桩基沉井式试验人工岛等方面有所突破。

(5) 发展油气加工和综合利用等下游技术，以稠油加工、轻烃利用、油田化学剂为起点，重建总公司系统的下游产业。

从科技需求、科技方针中提炼出科技战略并以此指导30个重大项目的研究方向，是规划编制的又一个进步[2]。

六、1996—2000年中国石油天然气集团公司“九五”科技规划

“九五”科技发展规划贯彻了全国科技大会精神，“大科技”的指导思想，即科技攻关和新技术推广全面安排，还有一个显著特点是把科技目标具体化和考核指标定量化。

发展目标有如下5项内容：

(1) 勘探、开发的理论和技术实现7项国际前列水平、16项国际先进水平。

国际前列水平包括：陆相生油、低熟油及煤成烃理论，陆相油气藏成藏规律，陆相储层模式，砂岩油藏高含水后期提高水驱采收率配套技术，多层砂岩油藏聚合物驱工业化应用技术，复合驱油技术，低渗、特低渗油藏高效开发配套技术。

国际先进水平包括：油气储层地球物理模型应用基础研究，多波多分量地震勘探技术，测井成像技术，低渗透油藏渗流机理研究，胶体与界面化学在三次采油中应用基础研究，全三维水力压裂机理研究，稠油、超稠油开采新技术，水平井(侧钻水平井、多底井、大位移井)开发各类油气藏配套技术，探井保护油气层技术，小井眼钻井与采油配套技术，强化稳定井壁的机理研究，石油管材及装备失效规律，油、气、水混相输送技术，液—液旋流分离技术，滩海工程技术，勘探开发计算机应用技术[3,4]。

(2) 成果应用率达到90%，成果转化率达到60%，新技术推广的投入产出比达到1∶5。

(3) 以改善各类油气藏开发效果、提高采收率为核心，科技增效15%。

① 改善各类油气藏开发效果，预计：东部老区水驱采收率提高3%以上；聚合物驱提高采收率10%；低渗透油藏提高采收率5%；稠油热采油藏提高采收率10%；天然气开采提高采收率10%~15%；增加可采储量2.0亿吨，科技增油1000万吨。

② 在技术进步基础上，钻井平均机械钻速提高30%，队年进尺提高30%。

③ 一批单项技术增效10%~20%。小井眼钻井技术，降低钻井成本15%~20%；老区利用侧钻井、侧钻水平井加密调整，降低钻井成本15%~20%；无油管、螺杆泵采油工艺配套推广，减少投入30%，节电30%；聚合物驱注入系统国产化，降低投入15%；旋流油水分离、污水脱油技术，油气地面处理系统投资降低25%；油气混输、单管环形集输、软件计量等，减少投入10%~20%，降低自耗气20%~30%。

(4) 培养跨世纪科技人才。

① 总公司建成一支5000人的高效精干科研队伍，其中博士和博士后达到5%，硕士达到50%。

② 技术开发及工贸人员中硕士达10%，大学本科达60%。

③ 担任总公司、企事业两级课题组长以上的科研骨干中，青年比例达80%。

④ 科研机构领导班子中，中青年干部比例达50%。

⑤ 建立一支以中青年为骨干的，梯次结构合理的500名跨世纪学术、技术带头人队伍。

(5) 科技进步贡献率达60%，总公司整体科技水平达到国际90年代中期水平，整体科技实力进入世界十大油公司行列。

“九五”科技规划安排了50个科技攻关项目，其中应用基础研究12项、应用技术研究38项。通过新技术推广，科技成果的应用率超过80%，科技成果转化率超过

60%，新技术推广投入产出比超过1：5，年创效益超过20亿元，技术市场年交易额突破10亿元，高新技术产业年产值超过100亿元。规划确定的系列考核指标对科技攻关和新技术推广起到规范和约束作用，这些指标在成果验收、鉴定中已作为主要的对标考核依据。

七、2001—2005年中国石油天然气集团公司“十五”科技发展规划

“十五”总的目标是：集中攻克一批重大关键技术，探井成功率在“九五”基础上提高5%，原油采收率提高2%~3%，为新增石油探明储量20~24亿吨、新增天然气探明储量7000~8000亿立方米、原油年产量达1.2亿吨、天然气年产量达340亿立方米、原油成本比“九五”末期下降15%~20%提供技术支持；炼油化工整体技术指标达到国内先进水平，部分领域达到国际先进水平；工程技术实现跨越式发展。科技贡献率2005年达到55%。共安排44个重大项目，其中基础、前沿项目11项。“十五”期间进行了科技体系的结构调整：第一层次为前沿技术的创新基地(重点实验室)；第二层次为集团公司技术开发和新产品开发基地；第三层次为油田及炼化企业技术开发和产业化基地[5,6]。

“十五”期间，按照中央科技体制改革的总体部署完成了石油院校归属调整，加快了院所转制步伐，全面推行课题制管理。

八、2006—2010年中国石油天然气集团公司“十一五”科技发展计划

“十一五”期间，集团公司共安排重大科技项目60项，其中，重大技术攻关项目20项，重大现场试验项目10项，研发设计制造产业一体化(RDMC)项目5项，超前储备技术项目10项，集成配套技术推广项目15项。

根据集团公司的总体计划安排，股份公司根据其业务和发展的需求，编制了《中国石油天然气股份有限公司“十一五”科技发展规划》。2007年年底，集团公司科技发展部、股份公司科技管理部实现整合，对集团公司和股份公司科技工作实现统一管理。两个科技部门整合后，组织了后三年科技计划的调整。重大科技项目由集团的60项和股份公司的30项整合为50项。按照项目类型安排：重大技术攻关项目20项，重大装备研发制造与现场试验项目10项，超前储备技术项目10项，集成配套与技术推广项目10项。规划强调要在“重点攻关应用技术”“普及推广适用成熟的应用技术”和“跟踪研究世界领先技术”三个方面突出重点。通过“十一五”科技发展计划的实施，要拥有一批国际先进技术，缩小与国际先进水平的差距，进一步提高集团公司的科技创新能力。

指导思想是：坚持“自主创新、重点突破、应用集成、开放研究、完善体系、整体推进”的原则和主营业务战略驱动的科技理念。

科技发展总体目标是：科技创新体系进一步完善，科技自主创新能力大幅度提升，继续保持在国家石油科技创新体系中的主体地位，科技实力位居中央企业前列。科技攻关取得重大突破，技术竞争力显著增强，形成20项具有国际先进水平的重大关键技术，有效支撑公司主营业务又好又快发展。发明专利获授权量年均增长20%[7-10]。

计划形成20项国际先进水平的重大关键技术：新一代石油地质理论、岩性地层圈闭识别预测与综合评价技术、复杂地表和复杂构造建模与成像技术、物探数据处理解释一体化软件、近钻头地质导向钻井系统、复杂结构井与欠平衡钻井技术、EILog成像测井系统、油气藏精细描述技术、弱碱体系复合驱提高采收率技术、老油田二次开发配套技术、中深层稠油油藏SAGD开发技术、特低渗透油气藏开发配套技术、复杂天然气气藏高效开发技术、大口径长输油气管道施工与运行配套技术、低丰度煤层气开采工艺配套技术、清洁汽柴油质量升级技术、重油悬浮床加氢裂化组合工艺技术、催化裂化催化剂及增产丙烯技术、聚烯烃及合成橡胶生产技术和特大烟气轮机与配套装备技术。

经实施，全面实现了科技发展目标，取得了重大进展，获得了48项重大科技成果，包括：20项具有国际竞争力的重大核心配套技术，13项重大装备和软件，15项取得重要进展的重大关键技术。获国家专利8318项，发明专利1012项。共获得国家科技奖励41项，其中，获国家科学技术进步奖特等奖1项、一等奖2项、二等奖33项，国家自然科学奖二等奖1项，国家技术发明奖二等奖3项，国际科技合作奖1项。

九、结语

通过对上述58年11个五年计划中国石油科技发展规划的制定和执行状况进行跟踪评估，结果证实，无论是国家战略要求，还是石油系统本身制定的科技发展规划，都清晰地反映了我国石油科技进步的脉络：

（1）规划确定的方向明确、执行有力、效果好，基本达到预期目标。

（2）主体技术每五年上一个台阶，紧跟世界步伐，并在不断形成自己的特色。

（3）规划方法与组织实施逐渐严格、科学，科技战略研究逐渐深化，规划措施也日趋具体明确。

上述的科技发展规划充分表明，它们是石油科技发展的基本纲领，是科技发展方向的重要抓手和顶层设计的重要基础。因此，应该对其进行深入研究，精细制定，并严谨实施。

近年来随着各级部门对规划重要性认识的提高，编制方法也在不断完善，执行的严肃性也在不断提高。

愿石油科技在新的科技发展战略规划指引下，取得更加辉煌的成就。

参 考 文 献

[1] 杨婧，房琳琳．共和国7个科技规划回顾[N]．科技日报，2006-01-08.

[2] 傅诚德．“八五”石油科技要览[M]．北京：石油工业出版社，1997.
[3] 程希荣．贯彻第五次科技大会精神落实“九五”科技发展目标[J]．石油科技论坛，1996，15(4)：10-18.
[4] 傅诚德．“九五”石油科技要览(1996—2000)[M]．北京：石油工业出版社，2006.
[5] 关玉明．把推动自主创新摆在科技工作突出位置[N]．中国石油报，2005-11-29.
[6] 傅诚德．开拓创新发展科技为集团公司降低成本提高效益作出贡献[J]．石油科技论坛，1999，18(3)：13-23.
[7] 傅诚德．“十五”石油科技要览(2001—2005)[M]．北京：石油工业出版社，2010.
[8] 石卫．中国石油确定今年科技重点[J]．国外测井技术，2010，(2)：5.
[9] 袁士义．加强自主创新推进科技进步为建设综合性国际能源公司提供强有力地技术支撑[J]．石油科技论坛，2009，28(4)：2-6.
[10] 袁士义．确保“十一五”科技发展目标的实现为公司较快平稳可持续发展提供技术支撑[J]．石油科技论坛，2010，29(2)：1-4.

(本文刊登于《石油科技论坛》2014年第6期，合作者：李希文、孙宴增、高正原)

中国油气资源新世纪展望

石油和天然气作为世界上主要的能源和优质化工原料，是当今社会经济发展最重要的生产力要素之一。目前，世界能源消费结构中石油和天然气占世界总能源消费的62.9%，石油的供需状况不仅在很大程度上直接影响着一个国家的经济稳定和安危，而且往往成为影响一个地区，以至全球政治、经济秩序的重要因素。正因为如此，世界各国都把发展石油和天然气、保持和增加对其的拥有量和占有量作为重大战略问题，倾注大量的人力、物力、财力甚至军力，以确保国家的运行和发展。

近年来，中国经济建设加速发展，对油气的需求迅速增加。1993年开始中国再次成为原油进口国。2000年进口量已达到7200万吨，付出外汇约150亿美元。石油对中国经济的重大作用及影响不言而喻。

世界和中国到底有多少油气资源，中国的石油天然气能够用多久？这一问题正日益引起上至国家领导人、下至平民百姓关注。一些人认为石油和天然气属于不可再生的资源，根据目前的剩余可采储量和年产量，到2017年左右中国的石油就会枯竭。事实上这种认识并不符合客观事实。经研究表明，2010—2017年仍是中国的高峰发现期。中国的油气资源具有巨大的发展空间，而且随着科学技术的进步，必将展现更加美好的前景。

一、世界油气资源的发展历程

从1940—2000年权威地质研究机构对世界石油资源作出的32次评价可以看出：60年前普遍认为世界原油的资源量为500亿吨，而现在大多数石油专家认为全球原油总资源量达4000亿吨，甚至有的专家认为全球资源总量达6000亿吨，这个数字扩大了约10倍(图1)。世界石油大会对全球石油资源量的预测为2389亿吨，到了2000年16届世界石油大会给出的这一数字为4138亿吨，仅仅15年时间全球石油资源的预测数据就几乎翻了一番(图2)。1980—1999年的20年间，全球年产油量基本保持在30亿吨左右，其间累计采出原油600多亿吨，而世界石油剩余探明可采储量1980年为880亿吨，到1999年不但没有减少，反而增加到1386亿吨，可谓是“越采越多”。目前世界新增可采储量仍处于上升阶段。

20世纪60~70年代由于世界石油储量短缺，就曾经流行石油工业很快将走入穷途的预言，石油供应很快就将枯竭的悲观论调助长了70年代的油价上涨。然而，1970年以后世界石油工业的发展史完全否定了这种悲观论调。在1971—1996年的26年里，世界石油总产量为806.4亿吨，但新增储量达到1610亿吨。到1997年年初，全球石油探明储量已由1971年的729.4亿吨上升到1537.2亿吨，储采比由28.3年提高到43.1年。世界油气资源并未按60—70年代的预测而逐步进入短缺时代，而是在供需平衡中稳步前进。中国含油气盆地的勘探程度总体低于世界水平，在这样的背景下，盲目的悲观论调是没有根据的。

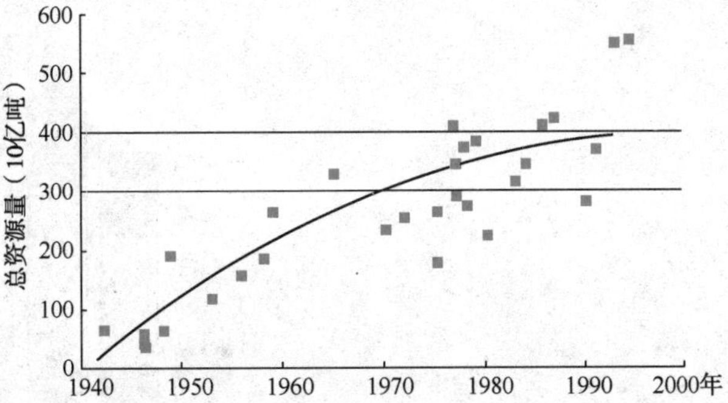

图1 全球不同时期总资源量

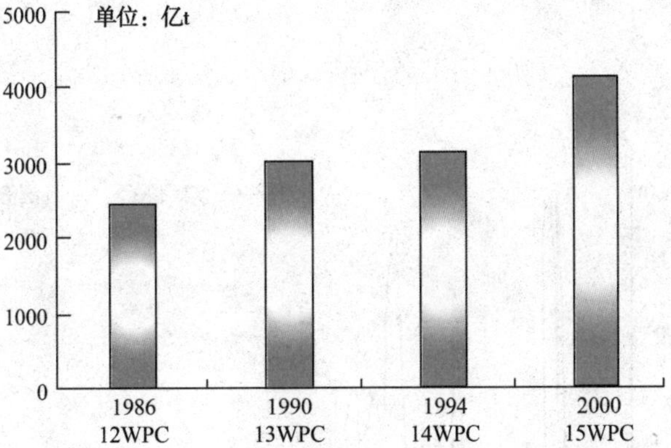

图2 近几届世界石油大会对世界石油资源量的预测

二、中国油气资源的发展历程

中国石油工业的发展史，同世界石油工业的发展具有类似的特点：20世纪初，一些外国学者认为中国陆相地层贫油，得出了“中国贫油”的结论。但是，中国石油工业历经半个世纪的地质勘探，表明中国含油气盆地面积大、沉积岩厚、分布广泛，其中蕴藏着异常丰富的油气资源。这些外国学者之所以得出“中国贫油”的片面认识，究其原因是因为当时中国地质勘查程度还很低，石油地质特征和地质构造尚未查明。这说明随着认识的发展，油气资源量也会不断变化。正如那句有名的话“石油首先是地质学家的头脑里被发现，然后才会在野外被发现”。

从图3可以看出，1922年中国石油资源量为1.75亿吨，2000年增加到1021亿吨。

随着科技进步和工作量的增加，资源量在不断向着增加的方向发展。图4给出了全国石油年探明储量增长趋势及预测，从图中可以看出资源量仍处于不断上升阶段。根据综合预测，到2010年左右探明储量才可能达到峰值。

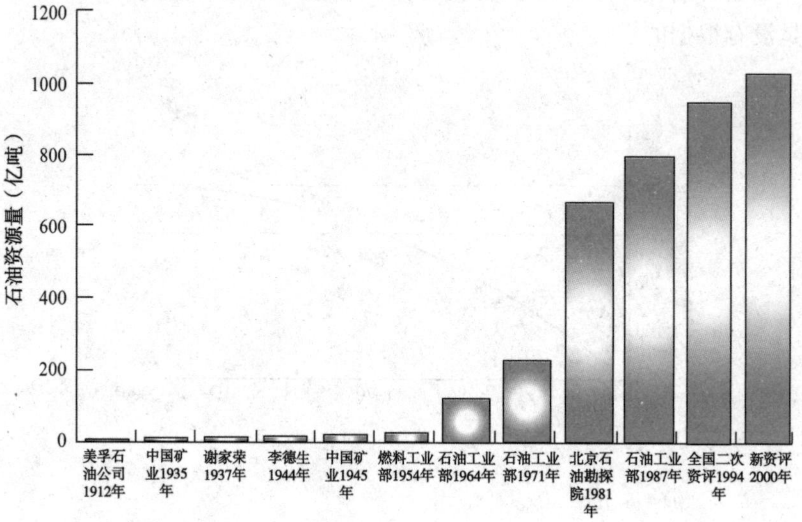

图3 中国石油资源量的历年评估

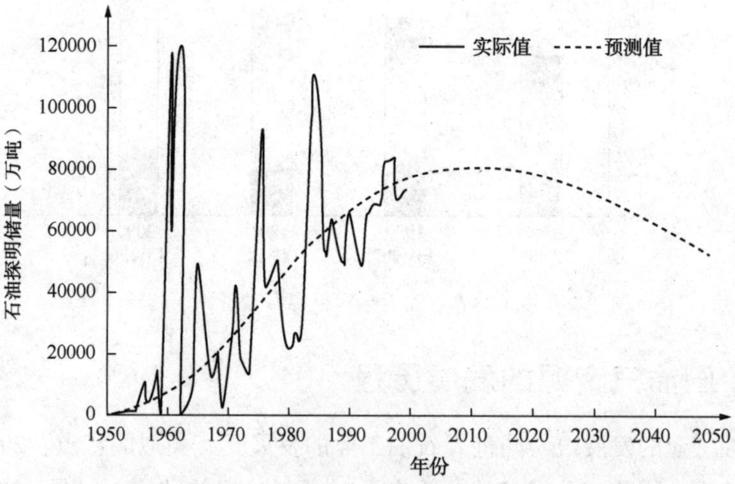

图4 中国石油年探明储量增长趋势

三、中国油气资源丰富

1. *石油*

中国石油资源丰富，据1944年结束的第二次资源评价，中国有石油地质资源940亿吨，其中陆上为694亿吨，占73.8%，海域为264亿吨，占26.2%。目前，对中国最终可采储量数的认识不是很统一，若按中国的最终可采储量为140亿吨计算，2000年年产量1.66亿吨。2005年可望达到1.85亿吨，随后达到2亿吨的峰值稳产并开始缓慢递减。基于中国的剩余可采储量数和新增可采储量的速率，在2010年左右将达到储采平衡，剩余可采储量开始加快递减，若继续按年产2亿吨计算，也可持续生产70年以上。在此，我们是根据20世纪90年代后期的经济技术水准来认识问题的。实际上，随着时间的推移，勘探开发工作的深入，技术的进步，采收率的提高，认识的深化，最终可采储量数必定会大幅度增长。

2. 天然气

中国拥有丰富的天然气资源量，据第二次资源评价，天然气地质资源38.14万亿立方米。其中陆上为29.9万亿立方米，占78.1%，海域为8.14万亿立方米，占21.5%。目前，中国天然气剩余可采储量为1.58万亿立方米，比1990年的0.24万亿立方米提高了数倍。据翁氏旋回预测，2001—2010年天然气新增探明储量将达到2万亿立方米以上，2011—2020年新增探明储量2.64万亿立方米，平均年新增储量2640亿立方米。2000年天然气年产量为265.4亿立方米，储采比为79：1. 已具备年产600亿立方米以上的生产能力。若按天然气年产量600亿立方米计算，开采100年才6万亿立方米，所以，中国丰富的天然气资源为中国21世纪的天然气开采提供了雄厚的物质基础。

四、中国油气探明程度依然很低

中国油气资源丰富，各类沉积盆地超过500个，沉积岩发育面积达670万平方千米。其中面积大于200平方千米，沉积岩厚度超过1000米的中新生代盆地达420多个，总面积约530万平方千米。已经发现的陆上油气资源量主要集中在松辽盆地、渤海湾盆地、中西部3个地区。就目前全球来看，常规油气资源的探明程度分别为80%和60%，而中国的常规油气探明程度分别为40%和7%，远低于世界平均水平，说明还有大量的油气资源有待我们去发现。

目前中国含油气盆地的勘探程度基本上处于早、中期阶段，一般来说世界主要含油气盆地是勘探早、中期达到油气田发现和储量增长高峰后，随着勘探深入，发现越来越少，储量增长呈持续下降趋势。但是，中国多以多构造层系叠合盆地为主，经过多次构造活动，不同类型盆地叠加、改造形成，表现为源岩储集层系多、运聚期次多、油气分布复杂。加之陆相含油气盆地本身的复杂性，形成一方面中国油气资源丰富，另一方面油气在平面上和层系上分布不集中的特点，这就使得认识过程可勘探过程是逐步深化，呈阶段发展的。这种特定的石油地质特点，决定了储量增长的阶段性和复杂性。

中国非常规油气资源如稠油、沥青、焦油砂和油页岩、煤层气、致密砂岩天然气、深盆气、天然气水合物也非常丰富，据估计其总资源量大大超过常规油气资源量。有人预测，中国的煤层气资源量为31万亿立方米，深盆气资源量为24万亿立方米，天然气水合物也十分可观。随着科学技术的进步，这些非常规资源可在21世纪不长时间转变为常规的经济可采资源，大大扩展中国的油气资源量空间。

五、中美石油工业发展历史对比与启示

比较是进行油气资源研究中常用的方法，美国石油工业的发展就可以给我们提供很好的借鉴。从控制油气藏的沉积岩面积来看，美国为660万平方千米，中国为424万平方千米，相差不大。从构造条件来看，美国有多种类型不同构造发展史的含油气盆地，而中国的含油气盆地地质背景更是丰富多彩。据估计，中国的总可采资源约140亿吨，美国约496亿吨。所以不论是从油气分布规律，还是从资源量的增长过程来研究问题，都可以从美国找到许多值得借鉴的地方。

美国是世界上最早工业化开采油气的国家之一，虽然经历了近1个世纪的大量勘探开发，美国目前仍有相当丰富的油气资源，产储量在全世界名列前茅。长期以来，美国石油储量的增长情况和产量的变化基本上是一致的。20世纪60年度中后期以前，每年所获得的可采储量(包括新油田、新油藏、老油田扩边、增产措施、提高采收率方法的实施和重新核算等各方面所获得的可采储量)一直是上升的。新增可采储量高于原油产量。20世纪70年代以来，每年所获得的原油可采储量才略呈下降趋势，至1988年，当年获得的探明储量仍为3.332亿吨，剩余探明储量为38.164亿吨。这还与美国严格的环保政策导致许多石油公司转向海外有关。否则这个数目还会更大。如果说美国的石油勘探已经处于成熟期，是百岁老人的话，那么，中国的石油工业，如果从大庆油田的发现真正拉开大规模勘探开发的序幕的话，才只有40来年的历史。美国目前的钻探程度为8口/100平方千米，而中国的钻探程度目前仅为4.7口/100平方千米。

美国石油工业的发展经历了曲折的认识过程，中国拥有丰富的油气资源和复杂的地质条件，必定也会经历曲折的认识和发展过程。当中国的石油工业也步入百年之列时，必将也如今日的美国石油工业一样方兴未艾。

六、展望与策略

就世界范围来看，目前石油和天然气资源仍然十分丰富，而且剩余可采储量仍然不断增加。中国蕴藏着丰富的石油资源和极丰富的天然气资源。即使按目前的认识水平和技术水准，石油资源也仍然处于不断的上升阶段。随着勘探开发工作的深入，科技的进步，油气可采储量必定会大幅度地增长，中国的石油工业仍然会继续蓬勃发展。

油气资源的增长靠的是科技进步，美国著名石油地质学家笛克曾总结道：“我们运用老思路经常能在新区内发现石油，同样，有些时候我们运用新的思路能在一个老油区内发现新石油。但是，在一个老区内运用老思路就很少能发现大量石油。在过去年

代里，我们曾经认为无油可找，而实际上，我们只是缺乏新的思路而已”。技术对石油工业发展的影响是巨大的，正如美国《商业周刊》1977 年 11 月刊文所说：“当前世界石油工业出现了一种完全不同于我们原来所预想的情景：石油资源没有枯竭，石油价格没有疯涨，石油危机也没有重现，这一切都应归功于科技进步”。所以，发展科学技术，依靠科学技术必将是中国石油工业继续发展的根本之道。

（本文刊登于《世界石油工业》2001 年第 4 期）

加强基础研究增加科研后劲

建国以来，特别是改革开放以来，我国石油工业迅速发展，48 年的石油工业发展史就是一部科技进步史，经历了重大发现、快速增长、稳步上升三个阶段。小平同志说：科学技术是第一生产力。科学是“认识世界”的范畴，技术是“改造世界”的范畴。人们把科学和技术的关系比喻为根和叶的关系，根深才能叶茂。也有人把科学比喻为技术的燃料，把技术比喻为生产力的发动机，生产力的发展直接依赖于技术的进步，从深层次说是依赖于科学的发展。江泽民同志指出：“基础研究很重要。……基础研究的每一个重大突破，往往都会对人们认识世界和改造世界能力的提高，对科学技术的创新、高技术产业的形成和经济文化的进步，产生不可估量的推动作用。”国外的统计资料也表明，从 20 世纪初到 60 年代的重大科技成果，有 86%来源于基础理论研究的突破。

我国的石油工业 60 年代的陆相生油地质理论，70 年代和 80 年代的源控论、古潜山理论、煤成烃理论，90 年代的低熟油、天然气封存箱及天然气聚集区、聚集域理论，有力地指导了油气勘探的进程，地震测井、钻井、油田开采紧跟国际前沿技术，基本上是 5 年一代向前发展。在向高含水、深层、低渗透、稠油及沙漠、滩海、山地等复杂地面条件进军中，取得了一个又一个的新突破，获得了一个又一个的新成绩。

改革开放以来，总公司及油田企业都在不断加大科技投入，加快科技进步的步伐，“八五”期间共获得国家级奖励 200 余项。“八五”期间，1992 年度国家十大成就评选，总公司榜上有名。1995 年国家再次评选十大科技成就，选上总公司两项。1996 年国家计委评选“八五”对国民经济效益起重大作用的十项成果，总公司获 1、2、5、6 名，4 项成果被舆论界称为“石油现象”。在高兴之余我们也要冷静地看到差距和不足，国家科委设有三大奖：自然科学奖是奖励科学发现，发明奖是奖励技术发明，科技进步奖是以效益为主的综合奖励。“七五”“八五”的 10 年间，总公司获得自然科学奖 2 项，发明奖 22 项，落在许多工业部门之后。对应用基础研究的投入仅占 1. 7%。

仔细分析一下我们主体技术的发展道路，可以清楚地看到两个事实：一是技术发展周期是国外研究→国外应用→我们引进消化研究→推广应用，大约有 5 至 10 年的差距，技术的源头在国外，自己创新很少，没有形成知识产权的规模能力；二是具有中国特色的、国外买不来的地质规律、地质理论研究相对薄弱了，最有影响和效益的“源控论”出自 70 年代，而目前有大量的理论问题如针对中国多旋回地质特点、油气多次运移聚集及成藏理论、海相碳酸盐岩生烃理论、重油油藏成因聚集理论、无机成因理论、低渗透油藏的渗流理论等等，研究的力度不够，成果也不突出。这些问题应当引起我们足够的重视，随着时间的推移，勘探难度越来越大，越应当依靠理论的技术指导。要想在“十五”“十一五”大有作为，必须从现在起就要加大基础研究和前沿技术的工作力度，以增强我国石油工业持续发展的后劲，不断满足国民经济发展的需要。

（本文发表于《中国石油报》1998-1-17）

瞻望21世纪石油仪器的发展

【摘要】 在回顾20世纪中国石油石油工业发展形势的基础上分析了在充满机遇和挑战的21世纪石油仪器的发展形势。石油集团公司提出了“十五”和2010年石油仪器装备技术在地震、测井、钻井、采油、炼化方面发展的具体任务，以及为实现这些任务，指出在21世纪初，石油仪器的开发和研制中要坚持创新、突出重点，提高自有知识产权的比例，发展自己的特有技术、特别是要把因特网上海量信息更好地取舍和利用，将作为今后技术人员的研究课题。

新世纪的钟声就要敲响，两千年已经向我们走来，21世纪，将充满着新的机遇和挑战。新的世纪，新的机遇，千禧龙年也预示着集团公司将有更大的发展。新世纪里，集团公司石油仪器的发展也应有新的前景。21世纪初石油仪器的发展，应服从和服务于集团公司总体发展战略的原则，切实从集团公司的发展目标出发，优选对生产经营影响重大的关键技术，累集优势、铸造新品，为实现集团公司生产经营目标提供技术保障。

回顾20世纪，中国石油持续较快的发展势头已为今后的发展打下了良好的基础，展望21世纪初，石油工业还将有广阔的发展空间。从资源情况分析：我国原油产量已连续13年保持在世界第五位水平，今年预计生产原油1.6亿吨；原油一次加工能力达到2.6亿吨，年加工原油1.7亿吨，生产各类成品油1亿多吨；18套乙烯和相应配套装置的建成使乙烯生产能力达到420万吨以上。尽管我国石油工业一直以较快速度发展，但目前石油资源的探明程度只有5%。在已探明的储量中，石油剩余可采储量24亿吨，天然气剩余可采储量1.1万亿立方米，发展潜力很大。因此可以预计到21世纪初，我国石油生产仍处于上升时期，天然气生产更会有较快地发展，其增长速度将高于同期国民经济的增长速度。由于石油资源和市场在21世纪初会有广阔的发展空间，21世纪石油工业必将保持较快的发展。

在分析了我国石油工业的发展形势后，再来分析石油仪器的发展形势就会看到：21世纪初，石油仪器的发展势头和市场需求将会更大。石油仪器的发展与石油装备的发展是紧密相连的，而分析石油装备的发展又与石油装备的国产化紧密相连，我国工业发展过程中有两次大规模的技术装备引进：一次是50年代；另一次是80年代。人们普遍认为，前一次效果更好些。50年代的技术引进，极大地提高了我国技术装备的国产化率，而后一次引进，却使我国技术装备的国产化率有所降低。尽管两次引进的年代背景完全不同，但历史的经验值得注意。最近两年，国内产业结构处于全面调整中，举债推动产业升级的全面技术改造，也是扩大内需的一个重要措施。但是，据透露，几乎所有想要升级改造的企业，仍然把目光紧紧盯着国外，各种设备购买清单中，国外客商成了首选目标，本来是为了启动内需，却引来了“外需”。为此，今年年底，国家经贸委审时度势，及时提出了“贯彻落实国家利用财政债券贴息贷款的技改项目拉动国内装备工业市场，并结合技改项目实现装备国产化的设想。”具体措施有四个方面：

第一，要把加大财政贴息技改力度，有效拉动内需、实现装备国产化与国有企业改革、重点企业脱困紧密结合起来。

第二，机械系统自身的产业升级要重点研究。建议分三个层次考虑：在支持少数大企业和企业集团达到或接近世界先进水平方面，机械制造企业应做哪些工作，国产化能满足到什么程度？在支持一批有竞争力的骨干企业方面应做哪些工作，国产化能满足到什么程度？对于大多数企业的技术改造所需设备，应确保基本国产化。

第三，在技改项目的可行性研究报告审批时，其设备清单请机械局初审，凡国内具备生产能力，质量、水平、交货期能满足用户要求的，一律由国内提供，挡住不必要的进口。

第四，通过对这次贴息技改专项的分析，提出今后5~10年如何采用先进技术改造传统产业，并使其升级的标志性目标和措施。

国家经贸委副主任王万宾指出：首先，财政技改贴息是国家的重要举措，不仅要使重点行业的技术水平和生产能力达到产业升级的标志性目标，促进国内经济的持续发展，而且更重要的是要拉动国内需求，促进装备加工工业的发展，提高国际竞争力。因此设备国产化要提高到政治的高度加以认识其次，政府各主管部门要理直气壮地抓好国产化工作。凡是国内可以生产的必须国产化，部分可以生产的实现部分国产化，目前国内不能制造的关键设备，要通过技贸结合引进技术。

分析上述形势可以看出，石油装备的国产化给我们石油仪器发展带来前所未有的机遇，同时还给我们带来更大的挑战。

集团公司“十五”及2010年科技发展规划纲要中指出：集团公司在未来的发展中必须依靠科技进步，最大限度地提高勘探成功率、原油采收率、轻质油收率和产品质量，进一步降低成本，提高效益，增强集团公司在国内外市场的竞争实力。有了石油工业持续发展的基本形势，又有了国内国外的市场需求，石油仪器必将有一个新的发展，其发展目标应包含在上述的纲要规划之中。

在地震仪器方面，要研制和开发适应复杂勘探地域的无障碍遥测地震仪以及多波三分量地震仪器、叠前深度偏移仪器设备及相应软件。研制和开发新型24位遥测地震仪，平均无故障时间增至5000小时以上，市场占有率达到50%以上。研制和开发诸如卫星数据传输和网络等新技术在物探仪器上应用的可能性，继续开展高新非地震物探技术的研究，主要包括：

（1）研制和开发重、磁、电综合地球物理勘探方法及仪器。

（2）研制和开发高精度电磁法勘探技术及装备。

（3）研制和开发两分量变频建场测深技术和装备仪器。

（4）研制和开发勘探主频在500~600Hz的高性能井间地震仪器和井下设备；适应于深层、沙漠、山地等复杂地区的地震勘探仪器和设备。

（5）研制和开发具有低畸变指标的超级检波器、加速度检波器、陆用压电检波器、光纤检波器和适合高分辨率勘探的高频检波器以及数字化检波器。

在测井技术方面，研制成象测井仪器和设备、深层储层横向预测技术的仪器和装备。

迄今为止，全世界3个测井大国——美国、法国、俄罗斯都在大力推广使用成像测井技术、数控测井技术。为适应我国各种不同地质条件的需要，我国更应加快发展成像测井技术，提高数控测井仪的比例，使国产测井装备基本满足国内生产需要，并在国际市场上具有竞争力，还要加紧研制核磁共振测井仪、复电阻率测井仪、全频带电磁波阵列测井仪、声频谱测井方法及仪器、电缆式地层测试器等。

要进一步倡导研制和开发测井高新技术，通过创新研究，使我国测井应用基础研究及前沿技术接近国际先进水平，其研究内容包括：岩石物理性质研究、复杂介质波长的应用研究、岩石声—电效应机理研究和应用，非线性信号处理技术。

尽快研制和开发目前生产急待解决关键问题的仪器和装备，如：深层储层横向预测技术的仪器和装备，油气层识别测井仪器配套的复杂圈闭识别设备、剩余油饱和度测井仪器、高可靠性组合测井仪以及新型录井仪。

在钻井方面，重点研制新型随钻测井仪器、地质导向钻井系统、井眼轨迹控制仪器和装备，新型钻井多参数仪器和仪表。近代钻井的发展过程，大体上可分为三阶段，即经验钻井、科学钻井及自动化钻井阶段，钻井技术由经验至科学再向自动化发展，是近代钻井技术发展的必然趋势。

近年来，随钻测量（MWO）技术的进步，对于提高导向钻井精度，降低定向井、水平井钻井成本，保证钻井安全和加速钻井科学化和自动化进程均具有重要意义。下世纪初，随钻测量技术发展的重要特征是：①实时数据传输；②近钻头测量；③测量参数增加。其目标是在一口定向井（水平井）中使用一套执行机构，能连续、稳定、快速、准确地实现增斜、稳斜及降斜的井眼轨迹控制目标。此外导向钻井及自动化（闭环）钻井技术有可能成为下世纪初钻井技术的研究热点，并有可能为钻井技术带来重大技术进步，这里所说的闭环钻井系统是指有微处理器和井眼轨迹测量的系统（包括地层参数测量系统），预置的井眼轨迹参数被存储在井下微处理器中，井下钻井时，实钻井眼轨迹被井下测量仪器实时测量，并与预置的井眼轨迹进行比较，得到的偏差矢量去控制可控变径稳定器，使钻头向减少偏差矢量的方向钻井。导向钻井和井眼轨迹控制技术我们已经攻关多年，并仍将是新世纪初的重要研究课题。除以上技术外，常规钻井仪表在下世纪初也将会有较大的发展和市场需求：目前集团公司拥有钻机 680 台套，电驱动钻机仅 16 台套，MWD20 台套，钻井仪表占有率 5%。随着集团公司向国际化方向发展的势头，集团公司已在苏丹、埃及、伊朗、泰国、加拿大、印尼、乌兹别克、委内瑞拉、阿联酋等国家和地区进行钻井作业承包，为适应对外承包的形势需要，集团公司计划在 2005 年内使电驱动钻机达到 50 台套、MWD30 台套、钻井仪表占有率达到 30%以上。根据上述形势，钻井仪器仪表在电驱动钻机配套设备中，随钻测量仪表（MWD）以及新型钻井仪表方面都会有较大的市场需求。

在采油方面，要研制和开发高含水期测量剩余油分布规律的仪器和设备；有关化学复合驱、蒸气驱、聚合物驱技术的仪器和装备以及油田遥测、遥控自动化仪表。

鉴于我国陆相储层和油藏特点，我国油田开采应用了早期内部注水，提高油田排液量、加密井网等不断强化的技术过程。随着油田开发向后期演化，水油比急剧上升，油田生产的经济效益较差，油田开采主体技术的更新已逐步提到日程上来，新世纪初油田后期管理目标是：在取得合理经济效益前提下努力提高采收率。其关键技术之一是要探明剩余油相对富集部位才能进行措施优选，增强产量。因此，研究高含水期剩余油分布规律及开发的仪器设备是今后石油仪器在开发采油方面的发展重点。此外，提高稠油、低渗透油藏采收率技术的仪器设备以及有关三次采油特别是聚合物驱、蒸汽驱、复合驱技术的仪器和设备也是需要配套研究和开发。

集团公司目前有报废井 1 万多口，在近 10 万口生产井、注水井中，停产、停注井就有 1 万多口，这 2 万多口井中仍有相当的潜力待恢复生产，并可获得可观效益，采取老井侧钻和侧钻水平井可利用大部分原井套管和井口装置，是一项值得大面积推广的技术。目前由于成本高从而限制了此项技术的发展，因此，研制和开发制约水平井发展所需的专用井下仪器并尽快使其国产化，一定会大大加快此项技术的推广和发展。

在炼油化工方面，要向数字化、集成化、智能化方面发展，重点研制重油催化裂化、重油加氢成套装备所需配套的仪器以及提高以乙烯为龙头的化工产品的自动化控制水平配套的仪器和装备。

为实现上述目标，21 世纪初石油仪器的开发和研制要坚持创新、突出重点。技术创新需要有一个良好的规律环境。知识产权制度就是这一良好规律环境中最重要的组成部分，它对技术创新有激励、保护、启迪和促进作用。随着企业改制和即将加入世界贸易组织的双边协议，如何提高自有知识产权的比例，发展自己的特有技术是保证集团公司持续发展的重要一环，刊物工作应进一步宣传知识产权在技术创新中的作用，扩大对自有专利产品的宣传力度，为在集团公司创造完备的知识产权制度提供有力的保障。

特别注意的是，当前正在急骤扩张的因特网把海量信息瞬间传达到全球的各个角落，21 世纪初，技术人员将在个人水平上占有空前的大量信息，在众多的信息中，怎样更好地取舍和利用，将成为今后的研究课题，也是《石油仪器》杂志的重要议题。集团公司重组后，我们的科研外部条件确实经历着前所未有的变化，在基础条件逐步得到改善后，提出明确的目标和战略，创造促使创新思维产生的学术环境，吸引更多的优秀人才投身于石油仪器的研制和开发，也应是本刊的重要任务。当然学术创新的气氛不仅仅依赖于科学评论，不仅仅依赖于学术刊物，更依赖于所有科技人员长期不懈的努力。

在新的机遇面前，我们也将面临新的挑战，除了其他挑战之外，知识更新将是更大的挑战。21 世纪初，科技的发展势头、发展的深度和广度，使知识总量翻番正以前所未有的速度向前发展。所以说，学习跟不上就不行。知识经济就是在这么一种科技迅猛发展的条件下出现的，它要求我们对科学技术、知识经济进行再认识和再学习。“学习学习再学习”，新世纪之初，我重提这句老话，希望与大家共勉！

（本文刊登于《石油仪器》2000 年第 14 卷第 1 期）

跨国油气勘探开发科技发展战略

进入21世纪，世界油气资源的分配已经不再是一个国家或地区的事件，而是全球范围的经济和商业活动。

技术、资金、人才是石油工业发展的三大基本要素。

目前，我国仍然是发展中国家，资金还不够充裕，“走出去”参与国际经济和商务活动的时间较晚，国际化经营的人才还很缺乏，面对激烈的国际竞争，技术显得尤为重要和突出。随着中国加入WTO和经济的快速发展，外国油公司对中国油公司的技术封锁将不再是什么秘密武器。拥有自主开发的核心技术是我们油公司“走出去”、开拓和占领国际市场的坚强保证。

中国积累了50多年的勘探开发理论和技术，在跨国油气勘探开发中发挥了重要的作用。我们在苏丹1/2/4区项目勘探过程中形成的被动裂谷盆地的地质模式和成藏模式有效地指导了该国其他盆地和区块的勘探；在秘鲁和委内瑞拉老油田的开发中，“地质精细研究”为成功盈利立了大功；在哈萨克斯坦，对大型复杂碳酸盐岩油田的开发为我们今后应对类似油田积累了经验。

我们在海外油气勘探开发过程中，将会遇到许多在国内没有遇到过的难题。因此，必须结合当地的具体地质条件、油藏条件和地表条件，研发实用的理论和技术，在解决当地油气资源勘探开发问题的过程中，积累经验，以指导海外其他项目；同时，在海外积累的勘探开发理论和技术也可以为国内的油气勘探开发和生产建设服务。

一、世界油气勘探开发的趋势

美国《油气杂志》今年第一期发表的特别报告综合了15位资深编辑对2003年世界油气工业的展望。在报告的专业技术部分，他们集中分析了各主要领域的发展趋势。

1. 油气勘探

目前，世界上为寻找石油天然气资源出现了两个重要动向：一是以前不允许油气勘探涉足的地区正在开放；二是寻找油气目标的思路大大拓宽。

从20世纪90年代起，油气工业的活动领域就不断扩展。随着国与国之间边界争议问题的解决，2003年这一趋势将会继续。但是，美国却扩大了禁止勘探的区域，如墨西哥湾东部和北极自然野生动物保护区他们都不允许租用，墨西哥湾深水区近年逐渐失去魅力，美国的勘探钻井已接近历史最低水平。近10年，世界勘探思想十分活跃，今后几年那些目前看来“不可能”的问题将有更多的突破。地质学家霍尔布蒂说：勘探家们对微小圈闭不够重视，应当更多地研究那些“不太明显”的油气藏，如地层圈闭、不整合地层下的圈闭、与地貌特征相关的圈闭以及那些与构造相关的圈闭。当然，成功勘探不但取决于区域开放，而且取决于油公司和有关政府间能否在互利适当的财税体制上达成共识，以及政治稳定。在北美，最重要的勘探区是墨西哥湾深水和超深水区以及滨海陆上侏罗系和南德克萨斯的天然气藏。煤层气钻井对美国非常重要，涉及十几个盆地、十几个州；而洛杉矶地区的油气增储上产要靠技术进步。

在北美以外的重要探区有几内亚湾、西非中部近海、安哥拉大西洋水域、南美中部东海岸、西北欧洲大西洋水域、菲律宾—印尼—新几内亚群岛的分散区域、俄罗斯尚未充分勘探的盆地和大陆架等。值得注意的还有印度，26 个盆地中只有 7 个盆地生产油气，2001—2002 年的重大发现已引起世界关注。

2. 钻采技术

在新的一年，各个专业领域的技术都将有新的进展。油气钻井领域一直在寻找降低成本的方法。目前的关键技术已使钻井设计实现井眼更小、效率更高。如钻井公司用膨胀衬管解决意想不到的钻井问题。壳牌勘探开采公司运用所谓单一直径（MonoDiameter）技术，在一口井内下了 9⅝英寸衬管，完井时又在衬管内下了常规套管串，中间的套管为生产套管。今年该公司计划在墨西哥湾海上钻井首次使用该技术。无论是陆上还是海上，使用可膨胀管柱能节约材料、费用，并减少钻井对环境的不利影响。另外，用于深水浮式钻井设备上的表面防喷器，它可以减小井筒尺寸，使用较小、较轻便的钻机作业，把上述两种技术结合起来可有效降低钻井成本。利用可膨胀管柱、改进钻井液和改变钻井作业方式，有望取消或减少双梯度钻井。

油气开采方面的技术进步主要表现为解决具体问题，而不是开发通用技术。如稠油和沥青的开采，加拿大的蒸汽辅助重力泄油技术已在大量先导实验中证明了它的使用价值，注蒸汽需要钻水平井，蒸汽中加入天然气以混相烃驱油。委内瑞拉采用水平多分支井开采奥里诺科稠油，同时还利用多相泵、多相流量计，省去了井场上的油气分离设备。地质和油藏工程模拟有助于确定泄油孔和开采所需热量，从而在保证产量的前提下大大节约蒸汽用量。二氧化碳螯合技术将推动注二氧化碳提高采收率技术的发展。

在深水油气资源的开采方面，发展和利用较轻的张力腿平台，以适于更深水域的生产，使用干式采油树更便于井下作业，新开发的化学剂与电热解堵技术可防止水合物、沥青质、石蜡和污垢在集油管线内沉积。此外，还有用于深水水平井的防砂系统、井下监测控制系统。据统计，全世界有 100 多万口边际井，采用更有效的抽吸系统、强化修井作业和提高采收率措施，就能增加产量。用多分支井开采致密气藏可提高经济效益。

二、石油工业上游技术发展趋势

世界上游技术的发展主要由油公司和服务公司承担。随着世界大油公司的兼并和服务公司的整合，各自技术的发展重点有了明显的变化和分工。

1. 油公司更加注重新理念的提出和新区的开拓

世界石油上游技术的发展从偏重于“Research&Development”向“UPStreamTechnologYDevelopment”转变，油公司兼并而且把专业实验室等都出让或转让给大学和专业科研机构，特殊的和专业性很强的技术由专业公司去研发。从20世纪70年代初期到90年代初期，勘探和生产方面80%以上的研发费用是由11家油公司投入的。1999年的大兼并后，这些公司的数目减少到8家。油公司更加侧重于先进实用技术的选择和应用，更加侧重于新思维、综合和快速评价方法的研究，最大限度地提高经济效益。ExxonMobil公司是世界最大的跨国油公司，也是世界领先的地质科学和工程技术的开拓者。该公司依靠技术的进步使油气发现成本从20世纪80年代的3.8美元/桶下降到2001年的不足0.9美元/桶(图1)。

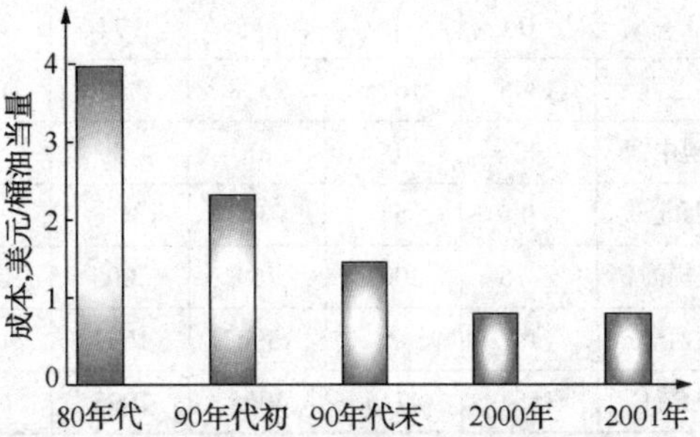

图1 ExxonMobil公司油气发现成本逐年降低

ExxonMobil公司的技术在降低油气发现成本中发挥了重要作用，该公司确定的上游七大技术(据公司网站)为：

(1) 地震采集、处理和解释：他们认为，提高精确确定地下岩石含油气的能力是从地震资料的优质采集开始的。为此，该公司正在开发从地表能够辨认地下油、气和水的能力。某些技术是从地震信息中提取的。正在探索和野外试验尚未接收到的地球的属性。一旦得到证实，这些新的能力将大大减少油气勘探中的不确定性。

(2) 流体包裹体：确定油气的生成、运移和在储集层中的聚集的能力对成功发现油气藏十分重要。流体包裹体是在地质时期形成并包裹在岩石中的气泡。通过流体包裹体的分析，可以确定油气是否在附近聚集，从而更有效地指导钻探，发现经济储量。

(3) 资源确定：收集和处理高质量的地震和钻井的资料是确定油气资源的第一步。然后综合各种资料，通过三维可视化让地质学家和工程师们一起进行资料的解释、资源量的计算和目标的优选，从而大大缩短资源评价活动的时间。碳酸盐岩储层所占的储量比例和砂岩一样，因此认识储层表征非常重要。通过公司专有技术来精细确定储层，为公司在碳酸盐岩发育区，如中东和里海的远景地区，提供极为有利的机会。

(4) 资源提取：用精确的油藏模拟来了解流体通过储集层的流动状态是管理油藏并使其价值最大化的关键。该公司已经完成了技术的开发。这为公司的油藏工程师们以最低的成本产出最多的油气提供了最好的工具。

(5) 天然气技术：该公司正在开发扩大天然气生产能力的技术。此外，公司的专有技术把天然气转化为更有利可图的液体为气田开发提供了更合适的环境。

(6) 油田开发：公司已经开发了一种方法，以制造用于海上油气生产、储存和卸载的船，这种船可以使用30年，船的生产成本降低了25%。这种方法比使用传统的造船技术制造深水生产和储存船更加有效、更加便宜、更加安全、使用的时间更长(表1)。

表1　世界深水花费(10^6美元)

	1998	1999	2000	2001	2002	2003	2004	2005	2006	2007
亚一太	0	0	365	174	71	410	610	702	406	384
巴西	1345	1675	2538	2220	1508	2805	3832	1852	2353	2589
地中海	42	0	0	0	198	213	87	207	299	233
西北欧	0	54	0	0	0	1	62	45	45	464
美国海湾	2176	3002	769	3005	2993	5290	3842	3791	2064	3377
西非	0	3	394	1694	1417	3237	4275	4550	4448	5462
合计	3563	4735	4065	7093	6188	11956	12709	11147	9614	12510

(据Don Lyle，Hart’s E&P，2003年1月)

(7) 工业化北极技术：工业化的北极技术能够更好地确定冰、海浪和地震的影响，从而使得萨哈林岛海上油田的生产系统的设计更安全，成本更低，对北极技术的基础的了解也是管线设计的关键。

2. 服务公司的专业性更强，具有垄断性

服务公司，包括地震、测井、钻井、采油等上游技术的专业公司，如Haliburton、Schlumberger等公司，业务范围更广、更专。服务公司的科技投入从20世纪90年代中期开始大幅度增加，从1993年的20%上升到2001年的39%，增加将近1倍。相比而言，油公司的科研投入在明显减少。

三、中国跨国勘探开发面临的技术难题

科学或技术上的重大突破，开拓一个或系列的新的重要学科领域，形成国际一流的理论和技术系列，都会在中国石油海外勘探生产中发挥巨大的作用，都会给中国石油海外经营带来巨大的效益，都会成为中国石油海外发展的支柱和推动力。根据我国石油企业的科研和生产经验，在今后的跨国勘探开发历程中，我们进入的领域可以划分为四类：陆上高风险和/或高勘探成熟地区、海上深水地区、重油储量高丰度地区和极地地区。不同地区面临的勘探开发技术需求是不一样的，因此需要的技术也是不一样的。

1. 陆上高风险地区的勘探技术系列

这里所说的陆上高风险地区的勘探，包括各类盆地中高风险区块的勘探。据近10年发现的大油气田统计，其分布，在大地构造上，以前陆/前渊盆地、褶皱带和裂谷盆地为主；在地区上，以中东和南美地区为主。海相碳酸盐岩大油气田虽然只有11个，但其储量却占76个大油气田总储量的1/3。中东—北非和中亚—俄罗斯地区的勘探正

是以碳酸盐岩油气田为主。因此，海相碳酸盐岩的勘探开发势必成为热点，而在这一方面恰恰是我们经验和技术最缺乏的领域。陆上的深层勘探随着钻井成本的降低变得更加有吸引力。盐下地震成像、储集层预测和深层高温高压地层的钻井、测井、完井是最大的技术难点。

2. 陆上边际油田的开发技术系列

陆上油田的开发，我们已经积累了丰富的经验和技术，但是有利的油田，资源国和/或油公司是不会出让给我们的。我们在海外可能获得的油田大多为边际油田，可能是低渗透、低压、深层、高含水等老油田，对于这样的油田，提高采收率、经济合理的开发是关键。为此，要加强多种钻井方式和采油工艺技术的研究。

3. 深水大油气田的勘探开发技术系列

深水是世界近 10 年来油气勘探的热点之一，并已取得一系列重大发现。至 20 世纪 90 年代初已发现海上油气田 1800 多个。海上剩余油气储量增长速度比较快，海上石油储量 1994 年占世界石油总储量的 25%，到 1999 年，就达到了 35%；海上天然气储量 1994 年占世界天然气总储量的 15%，到 1999 年就达到了 40%。海上原油产量从 1990 年的 8. 7 亿吨增长到 1995 年的 10. 6 亿吨，在全世界石油产量中的比例，从 26%上升到 36%。随着勘探开采技术的进步，海洋勘探从浅水区进入深水区，壳牌创造了水深 2286 米的钻井纪录。墨西哥湾海上、西非海域、里海成为世界勘探的主要热点。深水油气勘探开发对我国石油企业来说是一个重大的挑战，海上漂浮式钻井和地震采集处理技术是两大技术难题。

在未来的 5 年里，世界范围内将有 140 个深水油气田投入开发。油公司准备投资 210 亿美元于深水漂浮式生产系统，180 亿美元于钻井和海底完井系统，110 亿美元于集输系统，80 亿美元于海底硬件和完井系统。可以看出，未来 5 年深水地区将是一个非常重要的投资领域(表 1)。

4. 高寒地区的勘探开发技术系列

俄罗斯是我国跨国勘探开发的重要地区，其特殊的地理环境要求我们要做好技术的储备工作。俄罗斯的北极地区，包括巴伦支海东部、喀拉海、拉普捷夫海、东西伯利亚海和鄂霍次克海的西部，已经发现了世界级大型气田。一项研究表明，俄罗斯的北极沿岸地区可能拥有 450 亿桶油当量及凝析气和 770tcf① 气。Perrodon 等(1998)认为，这里拥有 100~200 亿桶油当量和 1400~1800tcf 气更为恰当。针对特殊的地理环境和地下地质条件，我们要有特殊的钻井技术。

5. 重油的开采技术系列

随着油气勘探程度的不断提高，油气田勘探和开发条件越来越复杂，常规原油地质储量增长速度将逐年变缓，而重油和天然沥青资源将在烃类能源增长中发挥日益重

① $1tcf = 283.17 \times 10^8 m^3$

要的作用，且具有替代常规石油能源的战略地位。重油和沥青砂资源是世界上重要的能源，目前全球可采储量约4000亿吨，是常规原油可采储量1500亿吨的2.7倍。随着常规石油的可供利用量的减少，重油将成为21世纪人类的重要能源(Stosur，1998)。加拿大的石油储量从2001年的66547.95万吨激增到2002年的2466041.1万吨，同比增加3605.66%，主要是计入了阿尔伯塔省大量的油砂矿储量。重油的发现成本很低，主要是作业成本，只要作业成本降到7美元/桶，就具有很大的开采前景。

6. 天然气的勘探开发技术系列

21世纪是天然气的世纪。中国近年虽然发现了一些大中型气田，但天然气的缺口仍然存在。世界大型跨国公司的天然气产、储量和效益在公司中占有很重要的比重。跨国勘探开发天然气，分享国际天然气资源，是确保我国经济发展和环境改善的一条重要途径。天然气的开发市场是十分重要的，我国天然气跨国经营的主要地区为中亚—俄罗斯地区、北非地区和亚—太地区。中亚—俄罗斯地区的天然气是我国“西气东输”项目的重要补充，北非天然气开发的主要消费市场在西欧，而亚—太地区天然气以LNG为主。天然气的钻井、测井和高效开发是勘探开发天然气的关键技术。

根据以上6大技术系列中存在的关键技术需求，选定10项技术作为国家、油公司、服务公司近期科技攻关的主要方向：

(1) 复杂碳酸盐岩的勘探开发技术；

(2) 资源—目标快速评价技术；

(3) 全三维地震的处理、解释一体化技术；

(4) 重油的开采技术；

(5) 特低渗透油田的有效开发技术；

(6) 天然气开发技术；

(7) 成像测井技术；

(8) 随钻测井技术；

(9) 大位移井的钻井技术；

(10) 深井、超深井钻井技术。

(本文刊登于《石油科技论坛》2003年第8期，合作者：窦立荣)

第四部分

科技项目设计及经济评价方法与实践

适合于战略性主体技术创新的“技术路线图”设计、管理方法，具有多学科交叉特点的集团公司重大科技专项抓住“关键技术”及“考核指标”，抓住“创新过程12个要素”，抓住“技术攻关”“配套完善”“规模应用”三种创新形式的成功经验。

技术路线图项目设计方法

【编者按】 技术路线图是近年来国际上兴起的一种对科学研究与技术开发项目进行管理的新工具和新方法。本文对于技术路线图所涉及的目标管理、里程碑管理、相关技术管理、项目首席科学家与团队管理等方面的具体内容进行了详细的介绍。技术路线图的核心是把一项新技术从发明和创新开始到工业化应用作为一个不可分割的标准研发周期来看待，把一项新技术的研究开发目标定格在该项创新技术的工业化应用和多项技术集成而形成新的生产力，把一个研究开发周期划分为若干阶段，即若干里程碑，把每个阶段(里程碑)的具体要求进行了详细规定。这一“定格”把这种管理方法的实用性提升到了一个新的高度。

随着我国科技体制改革的不断深化和科技工作国际化、市场化进程的加快，科学研究和技术开发的管理理念和思路也随之发生了变化。科研和生产的结合更加紧密；科研目的不再是重视技术的本身，而是注重实际应用；生产的发展对科学技术创新的要求也更趋紧迫；从技术原型创新开始到技术原型创新结束的“阶段研发”项目正在受到挑战和质疑；从技术原型创新开始到中间试验(现场试验)、工业化试验，再到市场规模应用的“全过程研发”项目正在迅速推行。

通过对国内外研发项目进行大量的调研结果发现，凡是成功的科技项目皆具有以下 12 条要素或 12 项通用标准，即：

(1) 立项需求明确，大需求可以出大效益，小需求或无需求成果应用难；

(2) 新技术研发的目标清晰，研发程序完整，创新点、发明点皆可从结构、工艺、原理等方面体现出新颖性、先进性，无争议；

(3) 核心技术拥有自主知识产权；

(4) 新技术研发完成后及时转入中间试验(现场试验)，试验符合规范，程序完整，验证、完善、发展了新技术原型，并获取了有关实施工艺的知识产权和技术经济指标；

(5) 中间试验(现场试验)完成后及时转入工业化试验，进一步完善、发展了新技术原型，并获取了有关实施工艺的知识产权和技术经济指标；

(6) 制定和完成了新技术的规范、操作规程和技术标准；

(7) 完成了新技术应用的骨干人员培训；

(8) 取得了规模效益，包括新产品销售额、替代进口所占的市场份额，使用后见

到增储增产(指油田企业)、节能降耗、降低成本的经济效益及环境、安全等社会效益;

(9) 获得了相应的奖励(获奖原因复杂，在此仅做参考);

(10) 相关配套技术实行了同步攻关，提高了综合技术水平和实现生产目标的能力;

(11) 不同阶段形成了不同的团队组合，研发阶段以研究院所专家为首席，中试、工业化放大阶段以研究院所、现场工程师混合编队，工业化试验和大规模应用阶段以主要企业领导为总指挥，并将新技术推广纳入企业重大生产部署之中;

(12) 实行了包括基础研究、技术原型开发、中间试验、工业化试验四个里程碑的全过程总体设计(也包括不同起始阶段的项目设计)，各研发阶段皆有好的转化机制。

据调查表明，凡是不成功的项目，其共同问题皆表现在12条要素的间断性和不完整性。

当前我们的一些企业仍有不少应用型研发项目把研发目标仅仅定在室内实验、探索规律或技术方法原型创新方面，缺乏中间试验(现场试验)和工业化试验的总体设计安排;也有不少企业层面推广应用项目的技术源头和高层次基础研究项目的主体技术不对应、不协调。管理和研发效能还有很大的提升空间。同属中国石油集团的企业，项目研发的“错位”和“闭塞”，除了体制原因外，还有一个重要原因就是缺乏统一的、按大系统的有效项目管理。

技术路线图是近年来国际上兴起的一种对科学研究与技术开发项目进行管理重要的工具和方法。该方法通过项目研发风险与可行性的深入探讨，直观显示规划(项目)目标以及过程的关键时间和关键点，为研发者提供较为准确的技术路线，为管理者提供指导、监督和评估标准。

该方法的实质是严格项目目标管理和质量控制，利用视图工具反映项目全过程及其相关因素的发展。通过全面了解并控制项目研发过程中关键因素的有效进展，保证研发项目的质量和效率。1990年以来，技术路线图在发达国家广泛传播，被政府、行业协会和企业大量应用于技术研发管理工作之中，现已成为全球化技术管理的有力工具。日本鹤井由佳2003年统计了世界46个典型的产业路线图，涉及石油、采矿、能源、医疗、农林等各大行业。这些产业路线图的文本平均为62.8页，研究设计绘制时间1.25年，达到最终目标时间为17.1年，平均每个工作组成员人数为84.1人。1990年以来，美国政府主导制定了200多个国家层面重大技术的技术路线图，指导了1000多家企业的发展。美国的一个大型半导体制造设备项目技术路线图跟踪组随时跟踪本领域世界先进技术的发展动态，适时确定自己的位置并决定下一步对策，每三周就要局部更新一次内容，“每18个月半导体集成度翻一番”的著名摩尔法则就是基于该路线图的一个表述，可见技术路线图对促进技术发展与产业发展的巨大作用。

技术路线图突出目标、里程碑、相关技术和首席与团队四个要素。

一、研发目标

1. 基本内容

研发目标是研发活动的归宿，基本内容包括技术水平，体现创新内涵的新颖性；技术经济指标，体现创新技术的先进性；应用效果，体现创新技术转化效能；知识产权，体现创新技术的排他性和竞争力。

项目目标包括含有以上四个基本内容的总目标和子目标，项目目标与课题目标、课题目标与专题目标，形成统一的、具有内在联系的系统。

2. 目标设计

国内外大型研发项目大体以 15 年为一个周期，不但有总目标，还须设立阶段目标。

(1) 应用基础研究阶段。

技术水平目标：通过室内试验及计算机模拟、综合研究，提出新理论、新的规律认识或观点；对已有的理论、规律认识的新发展；技术方法的新原理、新机理预期达到的技术(理论)水平。

知识产权目标：在国内外自然科学类有影响的刊物发表的论文、出版的专著数量。

技术经济目标：本项目拟指导形成的新技术原型，预期提高的技术经济指标。

效益目标：对推动本学科理论发展的作用和远期经济、社会效益。

(2) 技术原型开发阶段。

技术水平目标：研发的新技术、新方法、新软件的创新内容和预期的技术水平。

知识产权目标：预期形成的专利、专有技术和软件版权数量。

技术经济目标：通过室内实验验证拟达到的技术指标、经济指标。

效益目标：预期推广应用范围及经济社会效益。

(3) 中间试验(现场试验)阶段。

技术水平目标：技术原型通过现场试验完善性能，预期达到的综合技术水平。

知识产权目标：通过现场试验预期形成的专利、专有技术和软件版权数量。

技术经济目标：通过现场试验拟达到的技术指标和经济指标。

效益目标：预期该阶段试验区可获取的经济、社会效益。

(4) 工业化试验阶段。

技术水平目标：进一步扩大试验规模，形成的综合配套技术系列拟达到的技术水平。

知识产权目标：通过工业化试验预期形成的专利、专有技术和软件版权的数量。

技术经济目标：经工业化试验验证，拟达到的技术指标、经济指标。

效益目标：工业化试验区预期获得的经济社会效益。

项目总目标不是研究内容的简单相加，而是子课题目标的有机集成。

项目总体设计中，需完成从起始里程碑研发目标到最终实现工业化的目标的各阶段目标设计。

3. 确认研发目标需提供的文档材料、论证材料

一是文献调研和查新完成资料，并通过对比，确认研发目标的先进性。按照有关规定完成查新，并回答如下问题：是否有相同理论、认识和技术原理、技术原型的文献资料，是否有相关的发明、专利，并组织项目组成员进行技术经济指标比较和分析有关专利法律状态，确认研发目标的先进性。

二是提供“新技术原型与国内外技术对比的先进性”“新技术在结构、工艺、方法、流程等方面与同类技术对比的先进性”“新技术的主要技术经济指标与同类技术对比的先进性”“总体技术水平的定位与解释”“经济效益预测的方法和依据”“知识产权表现形式及对提升科技竞争力的作用”等六个方面的论证材料。

三是专题目标与课题目标、课题目标与项目目标分两级论证其技术组合关系与集成加合作用。

二、里程碑与研发程序

1. 四个里程碑的评价标准和成果表现形式。

石油石化行业的研发活动全过程可以分为四个里程碑，即应用基础（理论）研究—技术原型开发—中试（现场试验）—工业化试验的全过程，每一个阶段都有显著的标志和特点（图 1）。

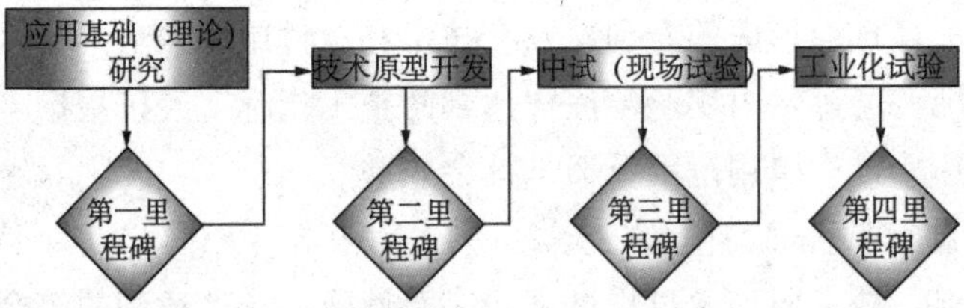

图 1　研发阶段流程示意图

（1）应用基础（理论）研究里程碑。

定义：应用基础理论是经过实践检验了的客观真理，是对某种自然现象（或社会现象）的系统说明，是一种创造性思维活动，应用基础（理论）的研究成果表现为概念、判断、推理、理念、观念、原理等理性认识，系统化的理性认识称为理论（未形成系统的理性认识只能称之为“发现了或建立了××新概念、新原理”等或完善、发展了××理论）。

评价标准：应用基础理论所凭借的事实材料必须真实、全面、系统，经过实践反复检验，并且能够重复运用；提出的假定性规定和预见必须进一步获得实践证明；形成的概念、原理等研究结果具有普遍性。

成果表现形式：实验观测报告、论文（核心期刊）、专著。

(2) 技术原型开发里程碑。

定义：根据新的技术原理，通过科学实验实现的技术发明。

评价标准：采用或建立了新的技术原理；结构、工艺、方法、材料、流程等与原技术相比具有显著的新颖性和先进性，并完成可行性方案；主要技术经济指标优于原技术。

成果表现形式：新工艺、新技术、新装备、新材料、新软件、新方法等。

(3) 中间试验(现场试验)里程碑。

定义：指对新技术原型进行规模放大以验证其技术原理及技术经济指标的科学性、合理性和可行性。

评价标准：符合中试批量要求的试验基础数据、图表分析结果；结构、工艺、方法、材料、流程与原技术相比的新颖性和先进性分析；与小试相比应用条件的改进与变化；技术经济指标对比分析结果：工业化试验所需数据包，工业化试验的设想方案(需得到工业化试验设计单位的认可)。

成果表现形式：中试试验数据与基础图表；中试试验研究报告；为新方法、新软件、新工艺、新工具、新流程的工业化试验提供参数和依据。

(4) 工业化试验里程碑。

定义：指在中间试验以后进一步开展的符合工业生产边界条件的扩大试验，为新技术进入市场打下基础。

评价标准：符合工业化试验要求的试验基础数据、图表及分析结果；结构、工艺、方法、材料、流程与中试相比的新颖性和先进性分析；技术经济指标对比分析结果。

成果表现形式：工业性试验的详细试验数据与图表工业性试验研究报告；提出新方法、新软件、新工艺、新工具、新流程的标准、操作手册和使用说明。

2. 四个里程碑的界定标准

四个里程碑每个都有各自的界定标准。

应用基础研究阶段：通过科学实验和观测、分析、归纳、演绎等方法，发现科学规律，完善或建立科学理论。

技术原型开发阶段：依据科学理论或实践经验发明新技术(新工艺、新产品)。

中间试验(现场试验) 阶段：通过批量放大试验验证和完善新技术原型的技术性能。

工业化试验阶段：通过接近工业应用条件的相关技术集成配套应用完善新技术原型的技术性能，并建立起新技术的规程规范和标准。

3. 研发程序

四个里程碑共划分 24 个研发程序、93 个子程序，是研发项目管理的重要工具，见表 1。

表1 研发程序表

程序		内容
应用基础(理论)研究阶段		
I1	文献调研与编制应用基础研究实施方案	1. 确定调研与考察的内容、相关领域和核心技术，以及调研与考察的国家和单位； 2. 提供理论前沿核心技术的主要参考文献、专利的全文； 3. 编写国内外考察报告、文献调研报告； 4. 编制应用基础研究实施计划
I2	资料分析与初步假设	1. 资料的归纳、分析，提出需要研究内容与问题； 2. 问题的解释性假设、推理与演绎，并表述原理(机理)的先进性
I3	室内实验	1. 编制室内试验方案，包括目的与依据，内容及创新分析，方法和流程，实验的条件和规模，检测、监测、计量方法及可靠性分析等； 2. 实验运行与监控、资料数据采集； 3. 实验资料数据的真实性、可靠性分析； 4. 实验数据处理、统计方法及可靠性分析； 5. 实验结果的统计、分析与总结
I4	数值模拟	1. 编制数值模拟方案，包括目的与依据，内容及创新分析，方法和流程，模拟的条件及节点数等； 2. 模拟运行与监控、资料数据采集； 3. 模拟资料数据的真实性、可靠性分析； 4. 模拟数据统计方法及可靠性分析； 5. 模拟结果的统计、分析与总结
I5	实验研究与原理创建	1. 补充收集相关的现场资料； 2. 资料归纳与综合研究，创建新理论、新原理、新观点和技术原型假设
I6	完成综合研究报告	1. 实验、模拟与研究的观点和结论； 2. 新技术原型开发的建议； 3. 分析可能形成的知识产权； 4. 编写应用基础研究报告
技术原型开发阶段		
Ⅱ1	文献调研、技术考察、查新与技术原型开发实施方案	1. 确定调研与考察的内容、相关领域和核心技术，以及调研与考察的国家和单位； 2. 提供理论前沿核心技术的主要参考文献、专利的全文； 3. 与本项目有关的专利检索及其法律状况分析； 4. 编写国内外考察报告、文献调研报告； 5. 编制技术原型开发实施计划
Ⅱ2	技术原型研究、设计与制作	1. 资料分析研究，新技术概念原型设想； 2. 新技术结构、原理与原技术对比的先进性及可行性分析； 3. 新技术原型的图纸设计与模型制作； 4. 工艺技能、流程和相关软件研究设计

续表

程序		内容
Ⅱ3	室内实验	1. 编制室内实验方案，包括目的与依据，内容及创新分析，方法和流程，实验的条件、规模及次数，检测、监测、计量方法及可靠性分析等； 2. 实验运行与监控、资料数据采集； 3. 实验资料数据的真实性、可靠性分析； 4. 实验数据处理、统计方法及可靠性分析； 5. 实验结果的统计、分析与总结
Ⅱ4	数值模拟	1. 编制数值模拟方案，包括目的与依据，内容及创新分析，方法和流程，模拟的条件、规模及节点数等； 2. 模拟运行与监控、资料数据采集； 3. 模拟资料数据的真实性、可靠性分析； 4. 模拟数据统计方法及可靠性分析； 5. 模拟结果的统计、分析与总结
Ⅱ5	技术原型样机(品)成型与制作	1. 新技术原型技术原理、结构、工艺的合理性、先进性、可行性评价； 2. 完成技术原型成型，绘制设计图纸，加工制作样机(品)
Ⅱ6	完成综合研究报告	1. 总结新技术原型的原理、技术内涵、创新性、使用方法等； 2. 新技术原型现场试验(中试)的建议； 3. 分析可能形成的知识产权； 4. 编写新技术原型开发研究报告
中试(现场)试验阶段		
Ⅲ1	现场试验方案编制	1. 试验目的； 2. 试验内容，包括核心技术验证内容(含技术经济指标)，可能出现的问题与对策；综合调整的内容，可能出现的问题与对策，等等； 3. 试验地点、规模及承担单位的建议； 4. 试验的材料、仪器设备、试剂名称与用量说明； 5. 试验程序、操作规程及注意事项(实施要求)； 6. 试验检测、监测与计量方法及其实用性、可靠性分析； 7. 编写现场试验方案报告
Ⅲ2	现场试验与资料采集	1. 试验的资料录取要求与方法； 2. 单项技术实施运行、技术经济指标验证与效果分析； 3. 综合调整方案、运行与效果分析
Ⅲ3	试验资料整理与分析	1. 试验数据资料的真实性、可靠性分析； 2. 试验数据资料的处理、统计方法及实用性分析； 3. 试验结果分析与总结
Ⅲ4	技术原型改进与改制	1. 对样机(品)改进完善； 2. 研制新的技术原型
Ⅲ5	技术规范、标准初步制定	1. 新技术的技术内涵、技术经济指标等规范或标准建议稿； 2. 新技术的应作条件、技术界限等规范或标准建议稿

续表

程序		内容
Ⅲ6	完成综合研究报告	1. 确定现场(中间)试验形成的新技术，特别是提出的改进完善意见； 2. 新技术的技术经济指标的合理性、先进性分析； 3. 可能形成的知识产权分析； 4. 提出工业化试验建议； 5. 编写现场试验研究报告
工业试验阶段		
Ⅳ1	工业化试验方案编制	1. 试验目的； 2. 试验内容，包括核心技术验证内容(含技术经济指标)，可能出现的问题与对策；多项技术集成配套和综合调整的内容，可能出现的问题及对策，等等； 3. 试验地点、规模及承担单位的建议； 4. 试验的材料、仪器设备、试剂名称与用量说明； 5. 试验程序、操作规程及注意事项(实施要求)； 6. 试验检测、监测与计量方法及其实用性、可靠性分析； 7. 编写工业化试验方案报告
Ⅳ2	工业化试验与资料采集	1. 试验的资料录取要求与规定； 2. 单项技术实施运行与效果分析； 3. 多项技术配套集成实施运行与效果分析； 4. 工业化综合调整方案、实施运行与效果分析
Ⅳ3	试验资料整理与分析	1. 试验数据资料的真实性，可靠性分析； 2. 试验数据资料的处理、统计方法及实用性分析； 3. 试验结果分析与总结
Ⅳ4	技术系列定型	1. 对样机(品)进一步完善； 2. 与其他技术形成配套技术系列
Ⅳ5	技术规范、标准制定	1. 制定新技术的内涵、技术经济指标等标准或操作程序与规范； 2. 制定新技术工业化应用、技术界限等标准或规范
Ⅳ6	完成综合研究	1. 形成的单项核心技术、配套集成技术及创新性分析； 2. 新技术的技术经济指标先进性、经济性、合理性分析； 3. 可能形成的知识产权分析； 4. 新技术工业化推广建议； 5. 新技术培训建议； 6. 编写工业化试验研究报告

三、相关技术

1. 相关技术定义与选择原则

(1) 定义：指为实现某一战略目标，需与本项目主体技术配套的其他所有技术，主要是指其他的关键技术或重要技术。

主体技术是指本项目计划研发的所有技术。

没有相关技术的发展，本项目主体技术将受到制约，或导致项目最终目标无法实现。只有相关技术的同步发展或配套集成，才能保证项目最终目标的实现，提高科技竞争力。

（2）相关技术的选择原则：

一是非本项目研发的技术：各类专业包括本专业的、尚未列入本项目研发计划而本项目迫切需要的技术，可选择为相关技术。例如高分辨率层序地层学研究，层序每提高一个级别，就需要地球物理勘探技术或计算机技术的同步发展。虽然属于不同专业技术但已列入本项目研发课题，应属于本项目主体技术。

二是非本项目所有权的技术：本项目上级部门出资并具有所有权、本项目有权配套使用的技术，可选择为相关技术；本项目出资外协完成的技术，所有权属于本项目，应列为主体技术。

2. 相关技术选择与需求分析

相关技术内容选择根据本项目最终研发目标，研究确定是否需要相关技术配套。若需要则根据相关技术选择原则，列出相关技术名称和主要研究内容。相关技术可以是单项技术，也可以是技术系列。所选相关技术需要同步研发的，要做需求和配套分析。若不需要相关技术，可不作选择和分析。

相关技术需求分析：对其相关技术进行论证，分析其必要性或重要性。

相关技术配套分析：论证本项目主体技术与相关技术集成或加合的作用、意义和预期效果。

3. 对相关技术的要求

对同步研发的相关技术的主要要求如下：

一是技术经济指标要求，即提出应达到的技术水平、技术经济指标，并做出必要性和可行性简要分析。

二是研发进度要求，提出相关技术与主体技术配套的时机，相关技术应完成的期限。

四、首席与团队

首席，即项目的带头人与团队，是项目完成的关键。项目设计中的人力资源投入是最重要的创新要素投入。对首席与团队的基本要求是项目设计的一项重要内容。

1. 首席基本要求

首席应是项目总体思路和技术路线的创意者和设计者，并组织编制项目总体设计方案框架；是项目运行的指挥者和协调者，组织突破重大关键技术和项目实施重大调整；是项目中某项或多项核心技术的发明者和创新者，并拥有自主知识产权；参加本项目工作的时间应占本人全部工作时间的比例不少于50%。其主要骨干也应符合后两条标准。

2. 团队基本要求

学历结构和职称结构比例(第一到第四里程碑有不同要求)；专业研究开发人员与现场人员(工程师和技术人员)的结构比例要求(第一到第四里程碑有不同要求)。

3. 首席与团队组成

明确各里程碑的首席。第一、二里程碑阶段首席由科学家或研发骨干担当，需吸收第三、四里程碑的现场技术骨干作副首席；第三、四里程碑阶段由现场技术骨干担当，需吸收第一、二里程碑的科学家或研发骨干作副首席。

五、不同里程碑的创新特点

不同里程碑的创新特点不同，具体情况见图2。

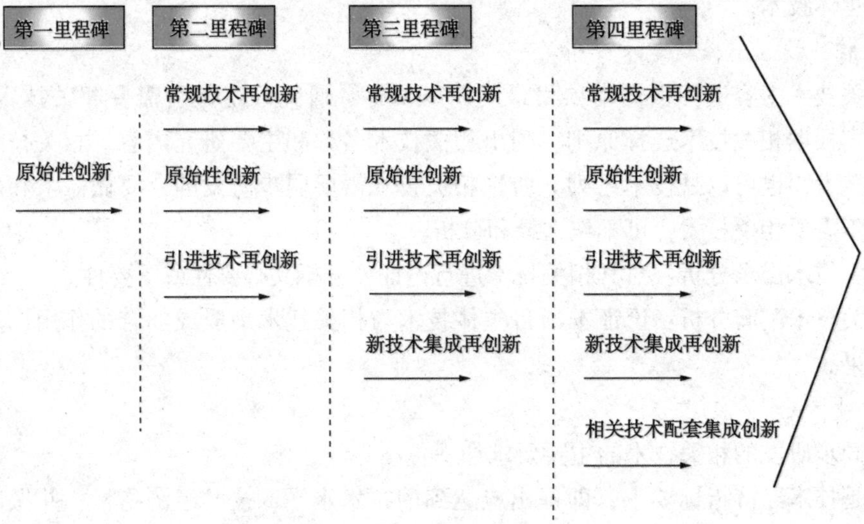

图2　不同里程碑创新特点示意图

1. 不同里程碑创新内容和结构不同

这些不同反映出了从技术到经济的转化过程。

第一里程碑为室内研究，属机理、原理创新，第二里程碑包括新技术原型(原理样机)创新、引进技术再创新(扩大功能)和成熟技术扩展功能再创新，后两类创新不强调技术原理的根本改变。

第三里程碑主要创新特点：一是新技术原型(原理样机)的放大试验以验证新技术的工艺结构，并获取技术经济指标；二是对成熟技术(自主创新或引进技术)完善功能、提高效能的再创新，并通过现场试验取得新的技术经济指标，三是两项或两项以上新技术集成通过现场应用产生新的功能与加合作用，并获取技术经济指标。

在中试规模基础上，接近生产条件扩大试验范围，需同其他相关技术配套集成应用并获取技术经济效益指标。

2. 不同里程碑重点和规模不同

第一、二里程碑要求团队高层次，原始性创新为主，团队规模和投资力度小；第三、四里程碑团队以现场工程师和企业管理者为主，集成创新为主，团队规模大、投资力度大(以生产性投资为主)。

六、项目分类与里程碑关系界定

1. 关于科学研究与技术开发的区别

科学理论是技术开发活动的依据和指导，技术开发实践又为科学理论提出了问题，提供了检验。科学研究与技术开发之间既有联系又有区别。其区别主要表现在目的任务、成果形态、研究特征、成功率、评价标准和经济效益等方面，如表2所示。

表2　科学研究与技术开发之间区别明细表

目的任务		发现自然现象，阐明自然规律，回答“是什么”“为什么”	运用自然规律，改造自然界，解决“做什么”“怎么做”
成果形态		纯知识形态，学术论文或专著	实物形态，直接物化的知识形态，主要是专利，Know—How、图纸、设计书等
研究特征	选题	自由探索，大多数来自研究过程中的逻辑、自身的矛盾和反常现象	目标明确，有实用目的
	方法	问题—观察—归纳分析—理论演绎，逻辑推理，单因素实验	目标—原理构想—设计—试制—生产性试验，复合因素试验
	思路	从实践到理论，由现象到本质，个别到一般	从理论到实践，从原理到实体，从一般到个别
	管理	较为柔性，研究期限难以严格规定，目标不确定性大	较为刚性，任务期限有明确规定，项目计划性强
成功率		0~10%	大于90%
评价标准		学术水平，主要是“深”	技术水平，主要是“新”
经济效益		不确定性，长远性	确定的且直接的

2. 关于“新技术推广”项目、“配套技术”项目与里程碑的界定

推广是指“扩大事物的使用范围或起作用的范围”。新技术推广一般是指把研究开发活动的成果(如产品样机、工艺原理及基本方法)转变为现实的生产力，生产出产品推向市场或转化为成熟的工艺投入应用的活动，相当于第四里程碑的范畴。

配套研究项目的类型主要有两类：一类是将不同学科的课题和不同研究阶段的课题综合起来形成一个大的项目，通常是为配合大型工程项目而设立(分类列为配套类)；另一类是根据生产需求，将不同学科、不同专业的研究内容实行有机的集成，由此产

生比单学科、单专业更好的功能和效果(分类列为技术攻关类)。

在石油科技发展规划中，重大项目分为“超前储备”“科技攻关”“配套研究”和“新技术推广”等类型。其中“超前储备”和“科技攻关”分别属于第一和第二里程碑的范畴；“配套研究”属于第二和第三里程碑的范畴；“新技术推广”属于第四里程碑的范畴。

(本文刊登于《石油科技论坛》2008 年第 1 期，合作者：牛立全、曾宪义、赵永胜、吕鸣岗、杨长祜、杨天吉、杨宝莹)

石油专业技术技术成熟度评价准则

技术成熟度，又称技术完备等级(Technology Readiness Level)。1974年美国航天局(NASA)首次提出，2000年美国正式采用九级标准，一级为观察到基本原理的报道，九级表示见到规模效益、技术已经成熟。2005年后英、法、日等国普遍应用，已成为技术评价的重要工具。

本文结合石油石化行业特点分别介绍了国际通用准则，美国碳捕获技术通用准则(实例)和石油专业技术评价原则和石油专项三种类型五个专业技术的评价准则。

一、国际通用准则

国际通用准则见表1。

表1 国际通用准则

技术等级(TRL)	评价准则(DOD)
1	观察到支撑该技术研发的基本原理或看到基本原理的报道
2	形成了技术概念和/或应用设想
3	通过分析和试验的手段进行关键功能验证和/或概念验证
4	在实验室环境中对部件和/或集成部件进行验证
5	在相关环境中对部件或者集成部件进行了验证
6	系统/分系统的模型或者原型在相关环境中进行了验证
7	系统原型在使用环境中进行了演示
8	实际系统完成，并完成试验和演示
9	通过任务的成功执行，实际系统得到了验证

二、碳捕获技术准则(应美国问责局要求制定)

碳捕获技术准则(应美国问责局要求制定)见表2。

表2 碳捕获技术准则(应美国问责局要求制定)

技术等级(TRL)	评价准则
1	观察到了基本原理
2	形成了应用概念
3	以概念证明为目的的测试

续表

技术等级(TRL)	评价准则
4	在实验室中对部件进行测试
5	在相关环境中对部件进行验证(在煤电站)
6	以0.1%到5%之间的商业化规模的过程开发单元进行演示(至少用于0.5到20兆瓦的煤电站，每年对3000吨到10万吨之间的二氧化碳进行捕获、运送和储存)
7	以大于5%商业化的规模进行演示(至少用于20兆瓦的煤电站，每年对大约10万吨二氧化碳进行捕获、运送和储存)
8	以大于25%商业化的规模进行演示(至少用于125兆瓦的煤电站，每年对大约57.5万吨二氧化碳进行捕获、运送和储存)
9	在相关环境中的商业化运行(用于500兆瓦或者更大的煤电站，或者每年对大约3百万吨二氧化碳进行捕获、运送和储存)

三、美国技术成熟度四个阶段、九个等级和中国技术创新的四个阶段

美国国防部将技术成熟度分为四个阶段、九个等级。

(1) 概念研究阶段：该阶段需要考虑大量的与特定概念或技术选择方案有关的可用技术，为技术开发阶段提供足够多的技术选择方案。在概念研究阶段，技术成熟度一般要达到TRL3。

(2) 技术开发阶段：在该阶段，经过技术攻关必须达到关键的技术指标要求，以期对系统性能的实现有足够把握。在该阶段需要明确项目的关键技术，要求各项关键技术达到适当的技术成熟度等级，至少应达到TRL5。有些技术，只有在相对真实的运行环境中进行验证才能揭示技术存在的问题，关键技术在该阶段需要达到TRL7，即系统原型需要在实际运行环境中通过验证。

(3) 工程研制阶段：在该阶段，系统需求和关键技术指标要求均十分明确，一般具有几个备选的技术途径，从而为系统演示验证和设计定型提供比较灵活的选择途径。在该阶段一般要进行系统集成和演示验证工作，以确定系统是否达到设计性能要求，并最终完成实际系统的研制。通过实际系统运行测试，技术成熟度要求达到TRL8。

(4) 生产部署阶段：从工程研制阶段到生产部署阶段是一个重要的转折点，一般要求达到TRL8时才可以转入生产部署阶段，否则，往往会出现决策失误。真实系统经过应用验证，技术成熟度可达到TRL9。

2004—2007年中国石油科技评估中心分析解剖了大庆一类油藏聚合物驱油技术，自1982年开始室内化学剂试验研究到1995年实现新一代技术工业化应用的典型案例，把研发创新过程分为应用基础研究、技术发明、中间试验、工业化试验四个阶段、24个程序。四个阶段也反映了技术的成熟程度。结合“十二五”规划编制，在大庆、辽河

油田项目管理和科技规划部署中试行，收到好的效果。

四个阶段同美国国防工业技术成熟度大体相当，也适用于石油行业的各个专业。

中国技术创新的四个阶段：

(1) 应用基础研究阶段：通过科学实验和观测、分析、归纳、演绎等方法发现科学规律完善或建立科学理论。

(2) 技术原型开发阶段：依据科学理论或实践经验发明新技术(新工艺、新产品)。

(3) 现场试验阶段：通过批量放大试验验证和完善新技术原型的技术性能。

(4) 工业化试验阶段：通过接近工业应用条件的相关技术集成配套应用完善新技术原型的技术性能，并建立起新技术的规程规范和标准。

四、石油专业技术成熟度评价遵循的原则

原则 1：同国际通用准则相符合，成熟度按 9 级划分。把 9 个级别概括为“概念提出并验证(1、2、3 级)、原型建立并验证(4、5、6 级)、现场试验并验证(7、8 级)、工业化规模应用(9 级)”四个阶段(图 1)。

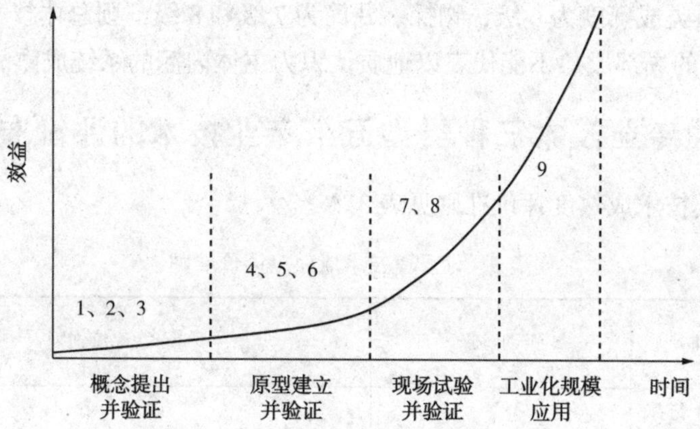

图 1　技术创新四个阶段与九级成熟度示意图

原则 2：根据石油行业特点分三种类型五个专业评价。

(1) 地质类。主要内容为资源潜力、成藏规律与目标评价。产出新理论、新概念、新认识、新勘探目标，经过室内实验、现场试验，提供油气企业初步应用，扩大应用，形成规范，大规模应用，获油气发现，取得显著经济效益。

(2) 开发类。主要内容为油藏地质、油层物理、数值模拟及开采方法。产出新概念、新认识、新技术、新开发方法、新开发方案，经过室内实验、数值模拟、工业性试验，提供工业化应用，提高油气采收率，取得显著经济效益。

(3) 工程技术类(钻井、物探、测井)。含钻井采油工具、装备，物探、测井工具装备及信息采集、处理、解释的方法、软件。同工业类准则大体相当。

原则 3：紧紧围绕专项目标，以地质、开发类为主体。

石油专项有两个生产应用目标，即“发现新储量”和“增加油气采收率”，正是对应地质、开发两类课题，这两类技术的7、8、9级必须以“增储”或“上产”量化表征，“工程类”的成熟度7、8、9级，除了本技术的量化指标，还应表明通过哪个课题，为增储或上产的具体贡献。石油专项是应用类研发，任何一项新的工程技术都要同总目标产生紧密联系，否则“成熟度”就偏离了石油专项的目标和本意。

原则4：局部技术成熟度服从系统和整体技术成熟度。

通常，一件技术产品或工艺皆由多部件构成的系统组成，如一辆新型汽车→一台新型发动机→一台新型发动机的新型活塞，都是大小不同的系统。不同级别技术可集成表征，也可独立表征，都可分为九级、量化表达其成熟度。石油专项设置的课题和示范工程，大都是“地质类+工程类”“开发类+工程类”或“地质类+开发类+工程类”。尽管从理论上强调项目、课题、专题不等于技术，实际上开题设计时已按“系统”考虑。项目、课题、专题其内涵也代表了不同级别的技术。

比如“海相碳酸盐岩大型油气田分布规律与勘探评价技术”是以地质研究为主体的技术系统，包含四项地质规律、方法，一项地球物理技术，一项井筒技术。分类评价结果，目前地质类成熟度为6级，物探、井筒为7级和8级，则总体技术成熟度应定为6级。工程技术的局部成熟不能代表以地质认识为主体内涵的系统成熟。

五、石油专业技术三种类型五个专业技术的评价准则

（1）地质类技术成熟度评价准则见表3。

表3　地质类技术成熟度评价准则

技术等级（TRL）		评价准则	级别解释	评价细则
概念提出并验证	1	观察到支撑新的石油地质规律研发的基本原理或看到基本原理的报道	本级别中的技术概念只停留在书面文件中，并没有完成具体分析或者验证，无设计历史	（1）确定国内外调研与考察的内容、相关领域和核心技术； （2）提供理论前沿核心技术的主要参考文献、专利； （3）编写国内外考察报告、文献调研报告
	2	形成了技术概念和/或应用设想	通过分析或已发表文献（和该技术概念有共同特征的已有技术的文献）证明技术概念和功能；无设计历史。纸面研究是必须的，不涉及物理模型	（1）资料的归纳、分析，提出需要研究内容与问题； （2）问题的解释性假设、推理与演绎，并表述原理（机理）的先进性

续表

技术等级（TRL）		评价准则	级别解释	评价细则
概念提出并验证	3	证实技术概念初步可行	证实科学假设与难题破解的设计方案。通过国内外同类地质探究与研究对象的对比分析，提出科学假设或对策；在类比研究基础上，提出证实科学假设与难题破解的研究方案，并在实验室中通过实验和/或模拟的方法初步证明研究方案是可行的	(1) 科学假设与难题破解的前提条件分析： ① 国外资料调研，同类研究领域的进展程度分析； ② 国内资料调研，不同机构相关研究工作的分析； ③ 国内外资料对比分析，对标主要差距及可行性。 (2) 证实科学假设与难题破解的设计方案： ① 编制现场实验室设计方案，包括目的与依据、野外露头剖面观察与描述(线路设计、采样设计、观察内容设计)、岩心观察与描述(井位选择、采样设计、描述内容设计)、现场数据采集设计(地震、钻井、测井等)； ② 编制室内实验分析方案，室内实验方案，包括目的与依据，内容及创新分析，方法和流程，实验的条件和规模，检测、监测、计量方法可靠性分析；实验资料数据的真实性、可靠性分析；实验数据处理、统计方法及可靠性分析；其他途径数据获取的方式及可行性，数据筛选、处理的方式与方法。 ③室内数据采集与处理方案，主要包括钻井地质数据采集与分析、地震数据采集、处理与解释；测井数据采集、处理与解释；油气水数据采集、处理与分析。其他途径获取的地质基础数据的整理、归类与甄选。 ④物理模拟与数值模拟方案设计，包括成藏模拟、储层模拟、生烃模拟、资源评价模型构建等。 (3) 编制方案设计： ①完成系统的设计方案；②通过局部实验验证方案的可行性；③完成预期成果设计
原型建立并验证	4	技术原型通过了初步验证	开展初步现场实验(试验)，对技术原型(勘探方案原型)进行初步验证。进行各类数据采集、处理及分析，包括对地质模型的野外考察，地表现象与地下地质结构的关系考证，实施各种勘测技术手段获取关键的地表与地下岩层、流体的物理、化学信息；通过其他实践活动，如国内外科研合作、购买、学术交流、学术会议、科学考察等各种途径获取研究所需的基础性资料。达到对拟解决科学问题的局部/初步验证	(1)确定现场调研与考察的内容、相关领域和核心技术； (2)设计完成现场实验数据采集、处理及分析； (3)整理现场实验采集的数据、图片； (4)分析其他途径获取数据的具体方案与实施步骤； (5)编写现场实验分析或数据采集、收集整理报告； (6)分析试验结果是否符合预期

续表

技术等级(TRL)		评价准则	级别解释	评价细则
原型建立并验证	5	技术原型通过了实验室分析与验证	开展室内实验(试验),进行勘探分系统对多种环境条件的深入分析与验证。 针对需要解决的地质问题,设计相关的物理与数学模型,开展模型的构建与测试,达到地质现象验证与揭示机理的目的,需要确定各类分析测试化验类项,需要达到的样品数量; 针对需要解决的地下目标的发现与评价问题,开展相关地球物理资料的处理、解释,获取关键参数与评价结果;针对需要解决的资源评价问题,开展评价参数的有效性评估、试算方法与数据的结构化处理	(1)室内实验项目、模型构建方案、新技术与方法、设备研制,实验流程; (2)提供室内测试分析数据、图表; (3)分析实验结果是否符合预期结果; (4)提供地震资料处理、解释的成果图件、数据; (5)提供测井资料处理、解释的成果图件、数据; (6)提供物理模拟、数值模拟的成果图件、数据; (7)提供资源评价计算成果的图件、数据; (8)编写室内研究的总结报告。包括烃源岩、储层、盖层、成藏与资源评价等方面,提出单项研究的勘探部署建议
原型建立并验证	6	完成数据处理与解释,提出勘探目标与勘探部署方案	编制全系统的研究报告,包括针对国内油气勘探,按照油气勘探区带评价的要求,系统分析油气藏形成的地质条件、成藏主控因素,评价提出有利勘探区带,优选有利钻探目标;针对海外油气勘探,按照油气地质评价、资源评价及富集规律研究的结果,优选具有战略意义的区块或目标,完成资产并购或实施钻探,获取海外油气资源	(1)系统总结油气藏形成条件、富集规律; (2)提供用于区带评价的成果图件、数据; (3)提供区带评价的资源潜力数据; (4)提供有利区带的勘探部署方案; (5)提供有利钻探目标及部署方案; (6)提供获取海外具有战略意义的勘探选区评价结果; (7)提供海外区块有利目标钻探部署建议; (8)编写油气地质综合评价总结报告

续表

技术等级（TRL）		评价准则	级别解释	评价细则
现场试验并验证	7	勘探方案通过了小规模现场试验验证，获工业性油气发现	依据提出的勘探方案，针对国内外具有勘探权益的区块，通过建议钻探获得油气勘探重要新发现，获得新的储量；针对海外油气勘探与资产并购，通过建议新项目获取，获得规模优质的油气资产。 依据勘探部署建议，编制勘探方案；利用风险勘探机制，择优钻探目标，实施勘探；依据钻探成果，验证、补充、完善勘探方案；提出海外勘探类资产获取的具体建议和工作量部署实施计划，推动获取新项目，增加海外新的油气资产	(1)提出勘探方案建议； (2) 提供部署地震勘探的工作建议，并被实施； (3) 提供风险探井或重大目标的预探井位 3~5 口/年，实施 2~3 口/年，至少 1 口井获工业性油(气)流； (4)提出海外勘探类新项目评价结果及获取建议，至少提出 15 个以上具有战略意义的新区块，推动新项目获取； (5)编写油气勘探方案及建议报告； (6)初步形成技术标准、规范及核心技术知识产权
现场试验并验证	8	勘探方案通过了工业性试验验证，形成规范、发现规模油气储量	勘探方案的规模应用。依据初步验证的勘探部署方案，制定重点盆地重点区带的整体勘探部署建议；优选一批探井(至少 5~10 口)，实施勘探；依据钻探成果，确定区带的勘探潜力，包括获油气井数量、地质储量(探明储量或控制储量)、可能获取的新区块等。达到规模新增油气储量的目标	(1)提供重点区带整体评价的地震勘探的工作建议； (2)提出重点区带整体评价的探井部署建议； (3)提供探井或评价井 5~10 口/年；实施 3~8 口/年，探井成功率在 40%以上； (4)提供规模持续获取海外勘探类新项目的实施计划，每年至少提出 5~8 个可供选择的风险勘探区块，每年新增可采储量 1 亿吨以上； (5)依据勘探成果，评价油气地质储量； (6)形成配套的技术标准、规范及核心技术知识产权
工业化规模应用	9	勘探方案在不同层系、区带扩大应用，获重大油气发现	实际技术实现了项目目标规定的技术、经济效益指标要求，并通过了实际使用环境下的应用检验，达到了最终技术的全部要求。技术广泛使用，效果良好	(1)3 个以上勘探领域或探区提供并应用了勘探部署建议方案，包括物探工区、探井井位； (2)新认识、新部署每年新增可采储量 3 亿吨以上

（2）开发类技术成熟度评价准则见表4。

表4　开发类技术成熟度评价准则

技术等级（TRL）		评价准则	级别解释	评价细则
概念提出并验证	1	观察到支撑该技术研发的基本原理或看到基本原理的报道	观察到基本科学/工程原理或看到基本原理的报道。本级别中的技术概念只停留在书面文件中，并没有完成具体分析或者验证，无设计历史	(1)确定国内外调研与考察的内容、相关领域和核心技术； (2)提供理论前沿核心技术的主要参考文献、专利； (3)编写国内外考察报告、文献调研报告
	2	形成了技术概念和/或应用设想	形成了技术概念和/或技术概念的应用设想；通过分析或已发表文献(和该技术概念有共同特征的已有技术的文献)证明技术概念和功能；无设计历史。纸面研究是必须的，不涉及物理模型	(1)资料的归纳、分析，提出需要研究内容与问题； (2)问题的解释性假设、推理与演绎，并表述原理(机理)的先进性
概念提出并验证	3	证实技术概念初步可行	概念设计或者设计中的新特点通过物理模型、系统模型进行验证，并在实验室环境中开展功能、性能测试，初步证明技术概念可行	(1)进行可行性论证。利用相关油藏工程、物理模拟、数值模拟等方法，从机理上论证技术概念的可行性； (2)提供技术概念验证的室内实验方法、条件、流程、规模和次数、数据检测的真实性、方程推导的合理性和可靠性。实验结果证明技术概念初步可行； (3)提出新技术原型开发方案的可行性意见
原型建立并验证	4	技术原型通过了初步验证	建立了技术原型，并在实验室环境中对原型的功能和性能进行测试。通过了技术应用需求满足程度、潜在利益和风险的评估和验证	(1)建立新技术概念原型(样机/样品)； (2)完成新技术原型成型、编制相关的模拟软件、绘制设计图纸，加工制作样机(品)，编写新技术原型开发研究报告； (3)根据油气藏特性及环境对新技术概念原型的功能、性能进行室内物理模拟实验，包括目的与依据，内容，方法和流程，实验的条件、规模及次数、数据检测的真实性，评价实验结论及环境适应条件达到了预期结果。

续表

技术等级（TRL）		评价准则	级别解释	评价细则
	5	开发分系统/系统原型通过最小单元使用环境验证	设计的技术原型在最小生产单元试运行，完成样机/样品的可靠性分析和改进意见	(1) 进行油藏实际的环境下最小单元(1~2 口单井)矿场试验，包括目的与依据，内容，方法和流程，试验的条件、规模及井层数，检测、监测、计量方法及可靠性分析； (2) 分析试验结果是否符合预期结果； (3) 编写试验总结报告。总结矿场试验成果在油田环境下进一步需要发展完善的建议
原型建立并验证	6	系统测试(生产系统接口测试)	设计并制造出生产单元(或者全尺寸原型)，并将其集成到具备全部接口和测试项目的预想运行系统，测试并不在实际外场环境中进行	(1)选择油藏一个完整的试验井组/平台(4 口井以上，包括一口中心试验井)，建立试验单元地质模型及数值模型，开展小井距矿场试验设计，包括目的与依据，内容，方法和流程，试验模拟的条件、规模及节点数等，提出检测、监测部署系统； (2)进行全过程的数值模拟，分析模拟全过程数据的可靠性和技术经济指标的合理性； (3)编写模拟总结报告。总结油藏具体环境中下进一步需要发展完善的技术建议
现场试验并验证	7	系统原型通过中间试验(典型使用环境)验证	在最小生产单元试验基础上扩大到以中心试验井为基本单元、开展全部工艺接口和功能测试运行时间少于 18 个月	(1) 开展小井距矿场试验实施和观察； (2) 试验数据资料的处理、统计方法及实用性分析，验证 TRL6 级模拟技术经济指标的真实性； (3) 技术系列定型，指与其他技术形成配套技术系列； (4) 已应用 4 口井以上或 1 井组，运行时间少于 18 个月，中心试验井井控动用储量及提高采收率数值可靠落实； (5) 初步形成技术标准、规范及核心技术知识产权
现场试验并验证	8	系统通过工业性试验验证	在中试基础上扩大到不同类型区块、层系或工艺条件	(1) 编制方案、进行工业性试验(先导性矿场试验)，包括： ①试验目的，试验内容，试验地点、规模，试验程序，实施要求等； ②试验数据资料的检测、监测、处理，统计方法及实用性分析； ③技术系列形成标准、规范； (2) 已应用于油田一个独立的层系/区块或多个井组，运行时间大于 18 个月，小于 3 年，技术经济指标符合预期目标； (3) 形成配套的技术标准、规范及核心技术知识产权

续表

技术等级(TRL)		评价准则	级别解释	评价细则
工业化规模应用	9	工业化应用，获规模效益	在多个油田区块层系应用，系统运行时间大于3年，可靠性在可接受范围内	(1)实际技术实现了项目目标规定的技术、经济效益指标要求，并通过了实际使用环境下的应用检验，达到了最终技术的全部要求； (2)已应用于多个油田/区块/层系，技术使用范围不少于国内可应用范围的1/3，达到预期目标

(3)工程类技术(石油地球物理)成熟度评价准则见表5。

表5　工程类技术(石油地球物理)成熟度评价准则

技术等级(TRL)		评价准则	级别解释
概念提出并验证	1	观察到支撑该技术研发的基本原理或看到基本原理的报道	根据石油勘探开发关键技术需求，调研国内外支撑地球物理技术、软件和装备研发的基本原理相关报道
	2	形成了技术概念和/或应用设想	提出应用于发展新技术、新软件和新装备的技术设想
	3	技术概念得到了初步验证	用模拟试验对核心算法和关键部件进行可行性验证
原型建立并验证	4	技术原型通过实验室环境验证	制定实现技术概念的方法和算法，进行软件编程和初步测试，对样机部件加工，在实验室进行功能、性能测试和组装
	5	分系统或系统原型通过模拟使用环境验证	对技术原型应用数学模型方法进行应用环境测试。对软件功能测试，使新技术有形化。对装备原型用预想使用环境测试
	6	分系统或系统级产品通过模拟使用环境验证	利用典型实际观测数据对技术原理和软件集成进行系统测试。对装备系统按照国家或行业、企业相关产品标准进行系统技术测试
现场试验并验证	7	系统级产品通过中间试验(典型使用环境)验证	技术集成初步形成，编制试验方案和流程。软件、装备系统至少在一个先导试验区安装测试，与同类产品做出对比试验，试验结果符合预期目标。初步形成技术标准、规范及核心技术知识产权
	8	系统级产品通过工业性试验(实际使用环境)验证	技术、软件和装备在多个先导试验区或示范工程中试用，通过数据采集、处理和解释研究考核先进性、实用性、可靠性和稳定性，进行整改和完善，制定技术标准、规范和相应、核心技术知识产权。形成配套的技术标准、规范及核心技术知识产权

续表

技术等级(TRL)		评价准则	级别解释
工业化规模应用	9	系统级成熟产品工业化应用	技术、软件和装备在石油勘探开发项目中规模化推广应用，实际使用时间在3年以上，可靠性在可接受范围内。对于某某探区或某某地质条件显著提升了成像精度及地层、流体判明程度，成为该地区油气发现的核心技术

（4）工程类技术(测井)成熟度评价准则见表6。

表6 工程类技术(测井)成熟度评价准则

技术等级(TRL)		评价准则	级别解释
概念提出并验证	1	观察到支撑该技术研发的基本原理或看到基本原理的报道	观察到可应用于测井技术研发的工程原理，或看到相关的原理报道。可以是应用基础研究结果，也可以是调研报告
	2	形成了技术概念和/或应用设想	形成将该工程原理应用于相关测井仪器、测井软件或测井评价技术研发的技术概念或应用设想的书面文件或报告
	3	技术概念得到了初步验证	通过岩石物理实验、数值模拟、物理模拟和需求分析、概念设计等验证测井仪器、测井软件或测井评价的技术概念或应用设想是可行的
原型建立并验证	4	技术原型通过实验室环境验证	总体设计和核心部件或核心技术设计，并进行初步验证，验证结果符合预期功能。测井仪器完成探测器设计与实验，实验结果符合预期功能；测井软件完成详细设计和功能模块设计与开发；测井评价技术完成单项技术研究方案的设计。均需进行市场需求、应用前景和风险评估，提交评估报告
	5	分系统或系统原型通过模拟使用环境验证	测井仪器完成单元线路板和相关部件的调试，并进行高温条件下的单元指标测试，测试结果符合预期功能，提交测试报告；测井软件完成模拟实际应用环境的功能测试，测试结果符合预期功能，提交测试报告；测井评价技术提交单项技术的使用效果分析报告
	6	分系统或系统级产品通过模拟使用环境验证	测井仪器进行总体组装联调和高温高压及冲击振动试验，达到设计技术指标，提交调试试验报告；测井软件进行系统集成、整体功能测试和应用测试，测试结果符合预期目标，提交测试报告；测井评价技术集成为技术系列，对测井资料试解释，提交效果分析报告

续表

技术等级(TRL)		评价准则	级别解释
现场试验并验证	7	系统级产品通过中间试验(典型使用环境)验证	测井仪器进行标准井试验，试验结果符合预期目标，提交试验报告；测井软件进行第三方测试，测试结果符合预期目标，提交测试报告，并对测井资料进行试处理；测井评价技术交生产单位试应用，提交用户应用意见。初步形成技术标准、规范及核心技术知识产权
	8	系统级产品通过工业性试验(实际使用环境)验证	测井仪器在2个以上油田开展10口井以上的现场试验，性能达到设计指标；测井软件在2个以上油田处理20口井以上的资料，连续工作时间达到100个小时，通过用户测试；测井评价技术在2个以上地质区块解释30口井以上的资料，符合率提升3%，制定新规范和企业标准
工业化应用规模	9	系统级成熟产品工业化应用	测井仪器在3个以上油田承担生产任务50口井以上，资料符合验收标准，一次成功率95%；测井软件在5个以上油田投入生产应用，处理解释200口井以上，软件功能符合生产需求；测井评价技术在3个以上地质区块生产应用，解释100口井以上，符合率提升5%，成为提高储量探明率的关键技术

（5）工程类技术(钻井)成熟度评价准则见表7。

表7 工程类技术(钻井)成熟度评价准则

技术等级(TRL)		评价准则	级别解释
概念提出并验证	1	观察到支撑该技术研发的基本原理或看到基本原理的报道	通过调研，看到国外有关新装备、工具、化学剂基本原理的报道
	2	形成了技术概念和/或应用设想	形成将该基本原理应用于新装备、工具、化学剂研制的技术概念或应用设想的书面文件或报告
	3	技术概念得到了初步验证	分析了新装备、工具、化学剂的工作原理，对关键部件或关键成分进行了实验研究，表明设想是可行的
原型建立并验证	4	技术原型通过实验室环境验证	研制出了新装备、工具、化学剂的关键部件、结构或关键成分，并在实验室环境下对其功能、性能进行了实验验证。实验表明各部件均达到了预期功能
	5	分系统或系统原型通过模拟使用环境验证	研制出了新装备、工具、化学剂的分系统或配方系列，并在实验室中模拟的不同使用环境条件下进行试验验证，实验结果表明各分系统或配方系列均达到了预期的功能
	6	分系统或系统级产品通过模拟使用环境测试验证	在科学试验井，模拟现场使用工况，对整机系统或不同化学剂构成的钻完井液的各项功能进行了试验，试验结果表明达到了预期的功能

续表

技术等级(TRL)		评价准则	级别解释
现场试验并验证	7	系统级产品通过中间试验(典型使用环境)验证	在科学试验井，全面模拟现场使用工况，对装备、工具系统进行了不少于1~2井次，3个月的试验，对钻完井液不少于1~2井次的生产井试验，试验证明在模拟现场环境下实现了预期的功能和性能。初步形成技术标准、规范及核心技术知识产权
	8	系统级产品通过工业性试验(实际使用环境)验证	在油田现场，对新装备、工具、钻完井液进行1~3井次或不少于12个月的现场试验，试验结果表明各项功能和性能指标均达到使用要求，并制定新的规范和企业标准
工业化规模应用	9	系统级成熟产品工业化应用	新装备、工具应用10井次以上，钻完井液应用不少于3个油田9个井次，使用时间均不少于36个月，实现降低成本、提高钻速、保护储层的预期目标

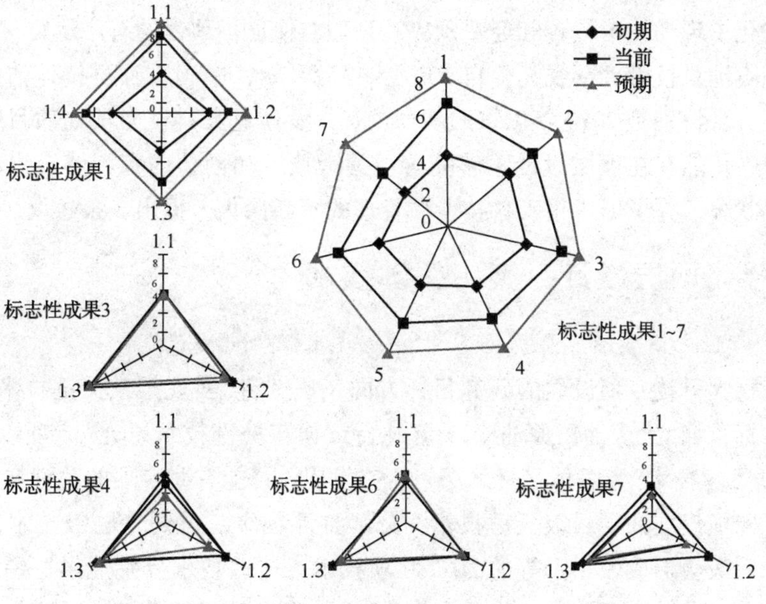

图2 项目、课题成熟度雷达图

建议把中国石油不同专业、不同阶段的课题一律延伸到工业化应用目标。有的要用5~10年以上的时间。明确项目不同阶段的定位，按项目(课题)性质和不同阶段成熟度进行考核、管理。

(本文撰写于2013年11月，合作者：王红军、张光亚、常毓文、窦宏恩、刘雯林、李长文、葛云华、赵力民等，未公开发表)

公司重大科技专项管理的认识与建议

重大科技专项的设立与实施是“十一五”期间中国石油天然气集团有限公司(简称中国石油)科技管理部组织执行的一项涉及科技体制改革和项目管理的重大举措。重大科技专项以生产应用为目标，短周期、高投入，由企业家牵头，科学家、技术专家联合组成产学研团队，有利于提高企业家创新积极性，推动科技成果快速转化，体现了“企业科技就是效益科技”，强调了企业是技术创新的主体。重大科技专项强调了“关键技术”这个核心和龙头，促进了应用技术持续发展、完善升级，不断解决企业生产技术难题，重点突出，成效显著。重大科技专项在不断完善立项程序、不断改进管理方法的同时，也强化了现场技术核查和经费预决算管理，保证了项目的有序运行。

受中国石油科技管理部委托，自 2007 年年底开始，中国石油科技评估中心通过多年的跟踪服务，特别是 2013 年以来的现场核查，发现重大科技专项在项目组织基本有序的前提下，仍然存在顶层设计不够完善、关键技术和创新内容不够突出、过程管理有待加强等状况。为了促进重大科技专项管理的不断深化，提出 3 条建议。

一、强化顶层设计，突出关键技术

1. 进一步强化顶层设计，紧紧抓住“关键技术”这个“龙头”

当前，重大科技专项设立的研究目标方向正确，将“实现某某关键技术”列为技术创新的总目标，如“大庆油田原油××千万吨持续稳产关键技术研究”专项以“实现 4 项理论、12 项关键技术”为总体目标。深入研究发现，目前有些专项的关键技术设置还缺乏系统性。专项设立的项目级关键技术，分解到课题级、再到专题级技术的过程，经两级放大，一般会形成大小不等的 60~80 项技术，这些技术分别冠以“关键技术”“核心技术”或“特色技术”等名称，在技术内涵上失去了和项目级关键技术这个顶层的内在联系。建议在重大科技专项顶层设计过程中，以项目级关键技术为龙头，与课题级和专题级关键技术形成纵向、横向内在联系紧密的“关键技术系统”，研发内容和目标可以此理顺。

2. 严格设定技术经济考核指标

关键技术系统一旦确定，即应研究设立相应的可量化、可操作的“技术经济考核指标”体系，一组系统的、突出整体、突出增量的指标，可较好地表述科技的贡献，克服“以生产代科研”的弊端。重大科技专项设立的技术经济考核指标，是衡量技术水平的重要参照，其增量也是衡量创新技术应用效果的重要依据。目前指标设定不够规范、不够系统，部分专项设置的项目级技术经济考核指标，在课题或专题中没有得到对应；个别项目没有设置项目级技术经济考核指标，还有的项目把生产应用目标当作技术经济指标。

建议公司上游重大科技专项设立以下 3 类相对固定的技术经济考核指标，并形成规范。

(1) 勘探类：提高勘探成功率、提高单井(探井)储量的发现率、提高优质储量发现率。

(2) 开发类：提高油气平均单井产量、提高油气采收率。

(3) 工程技术类：降低发现成本、降低生产成本。

上述考核指标可以定义为基础性指标，抓住这一组指标中体现的“提高”或“降低”的增量、变量，不仅可以衡量技术创新水平，也可以为技术对生产应用目标的贡献程度提供科学依据。此外，基础指标的确定，也能为历史评价和后续立项提供对标依据。基础性指标是项目顶层设计的关键，应对这些指标设立的依据与可行性，及其对实现生产应用目标的保障作用与具体贡献做出相关论证。

建议以项目级基础指标为顶层确立项目级、课题级和专题级关键技术及相对应的技术经济考核指标，形成项目、课题、专题 3 个级别纵向目标一致的项目关键技术系统和考核指标系统。明确每个预期创新点在系统中的定位，每一个课题的技术考核指标，都要论述其在项目中为哪项关键技术指标做出何预期贡献，专题级技术考核指标也同样需论述为上一级课题考核指标所做的预期贡献(图 1)。

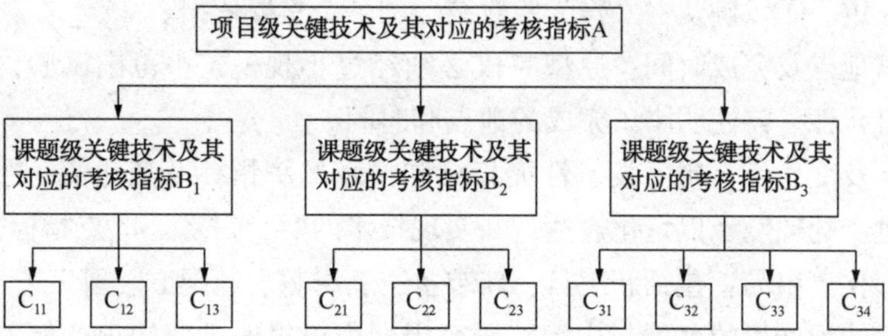

图 1 关键技术及技术经济考核指标纵向系统图

(C 级为专题级关键技术及其对应的考核指标)

3. 明确首席对“关键技术”的责任和牵头作用

研发项目产出的是“关键技术”，项目课题(专题)的设立是项目研究的组织形式，往往一项关键技术要跨越一个以上的课题和专题，如何抓住关键技术，首席和研发团队是核心。目前开题报告和计划任务书仅强调项目及课题(专题)研究内容和年度工作进展，以及课题长、专题长的责任，尚未明确关键技术系统及对应的首席的责任。

建议在计划任务书中增加“首席对关键技术的责任”一栏。在明确项目长、课题长、专题长责任的同时更要突出关键技术负责人的责任和作用。

二、加强重大科技专项技术创新过程的要素管理和时间节点管理

1. 加强创新过程的要素管理

重大科技专项的执行过程就是技术创新的过程。技术创新不同于生产运营，具有自身特点，抓住技术创新过程中的若干要素就抓住了技术创新的核心，重大专项技术创新过程的要素管理是重大专项有序进行、有效执行的基础。专项设置中，无论哪一个层次的关键技术，都有相同的要素，从开题设计、创新过程到形成成果，全过程跟踪管理可以提高重大科技专项管理效能。对重大科技专项的关键技术，可设立 8~12 个要素，包括：技术创新形式及内容、技术(方法)原型及完成时间、小试地点及完成时间、指标及变化值、有形化产出品、申报知识产权的名称与内容、规模应用地点、范围及效益、融合作用(横向)、对上一级创新技术的贡献、课题(专题)经费、技术创新的主要承担者及技术名称与编号。各要素具体要求如下。

(1) 技术名称及编号(略)。

(2) 技术创新形式及内容：技术创新包括原理创新、结构创新、材料创新、工艺创新等，并简述创新内容要点。

(3) 技术(方法)原型及完成时间：技术(方法)原型指项目研发期在原技术基础上的改进、完善或创新所形成的新技术(方法)，大体要经历资料搜集与调研、方案图纸设计与实验才能完成新技术、新方法原型。主要成果原型应由上一级课题(项目)负责人组织内部评定，予以确认，并作为验收结题的一个重要依据。

(4) 小试地点及完成时间：原型完成必须经过小规模、小范围试验，验证完善技术、方法的可行性。需注明小试完成的地点和时间。

(5) 指标及变化值：包括技术性能指标和技术经济指标及变化值。通过指标变化值可使技术进步的幅度予以量化表达，并实现技术的“可考核”。起点指标需注明依据。

(6) 有形化产出品：包括新工具、新装备、新材料、新配方、新工艺及软件等。

(7) 申报知识产权的名称与内容：研究周期内申报或已获知识产权的名称与内容提要。

(8) 规模应用地点、范围及效益：指本专项研发期间应用的时间、地点和规模，及产生的直接或间接预期经济效益。

(9) 融合作用(横向)：融合作用是当代技术发展中多学科交叉的一大特点，正如油气发现需要地质、地球物理、钻井、测井等多学科交叉、融合，才能取得最佳效果。需说明课题(专题)之间如何融合，以及各自的功能和作用。

(10) 贡献(纵向)：说明课题(专题)对项目(课题)的贡献，定性或定量表述其内容。

(11) 课题(专题)经费(略)。

(12) 技术创新的主要承担者(略)。

2. 加强研发过程的时间节点管理

重大科技专项是多学科、大规模、短周期的大型研发项目，创新点多、层次关系复杂，建议按时间节点运行，由专题级汇总到课题级关键技术，再由课题级汇总到项目级关键技术的时间节点，经自下而上再自上而下协调而成，使项目目标实现的每一个步骤和进度保持一致，提高研发质量和效率(表1)。

表1 时间节点设计表

技术名称与编号	第一年				第二年			
	1季度	2季度	3季度	4季度	1季度	2季度	3季度	4季度
A-B1C1D1		√		△		○		
A-B1C1D2		√		△		○		
A-B1C2D1	√				△		○	
A-B1C2D2		√			△		○	

注：√代表技术原型；△代表现场试验；○代表推广应用。

据了解，许多油田企业都总结了好的经验，建议按此规范进一步完善。

三、按技术成熟度的3个发展阶段统一部署，滚动发展，实现产业化

1. 按照“技术攻关、配套完善、规模应用”成熟度的3个发展阶段统一部署，滚动发展

重大科技专项的研发内容分为技术攻关、配套完善、规模应用3种类型，体现了技术创新过程的3个发展阶段，技术攻关是根据生产技术需求对原有的工艺技术、方法进行技术原理、技术结构以及材料、流程等方面的发明、创新和改进，突出体现单项技术指标的先进性和创新内涵的新颖性，不求产生经济效益。

配套完善是在主体技术的中间试验过程中创新或完善相关工艺技术，使主体技术的功能在生产试验中得以应用，形成新的技术系统，增加了功能，提高了综合技术指标(可以获得专利)，可以获得经济效益。

规模应用是主体技术经过不同环境的检验，形成由更大范围新技术或常规技术组成的可适应不同市场要求的技术系统和完善的技术指标系统，并形成相应的规范、标准(可以获得专利)，在此阶段通过规模应用和市场拓展，获得重大效益。

3个阶段创新特点不同、研发重点也不同。目前，重大科技专项开题设计大都把本期研究目标的起点和上一期验收成果的终点从指标上进行了对接，有的也把当期的项目研究内容分别标明了攻关到推广的不同阶段，这都很好，但还不够普及和规范。建议同一期的重大科技专项，应明确安排一部分课、专题以难点攻关为主，一部分以配套完善为主，还有一部分必须安排推广应用创新，而每一期验收的经济效益往往来自

推广应用创新。这一期推广应用创新的研究起点，应当是前一期或更前期的攻关，配套成果的接续。推广应用创新的任务是把前两期关键技术推进到技术成熟度八级或九级，使内、外部市场占有率大幅提升。

经过对中国石油大庆、长庆、大港、辽河4个油气田50项开发类成果主体技术的调查分析发现，这些开发类典型技术符合普遍的技术生命周期呈钟形曲线的发展规律，项目验收时技术已经初步定型，开始大规模推广应用，市场占有率呈现迅速增长态势。成果应用时间在5年左右的技术，市场占有率仍处于增长阶段，成果应用时间超过10年的技术，大部分处于稳定期，少量还处于上升期(图2)。

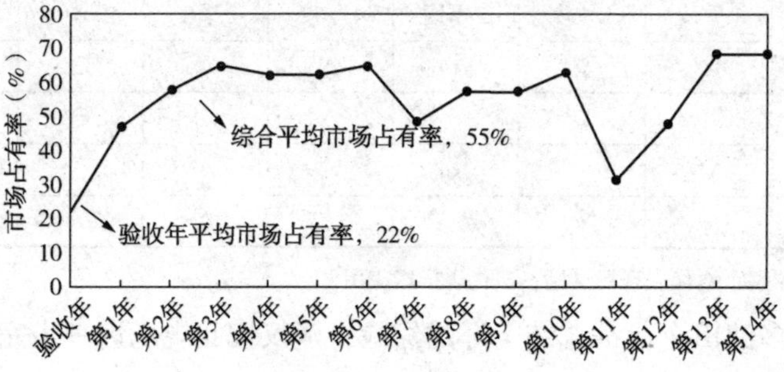

图2　中国石油开发类典型技术平均市场占有率

上述调查还发现，关键技术从技术原型发明(六级)到形成产业和规模应用平均超过10年，说明重大科技专项以3~5年为一个项目期时需经过3期以上，才能实现技术定型和换代。重大科技专项的研发内容按照技术攻关、配套完善、规模应用3个阶段同时部署，有利于实现关键技术的滚动发展。

2. 重大科技专项的最终目标应定位于关键技术的工程化、市场化、产业化

国家科技发展计划明确把研究目标分为“引领”和“支撑”两大类。基础理论创新有国家重点基础研究发展计划(973计划)、国家自然科学基金等，自2006年开始，国家计划用15年时间实施以大技术、大产业、大效益为目标的15项重大科技专项，拟对国家经济发展起到重大支撑作用。公司的重大科技专项，定位于支撑公司业务发展，其创新技术成果也应定位于实现高水平的新产业和大效益。国家自2006年开始推行与国际接轨的九级技术成熟度管理模式，一、二、三级为技术原理探索；四、五、六级为技术原型发明；七级为现场应用；八级为中间试验或工业性试验；九级形成技术标准和新产业，占领国内外市场，获得重大经济效益。我们的企业技术创新应侧重于四至九级，并以九级为最终目标。公司已安排了相当的力量从事应用基础和技术攻关研究，重大科技专项的目标应该明确定位于产出重大关键技术，支撑企业形成高水平的大产业、大效益。

四、结束语

科学技术是第一生产力，管理也是生产力。科技创新的目的在“支撑”和“引领”，

重大科技专项对中国石油科技发展与创新起到了重要的支撑作用。重大科技专项的组织管理创新已实施 10 年，经过不断改进完善，加强了重大科技专项研究应用质量管理。今后应进一步在顶层设计中理清关键技术及其指标的系统性，在专项执行过程中加强要素管理和时间节点管理，在整体布局时形成统一部署，明确产业化这个目标，一定会提高企业研发效率，取得更好的效能。作为科技体制重大改革的见证人和参与者，衷心祝愿重大专项越办越好。

(本文刊登于《石油科技论坛》2018 年第 6 期，合作者：牛立全、范向红、宗柳、杨宝莹、付晓晴)

国家天然气攻关项目
——科研组织管理的成功范例

科学技术管理工作主要有两项任务：一是选择好项目；二是管理好项目。这两件事都做好了就一定会出大成果。

我作为国家天然气攻关项目的见证者和组织工作的参与者，对项目的组织管理工作发表一点感想。

选好、选准项目是十分重要的。1993 年英国首相撒切尔夫人出席日本东京高层科学管理大会，并在会上发表演讲，她演讲的题目是“项目选对了，科研任务就完成了一半”；1997 年第十五届世界石油大会在北京召开，会议期间，一家美国公司发表了一篇张贴论文，其题目是“一项成功的技术来自上千个点子”(图 1)，介绍了该公司开发一件新产品年创效益 8 亿美元是通过“3000 个想法→300 个主意→125 个概念→10 项计划→5 项先导试验→2 项商业准备→1 项成功”的例子。由此可见，科研立项、选项是一件十分下功夫的事情。

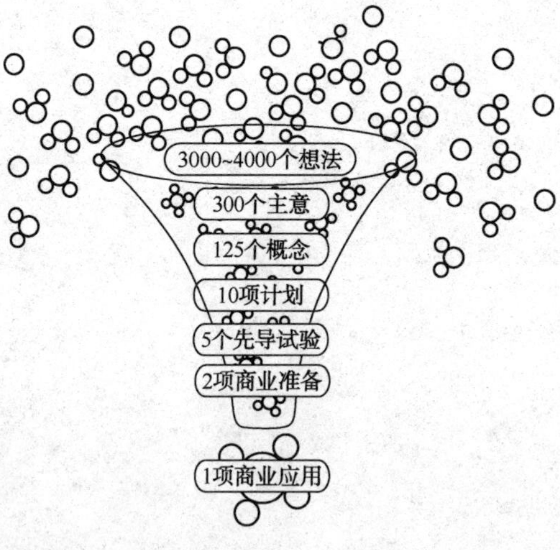

图 1　一项成功技术来自成千个点子

回忆 20 世纪 70 年代，从康世恩部长到王涛部长等石油工业部的老领导，每次到石油勘探院听取汇报、检查工作都曾提出过这样的要求：“不希望你们一年出四五十项、上百项成果，每年有 2~3 项就足够了”。为调动中青年科技人员的积极性，激发他们的创新精神(中青年人当时很难当项目负责人)，1993 年中国石油天然气总公司科技局决定设立中青年创新基金。为此，我分别找了翁文波、侯祥麟二位院士请教，他们都说出了几乎相同的警言，即“中青年创新基金不是出多少钱、立多少项的问题，主要是选好有创新能力的人才。我看石油部有2~3个人就够了。”部领导和老科学家的要求都很明确，就是要我们选好项目、选好人才，只有这样才能出大成果。从现在看，就是要出像袁隆平那样创造革命性技术，推动行业实现跨越式发展的人才和成果。这很难，很难，但天然气攻关项目却实现了，可以说，在油气资源勘探开发科技攻关方面，它是一个成功的范例。

这个项目的起源背景是1978年，国家召开了第二次工业学大庆会议，我国原油年产量也上了1亿吨，为了响应20世纪末国民经济翻两番的目标，国家对石油工业提出了很高的要求。1981年戴金星等同志向国务院写信，希望从国民经济长远发展考虑，请国家支持开展天然气，特别是煤成气攻关研究。此信经华国锋同志批阅并呈胡耀邦总书记批示，国家计委1983年立项组织了攻关。从此“七五”“八五”“九五”“十五”连续滚动发展，一发不可收，一干就是20多年。这个项目的特点是紧密结合国家需求，适时超前组织攻关，所做的工作是国家最需要的，研发的创新理论和技术是针对性强，实用性强，适时为生产所用的，因此就是最好的。我在科技局工作十年，局里每年都要组织80~100个项目攻关，重大项目每年10项，对比起来最成功的就是天然气攻关项目。该项目实现了理论、效益、人才三个“重量级”目标。

理论，继60年代陆相生油理论之后，又一新的重大理论创新。初步形成了比较完善的天然气地质理论。

效益，我国天然气产量翻番和资源量巨增，年产量翻了15番，资源量经评价结果证实，我国石油和天然气远景量的比例已由80年代1∶0.12上升到目前接近1∶1。

人才，培养了一支世界一流的天然气地质研发队伍和院士级的人才。

理特公司提出的第三代研发新理念(图2)，即战略驱动和价值驱动理念。我们的天然气攻关项目符合战略驱动、价值驱动理念，在我们国家应该说是比较超前的。

国家天然气攻关的项目组织管理最主要的经验有两条：

一是选好项目长。项目长必须是学术水平高，富有创新精神，热爱科学事业又能宽容待人的人。选对了项目长是这个项目的成功经验之一。

开放联合是又一条经验。从“六五”开始，石油工业部唐克部长从战略高度考虑就同科学院签订了战略合作协议；“九五”期间，王涛部长又同科学院签订了战略合作合同，分别开展了127项和179项合作，核心是地学合作。从那时起，石油系统的专家就同国家最高层次的、从事前沿研究的科学家结下了不解之缘，其间石油总公司又出资同南京大学、北京大学等高校合办了石油天然气研究，对石油高等院校则更是加大投资支持力度。当年石油工业部高层领导的战略决策为尔后产学研的全面合作搭建了一个很好的互动平台，奠定了深厚的基础，产生了深远的影响。石油企业科技专家同科学院、高等院校的科学家和教授的互动和联合，大大增加了整体的创新能力，促进了

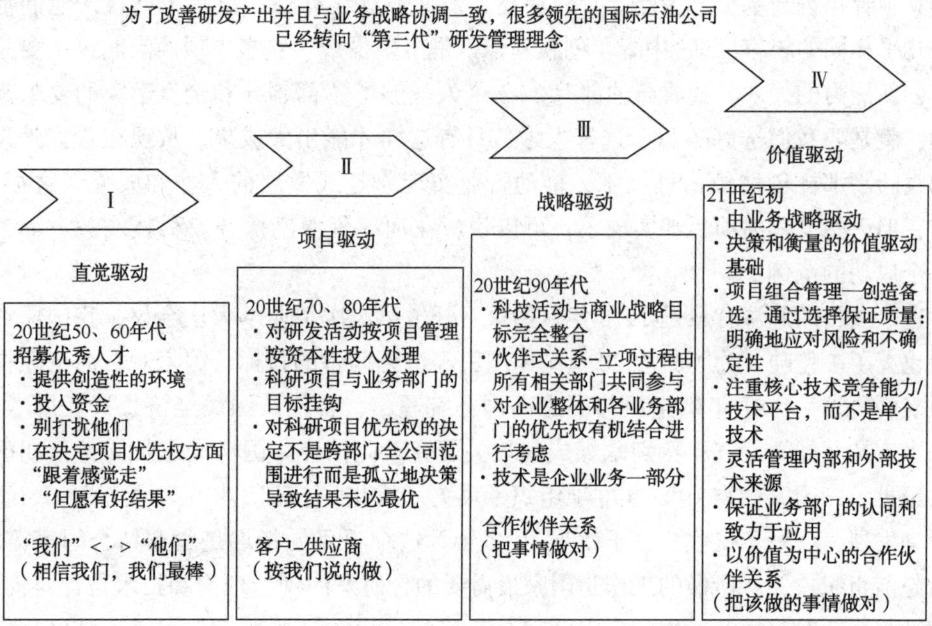

图2　第三代研发新理念

成果水平的提高。现在看来，从全国范围，包括少量国外专家优化组合一支1000～2000人的宏大队伍，相对稳定地持续运转二十多年，实际上就是一个以项目为纽带的，没有围墙的“国家天然气研究院”。这个“研究院”不仅没有院墙，还没有机关、没有后勤部门，只有一个“项目办”；这个“研究院”集中了前沿理论、技术开发和企业应用三个层次的顶尖科学家和技术专家，高效地利用了60多个科研机构可以使用的最好的科研仪器装备，实现了低成本、高效率。目前由于我们的国情，研发机构一旦设立，由于涉及到干部、人员安排以及后勤、稳定等一系列问题便轻易不能动，提高科技效率的最好办法就是以项目为纽带，实行科技资源的优化配置。我们到美国埃克森公司访问，问他们的科技效率为什么比较高，他们的回答就是三句话：“在最适宜的时间，找最适宜的人，干最适宜的事”。这些，因体制关系我们很难办到，但国家天然气攻关采用项目制的办法却做到了。

据理特公司提供的资料，近二十年国外大油公司用于自主研发的资金从1980年占科技投入总量的80%，下降到2000年的20%。科技投入的80%则用于外部合作研发（图3）。我们在评估自我科技实力时仅统计在册职工研发能力，而没有考虑借用力量。按国际标准，自我科技实力还应包括能够利用的外部优势科技资源。

我国的天然气工业任重道远，希望这种开放联合式的“国家研究院”能够克服阻力、发扬光大，继续发挥强大生命力，为国家天然气工业发展继续做贡献。

最近看了一份资料，说中国小学生数理基础排在世界前三名，美国为28位和30位。2001年中国有大学生120万人，美国和欧洲皆为130万人，中国的大学生人数与

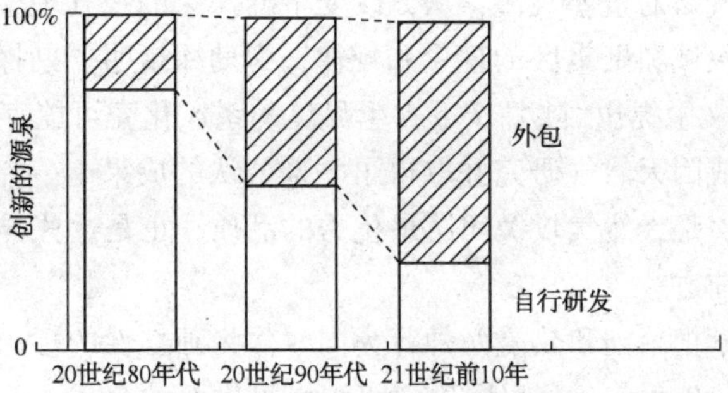

图3 研发形式的变革

欧美差不多；到了研究生阶段，其比例中国为大学生的1%，欧美分别为2.8%和2.2%，有了差距；研究生毕业后从事研发工作，美国有顶级原创型诺贝尔奖获得者273人，超过获奖总数的70%，中国为零。关键数据差距极大。2001年中国的专利数占世界专利总数的0.2%~0.3%，中国每年要用大约350亿美元购买外国的专利技术。2005年8月27日《参考消息》第七版刊登一则报导北京石油勘探院钱绍新教授的研究生宋晓东先生的消息。这则消息说，宋晓东先生赴美研读，解决了板块运动方向及运动速度的一个重大科学问题，这一原始性创新获得了美国十大杰出科学奖。同样是一位中国普通的研究生，在美国宽松的科研环境下就可以创造出巨大成就，值得深思。因此，领导者和管理者一定要为研发工作创造一个良好的氛围，即按照科学的规律来管理科学，它会使你的投入得到更多的回报。

关于科学精神，我体会主要有三方面的内涵，即：提倡异议，崇尚热爱和宽容大度。

对于科学精神的内涵。著名科学家布罗诺乌斯基在《科学和人的价值》一书中有一段十分精彩而深刻的、逻辑性很强的论述。我在几次会上都宣传他的论点，他是这样说的："科学以追求真理为目标和最高价值，由于真理不是教条而是过程，追求真理的人必须是独立的。科学把对独创性和热爱作为独立性的标志，独立性和独创性对科学的意义要求我们把价值放在异议上，因为异议是智力进化的工具，是科学家的天生活动。没有异议就没有科学，没有异议的人根本就不可能成为科学家。异议本身不是目的，它更深刻的价值即自由的标志。学术自由必然导致差异的分歧，而稳定进步的社会又必须把观点各异的人联合在一起，因此宽容就成为科学不可或缺的价值。科学的宽容是一种积极的价值，其精神实质在于'承认给他人的观点以权利还不够，还必须认为他人的观点是有趣和值得尊重的'，即使我们认为它是错误的，因为在科学探索中犯错误是不可避免的，是由科学和人的本性决定的。"这段论述把独创、异议、热爱、自由和宽容的关系及其内涵描述得十分深刻，十分精彩，值得我们深思。回顾天然气项目攻关20多年，我认为，我们较好地发扬了科学精神。

关于异议。以戴金星同志为代表的天然气攻关团组，第一个提出并证实了中国的煤系地层也是天然气藏的重要气源，从此改变了勘探家的找气理念；第一个提出并被后人证实煤成气聚集域和聚集区的理念和规律，为勘探指明了勘探领域和方向；第一个在“八五”攻关论文中提出“陕甘宁下古生界奥陶系风化壳可能存在煤成气的富集”；第一个开展了无机成因天然气研究并取得了举世公认的成果……，敢于向已有知识挑战，敢于大胆异议，是天然气攻关团队最优秀的品质，正是这些异议推动了我国天然气科学研究的不断前进。

关于热爱。科学把独创和热爱两种行为同时作为独立性的标志是有道理的。邱中建院士身居高位，年近六旬，到祖国边疆组织塔里木石油会战，一干就是七八年；贾承造院士在20世纪80年代由勘探开发研究院派到塔里木参加石油会战，按规定4年可以轮换回来，但他一干就是十多年；天然气攻关项目组的许多同志，出于对科学事业的热爱和执着，20多年矢志不移，终有成就。我忘不了翁文波先生对我说过的一句话“一个聪明人20年干20件事，他成不了专家；一个笨人二十年干一件事，他也可能成为专家、科学家”。天然气攻关团队的人们当然都是聪明人，聪明人20年干一件事，岂能不成专家、院士、科学家？

关于宽容。“海纳百川，有容乃大”，这一条同样重要。因为，科学的宽容是一种积极的、不可或缺的价值。宽容，对于领导和组织管理者，也包括学术上卓有成就者都十分重要。因为你们“居高临下”。宽容的精神实质是“承认给他人观点以权利还不够，还必须认为他人的观点是有趣的和值得尊重的”。真正的科学家就具有这样的品质。1996年王涛部长把我和王慎言同志找去交待：“李振铎同志提出了鄂尔多斯上古生代可能存在类似阿尔伯塔那样的深盆气藏，希望你们科技局、勘探局引起重视。”如果是自我表扬一下的话，那就是：当时我听了很激动，因为这是送上来的新思维，作为科研组织者，应该对科技对象的“新”高度敏感，于是立即表示支持。

我要说的是，从这项研究的开题论证到实施研发，胡朝元等一些老专家满腔热情，全程跟踪。西安要开研讨会，报告给邱中建院士，他立即表态参加；告诉给贾承造院士，他未加思索地回答说支持……对新生事物的敏感和热爱是科学家天生的品质，不仅“要给探索者的观点以权利”，而且还要认为“这些观点是有趣的和值得尊重的”，这是一件很不容易的事。但令人不无遗憾的是，有的人对于探索者的观点“不听，不听，就是不听”，认为人家是“胡来，胡来，就是胡来”。正因为深盆气理论仍在研发证实过程之中，阻力还很大，甚至于不敢大声张扬，这方面气氛还是有些压抑，所以我们呼吁“宽容”。科学的宽容不等于无原则，爱因斯坦和波尔有二十多年的学术争论但相互之间又是非常好的朋友。我国李庆忠院士、著名有机地球化学专家黄第藩教授等人经常与他人公开学术争论，这种精神是可贵的，也是值得我们赞赏的。天然气攻关组的跨学科组合使产学研形成了一个具有生命力的实体，其中不少研究者都已成为知心朋友；宽松、宽容的政治环境和学术氛围，成就了一批人才，打造了今日的辉煌。

坚持真理，敢讲真话是科学家最本质的品性。马克思说：“在科学的入口处正像在地狱的入口处，这里必须根除一切犹豫，这里任何怯懦都无济于事。”科学的起点是问题，问题就是对已有知识的挑战，对习惯势力和旧势力的挑战，同黑暗势力和说谎者的挑战。400 多年前天文学家哥白尼以科学的“日心说”否定了西方统治一千多年的“地心说”，讲了真话，由于沉重打击了封建神权的统治，受到教会的迫害(此惊天科学奇冤经过数个世纪之后，直到 20 世纪的 1979 年，梵蒂冈教会才公开为之平反昭雪，哲学家布鲁诺因接受并发展了哥白尼的“日心说”，被教会判处死刑，烧死在罗马；血液循环理论创立者塞尔维特讲了真话，被教会活活烧死等等，大凡科学巨匠，都是敢讲真话，敢为真理而献身的勇士。

科学的唯一目的是探索真理。愿我们的石油科技工作者在探索真理的过程中像天然气攻关项目团组那样，坚持实事求是，不盲从，不附和，依理智为归，只问是非，不问利害，在向已有知识的挑战中不断进取，夺取一个又一个的新胜利。

(本文刊登于《石油科技论坛》2006 年第 1 期)

科技创新成果的三种经济效益评价方法

技术创新的概念最早由美籍经济学家熊彼德(J. A. Schumpeter)在其1912年出版的名著《经济发展理论》中提出："企业家的职能就是把新发明引进生产系统，创新是发明的第一次商业化应用"。

欧共体编写的奥斯陆手册对技术创新作了如下定义：技术创新包括新产品和新工艺，以及产品和工艺的显著的技术变化。如果创新在市场上实现了(指产品创新)，或者在生产过程中得到了应用(指工艺创新)，那么就说创新完成了。

石油石化行业技术创新是新设想、新发明产生的过程和新设想、新发明转变成增加储量的新认识、提高油气产量的新方案、节约投资和生产成本的新工艺、增加收益的新产品和新服务的转化过程。在新设想和新发明成功应用的过程中，除了需要进行工程设计、落实资金、购置设备、组建队伍，还需要对原有的发明和设想进行反复试验、修改和再发明，创造必要的工程技术条件以使其适应市场和满足企业的工业化生产需求，期间进行的大量研究开发工作，正是熊彼德所说的"把新的发明引进生产系统"的以企业为主体的技术创新。

正是这一过程的创新，使科技与经济的结合得以最大的实现，并显示出其强大的威力。重大科技专项的项目组织形式为过程创新和集成创新提供了良好的体制和机制，加速了科技成果的转化。

科技成果是指科学技术研究活动中富有创新内容，经实践验证、具有良好的重复性，并能揭示一定自然现象或客观规律，具有一定的科技先进水平或实用价值和经济价值的研究成果。这些成果以科技领域的新发现、新发明、新理论、新技术、新工艺、新方法、新程序、新材料、新器件、新设备等理论与物质形态出现，并能够产生确切的增量效益。

科技成果需通过实践考核、技术鉴定或学术评议予以确认。理论与技术的区分标准定义为理论是不可操作的知识，技术是可操作的知识。只有技术才能直接应用于生产并产生直接经济效益。

科技成果是研发活动的结果，其产出有多种形式，理论成果必须转化为技术成果才能产生效益，最重要的是经济效益(图1)。

结合石油企业特点，研究了"余值法""科技生产增量投入产出法"和"技术全生命周期评价方法"三种方法，在中国石油科技奖励成果经济效益评价和重大科技专项经济效益评价中得到应用。

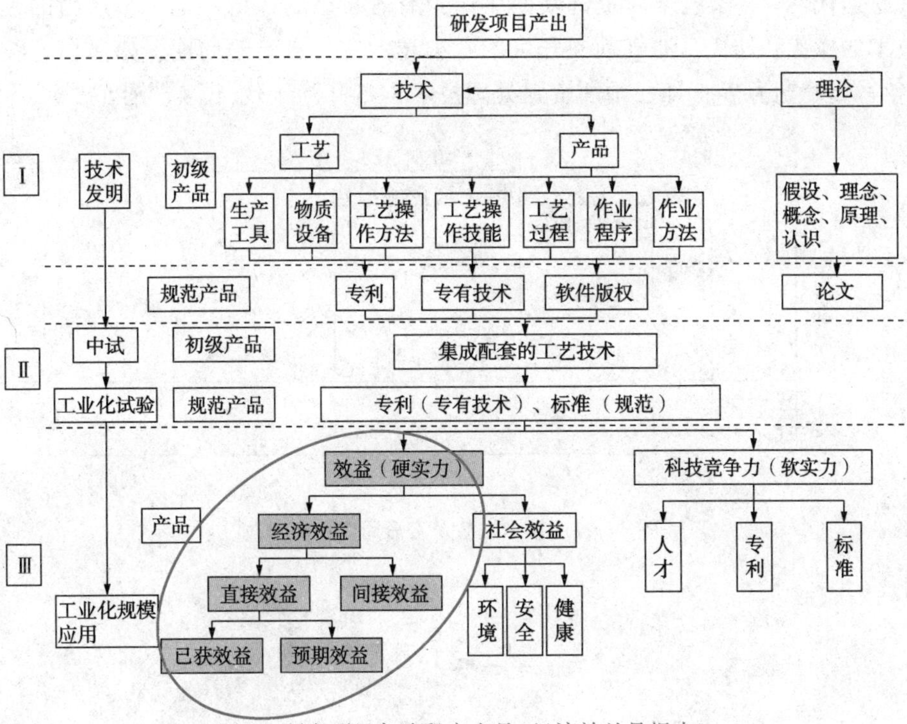

图 1 研发项目各阶段产出品(经济效益是根本)

科技成果的经济效益产生有两个特点：

一是滞后性。科技成果的经济效益产生时间滞后于科技投入时间，需要一个完整的研发周期才能见到规模效益(图 2、图 3)。

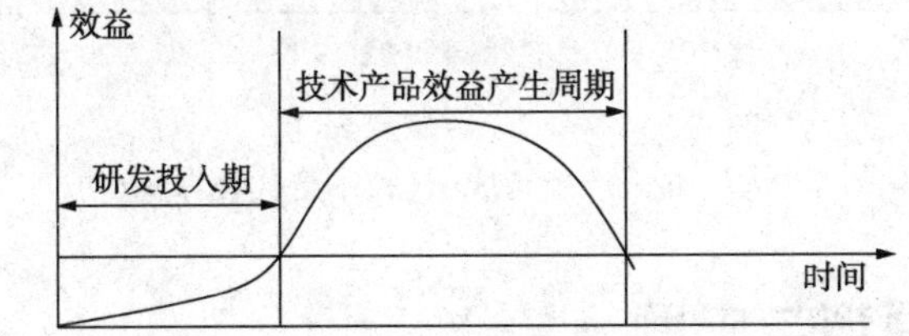

图 2 大庆油田Ⅰ类油藏聚合物驱油技术

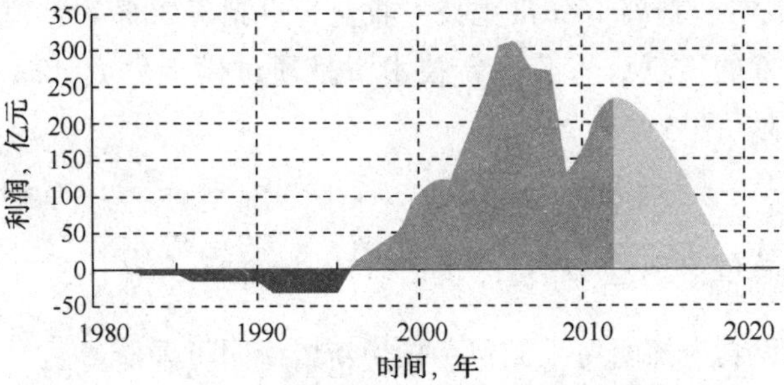

图 3 大庆油田一类油层聚合物驱油技术全生命周期投入产出示意图

二是迭代性。各类技术对提升新的生产力有着自己的作用周期，生产力的延续依赖新技术的换代和迭代，油气勘探开发的各类技术有着自己的周期，如注聚合物驱可达20年，高峰期为7~8年，地震资料处理技术3~5年换一代(图4、图5).

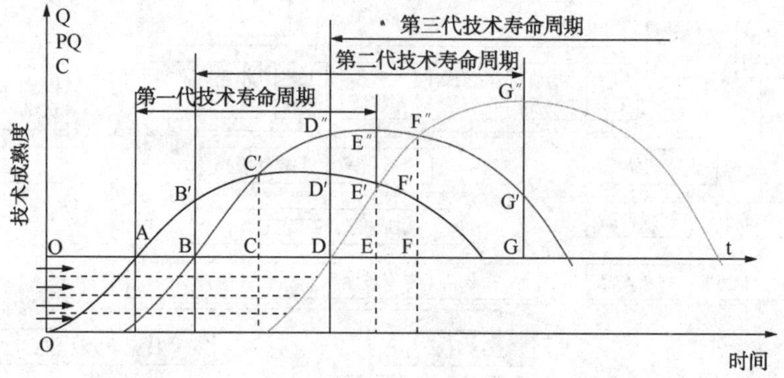

图4　各代技术交替及寿命周期示意图

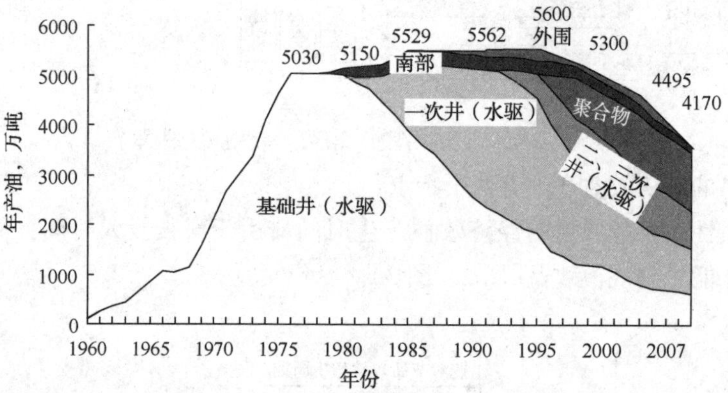

图5　大庆油田产量构成图(技术迭代确保稳产)

一、余值法原理与应用

原理：将创新技术应用的生产领域在应用期间获得的经济效益(储量、产量或货币价值)剥离生产全成本、剥离10%常规技术收益、再剥离30%的管理贡献，经三次剥离余下的效益为新技术的贡献。将若干新技术贡献通过模板分成，即求得任意一项单项技术的经济效益贡献(图6)。

计算公式：

$$\text{技术创新成果总量净现值}=\text{储量净现值(SEC 标准)}\times\frac{B}{A}\times(1-30\%)$$

式中，A为累积剩余探明可采储量；B为新增探明可采储量。

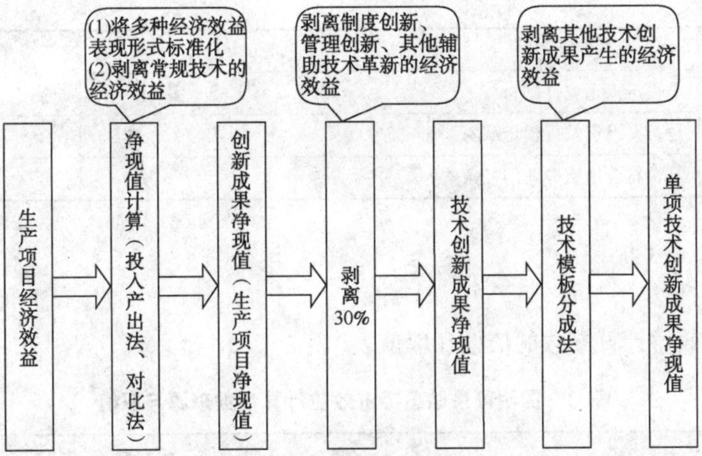

图6 余值法三次剥离流程

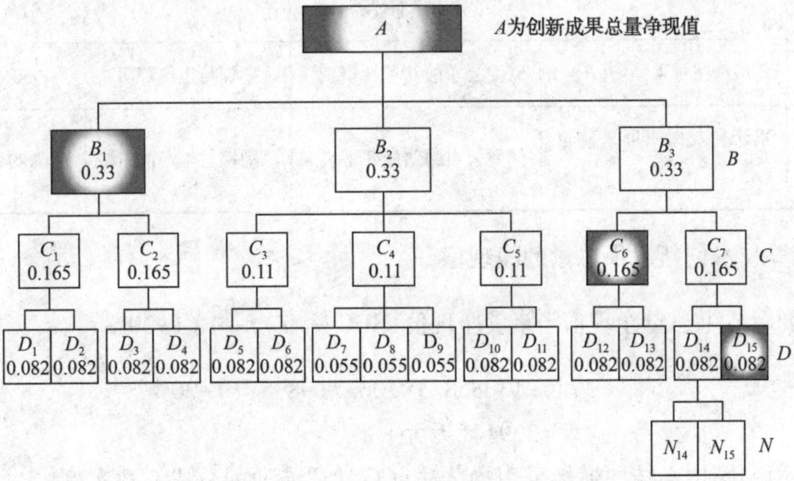

图7 技术结构模板的构成

案例：新增储量类成果经济效益评价

据××油田提供的资料：2002年××油田探明可采储量506.7万吨，评价“××坳陷2002年隐蔽油藏成藏规律研究与勘探目标优选”等三个项目(图8“★”)的技术成果经济效益。

1. 技术创新成果识别与评价体系的选择

通过表1判断项目是否符合评价条件。

表1 技术创新成果识别

序号	识别事项	符合打“√”
★	是否产生直接经济效益？	√
1	是否首次应用？	√

续表

序号	识别事项	符合打“√”
2	是否进入企业计划?	√
3	是否有投资及规模记载?	√
4	是否符合地质专业门径条件?	√

2. 经济效益计算

1) 数据的采集

填写经济效益计算参数的依据和取值表(表2)。

表2　探明可采储量经济效益计算参数来源与取值

序号	参数类型	参数来源	归口部门	取值
1	储量净现值	油气资产证实储量技术报告(SEC标准计算)	勘探与生产部门	2130858.3万元
2	新增探明可采储量(B)	储委公布的储量评审表	勘探与生产部门	506.7万吨
3	累计剩余探明可采储量(A)	储委公布的储量评审表	勘探与生产部门	9894.4万吨

2) 计算技术创新成果总量的净现值

$$技术创新成果总量净现值=储量净现值(\text{SEC 标准})\times\frac{B}{A}\times(1-30\%)$$

$$=2130858.3\times506.7\div9895\times(1-30\%)$$

$$=22914(万元)$$

3) 应用勘探技术结构模板采用均分法计算地质专业的分成系数实例

××油田2002年该项目储量是因地质研究新理念投入生产部署而发现的，物探、钻井、测井等技术皆为常规技术，则技术创新成果的总量净现值100%为地质成果所拥有，则分成系数K值为1。

勘探技术各专业的分成系数也可应用勘探技术结构模板采用专家打分修正法计算。

4) 应用地质专业技术结构模板(图8)计算报奖技术成果的分成系数

(1) 对照石油地质专业技术结构模板标明创新技术。

2002年同发现探明可采储量506.7万吨储量有关的符合要求的创新技术，报奖项目标注★，未报奖项目(包括自主研发和引进创新)标注■。由图可见，技术创新成果总量经济效益由大小不等的报奖项目两项、未报奖六项组成。

(2) 对照模板查各项K值，并计算创新技术的总K值。2002年报奖创新技术的K值分别为0.125和0.06，未报奖六项创新技术的K值分别为0.02、0.02、0.02、0.02、

0.03、0.03，则总量经济效益对应的总系数值的计算为：

$$K_{总}=(0.125+0.06)+(0.02+0.02+0.02+0.02+0.03+0.03)=0.325$$

（3）计算报奖创新技术的分成系数。

设 $K_{总}=0.325$ 为 100%，则报奖项目的分成系数为：

$$K_{报奖}=(0.125+0.06)\div 0.325=0.5692$$

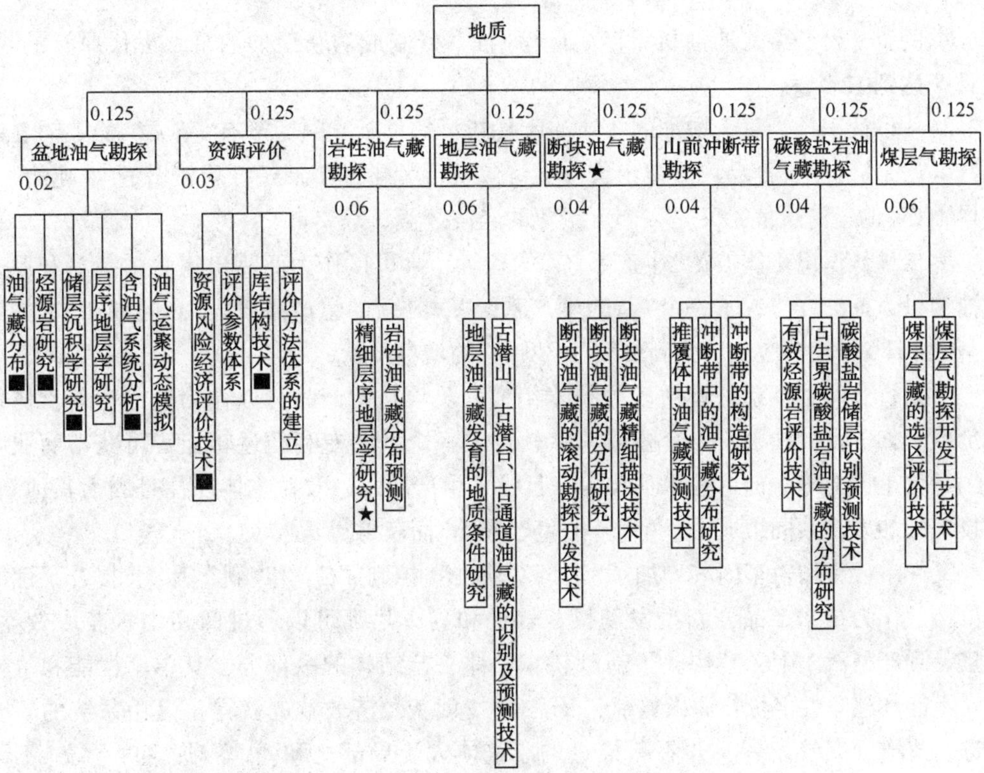

图 8 石油地质专业技术结构模板

5）报奖技术成果净现值计算

根据计算公式：

技术创新成果净现值 = 技术创新成果总量净现值 × K

= 22914×0.5692 = 13043（万元）

余值法自 2004 年开始应用与中国石油年度科技奖励成果的经济效益评价至今，2008 年国家科技奖励办公室又组织农业部、机械工业协会、信息产业部和中国石化立项开展研究，对本办法给予充分的肯定。2006 年，国家 05 重大科技专项开题论证，应用本办法。

二、科技生产增量投入产出法与应用

1. *方法原理*

方法原理出自熊彼德关于技术创新的定义：企业家的职能就是把新发明引进生产系统，创新是发明的第一次商业化应用——以“生产系统”为单元量化计算科技成果经济效益。

举例：一台游梁式抽油机日产 10 吨原油，研制成功新型抽油泵，替代原有的泵，使日产达到 12 吨。

第一种认识认为每天增加的 2 吨油就是新泵的贡献。因为没有“新泵”就没有“2 吨油”。新泵作为一种商品可直接出售，经济效益可量化，新泵还可从新增的“2 吨油”中获得 100%的经济价值，又是一个可量化的经济效益。

第二种认识出于熊彼德“生产系统”的理念，泵可以作为商品出售，由新泵和原来的抽油机、抽油杆形成了一个“新的生产系统”，是新的生产系统把 10 吨油/日增加到 12 吨油/日，2 吨油应归结为新的“生产系统”的增量贡献。

石油行业的生产系统皆由多种技术组成，单项技术产品可以作为商品出售，体现其价值，如一台抽油泵，一个叠前偏移软件或一个发明专利经过转让皆可获得商业收益，量化十分准确。但这些单项技术一旦投入生产应用，效益主体往往是因为其他新、老技术的加入，共同组成了一个“新的生产系统”而获得。

又如一台新型轿车因其增加了“新型发动机”“控制软件”和“刹车片”，提升了性能和价格。作为技术产品，新型发动机，软件和刹车片都可以通过商品出售获取效益，一旦装到新型汽车上，就构成了新型轿车整体工艺结构的一部分，其单个性能和价格也就不能和整车性能价格直接挂钩。石油科技创新经济效益的获得正是由系统的不断改进、集成、完善发展，并不断推进的。整体大于局部之和，“单项”和“系统”不是“加和”关系，是“系统论”的重要原则，也是经济效益评价必须遵循的原则，单项或多项“发明”体现了技术的水平，只有集成、配套形成“新系统”，才能体现新的能力。按照“系统”评价经济效益更加客观、科学。生产部署和服务合同是新技术与增量效益的对应凭据(图 9)。

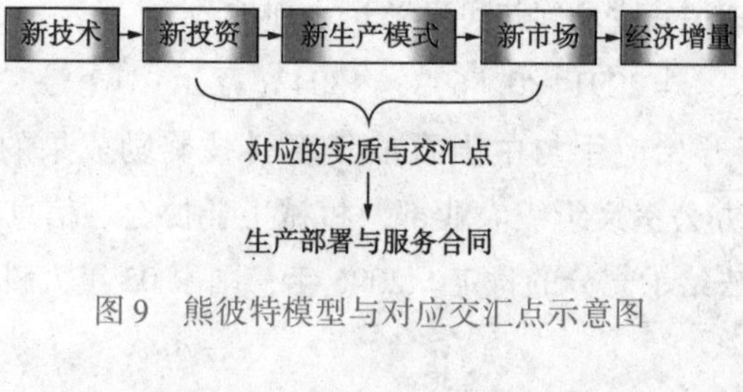

图 9　熊彼特模型与对应交汇点示意图

2. *投入产出法*

以设定的“专项”为计算评价单元，以实际的财务、生产数据为依据，时间周期为项目研发期，经济效益以“净利润”表达。

表达式：

(1)新系统增量产出-新系统增量投入=新系统增量效益

(2)新系统单位投入产出量-原系统单位投入产出量(符合同比条件)=新系统单位投入的经济效益增量

(3)新系统增量效益/新系统增量投入=新系统收益率

(4)原系统总投资-新系统总投资(符合同比条件)=投资节约额(新系统经济效益增量)

增量产出：指重大科技专项新技术应用于生产项目产出的增量价值，即重大科技专项新技术应用于生产项目增加产量所产出的、新增储量未来将产出的产量及其他产出物的价值；

增量投入：指专项研发投入和应用生产项目的增量投资费用，即为获得增加产量、获得新增储量及其他实物工作量所付出的生产成本、费用和专项研发投入。

勘探、开发类新技术经济效益计算可用表达式(1)、(2)、(3)，表达式(4)适用于工程建设项目新技术经济效益评价，计算结果统一折算为货币价值，通过同行业或自身效益指标对比作出评价结论。

3. 创新技术对应性评价及应用

科技生产增量投入产出法表示经济效益是科技生产共同投入，也是共同的产出，如何区分科技的贡献，是一个很大的难题，为此建立了对应性的评价方法，可以按新技术的实际贡献，定性或定量的、相对准确的表征专项新技术的贡献。

方法流程(图10)：

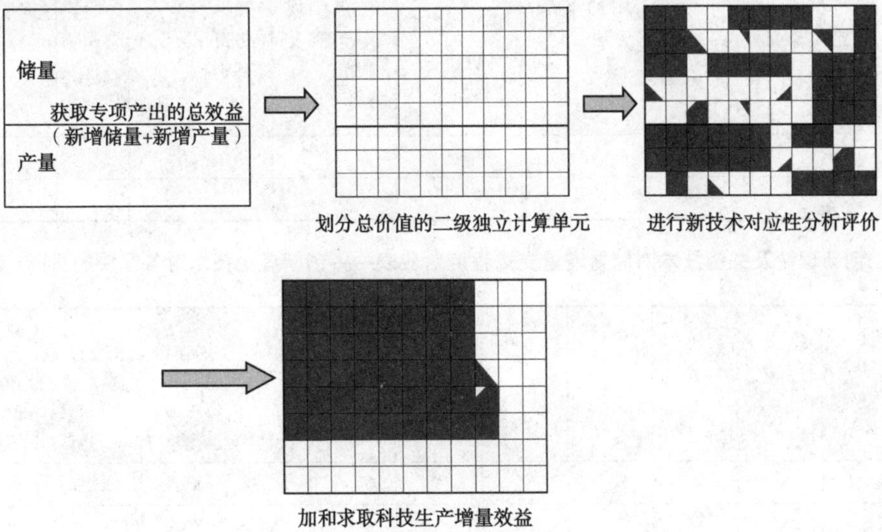

图10　创新技术对应性评价程序

(1) 把每一项关键技术获得的新技术经济指标(依据充分)乘以推广应用的范围，折算成新增经济效益。

(2) 把专项研发期内新增的储量、产量化小为若干可独立核算单元。

(3) 把各项关键技术和其应用的各储量产量单元相对应，分别评价新技术对各储量产量单元的贡献价值。

(4) 把关键技术对应的储量产量加和，用于科技生产增量投入产出法，计算整体经济效益。

对应性评价方法可以对每一项关键技术对总体目标的贡献做出定性或定量的评价，也可对专项研发期内没有或基本没有支撑储量产量增长的新技术做出评价(表3、表4、表5)。

表3　关键技术要素表——为各项技术及应用效果提供基础信息

序号	计划任务书核定的关键技术名称	实际形成的关键技术名称	设计或应用的实验方法	验证、形成的创新内容或内涵	技术原型形成时间及同行认定、评定或鉴定及依据	指标及变化值	现场试验或生产应用时间、地点、规模	技术有形化载体(工具、装备、产品、手册、图册、文本、软件等)	知识产权(包括专利、专有技术、软件版权)及标准规范	所属项目与课题	首席	实证材料清单

表4　创新理论(认识)完成情况表——为各项理论认识及应用效果提供基础信息

序号	计划任务书拟形成的创新理论(认识)	实际形成的创新理论(认识)	设计或应用的实验方法	验证、形成的创新内容或内涵	生产应用形式、地点、规模范围及实效	发表的论文或专著	所属项目与课题	首席	实证材料
						(期刊、会议或著作名称，论文名称、日期)			

表5　创新理论及关键技术对储量增量支撑程度对应表——创新理论技术对各区块的贡献(定性)

储量区块名称 / 理论技术名称	区块1	区块2	…	…	…	…	区块N	区块增量(万吨)	区块增量/总增量	总体创新成果对单个区块的支撑程度
XXXX	√			√				XXX	XX%	有所支撑
XXXX	√	√					√	XXX	XX%	重大支撑
XXXX	√	√					√	XXX	XX%	重大支撑

续表

储量区块名称 理论技术名称	区块 1	区块 2	…	…	…	…	区块 N	区块增量（万吨）	区块增量/总增量	总体创新成果对单个区块的支撑程度
XXXX	√	√					√	XXX	XX%	重大支撑
XXXX	√	√						XXX	XX%	有所支撑
XXXX	√				√			XXX	XX%	有所支撑
XXXX	√							XXX	XX%	有所支撑
单个创新成果对总体区块的支撑程度	重大支撑	重大支撑	无支撑	有所支撑	有所支撑	无支撑	重大支撑	总增量		综合评价项目总支撑程度

评价依据：

(1) 依据专项研究的新理念、新原理、新方法形成了勘探部署，开发方案(调整方案)、工程实施方案，采用物、测、钻、储运、炼化等常规技术或新技术产生了增量效益。

(2) 依据专项研究的物探新方法、新技术，在常规地质理念部署的地区发现了新构造、新储层、新流体。

(3) 依据专项研究的井筒新方法、新技术，在常规的部署范畴，发现了新储量。

(4) 依据专项研究的钻井新工艺、新方法在常规的部署范畴，降低了生产成本或获得了油气新发现。

(5) 依据专项研究的管道、炼化新工艺、新材料、新技术，降低了生产成本或提高了效益。

4. 应用实例

××油田××地区 2008~2011 年三年研发周期新技术作用领域或范围经核准新增石油地质储量 5.5 亿吨。三年内投入科研费 2.2 亿元，按照新思路新技术部署实施了钻井、地震、测井等工程作业，共投入相应费用 61.6 亿元，5.5 亿吨石油地质储量按照 SEC 国际标准评估方法，可采部分全部采出需投入预期费用 910 亿元。5.5 亿吨储量扣除全成本现金流折现价值为 1261 亿元，其科技生产增量效益为

1261 亿元-(2.2+61.6+910)亿元=286 亿元。

286 亿元为与科技投入直接相关的，新增科技、生产共同形成的新的生产系统的共有价值。

科技生产增量投入产出法适用于重大科技专项多专业、多学科融合，多类型成果用于勘探生产，为增加储量、提高产量、降低生产成本提供服务和支撑。采用“系统”的概念、通过新技术与常规技术融合产生经济效益，更加符合实际。

三、技术全生命周期评价方法及应用

石油天然气生产发展不同时期都存在重大的战略性技术，如聚合物驱油、三元复合驱油、二维地震、三维地震、成像测井、随钻测井、旋转导向钻井、地质导向钻井等。从一个项目的工业化应用开始到结束的技术全生命周期，可以较好地量化表达新技术的经济效益。

以大庆油田Ⅰ类油藏聚合物驱为例，大庆油田在42年的时间段应用了五代产业化技术才保证了27年稳产5000万吨，13年稳产4000万吨，对其解剖分析具有典型意义。(图11、图12、表6)

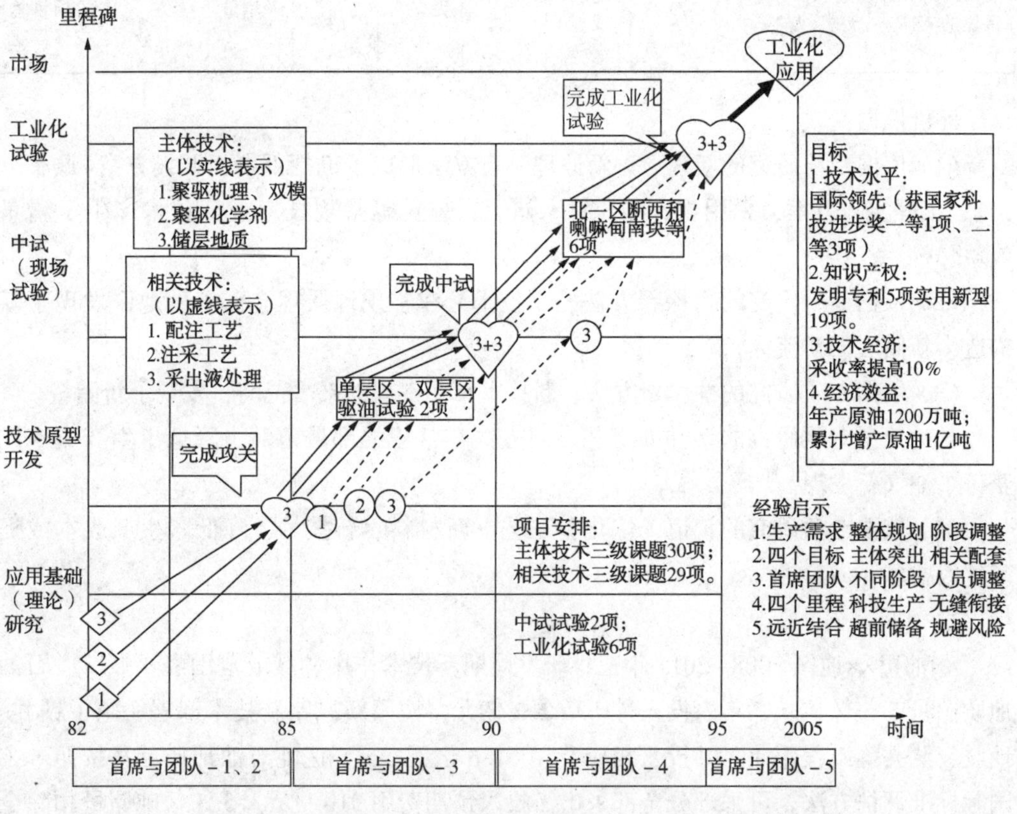

图11 大庆油田一类油层聚合物驱油技术发展的四个阶段

采用投入产出法由大庆油田提供全过程的真实生产数据和财务数据，包括1982—1985年科技攻关前期投入，1986—1990年中间试验科技生产配套投入，和1991—1995年工业性试验科技生产配套投入(形成了系列的规范、标准和新一代的成套技术)，以及1996—2012年规模化生产历年的纯增油产量及相应的财务数据，并获得以下计算结果。

表 6　大庆油田Ⅰ类油层聚合物驱油效果表

1	大庆Ⅰ类油层聚合物驱油效果									
2	时间	Ⅰ类聚驱产量(万吨)	原油价格(元)	产品销售收入	生产成本和费用	利润(亿元)	利润(亿元)	利润(万元)	生产成本	全油田产量
12	1991					−34.8		−347666.7		
13	1992					−34.8		−347666.7		
14	1993					−34.8		−348166.7		
15	1994					−34.8		−348166.7		
16	1995					−34.8		−348166.7		
17	1996	292	733.1	294.5			9.2	91596.2	419.6	5600.9
18	1997	558	836.7	558.8			20.0	200450.1	477.2	5600.9
19	1998	809	824.1	816.9			39.1	391027.8	340.8	5570.4
20	1999	817	1044.0	827.0			57.1	571104.8	344.7	5450.2
21	2000	913	1615.8	951.9			108.1	1080731.3	432.6	5300.1
22	2001	918	1754.0	953.3			120.8	1208462.3	437.1	5150.2
23	2002	1089	1468.4	1134.6			122.6	1225835.1	343.2	5013.1
24	2003	1143	1831.0	1234.9			172.2	1721767.7	324.8	4840.0
25	2004	1086	2470.0	1193.2			231.1	2311095.9	341.6	4640.0
26	2005	1063	3248.0	1212.3			305.6	3055740.3	373.5	4495.0

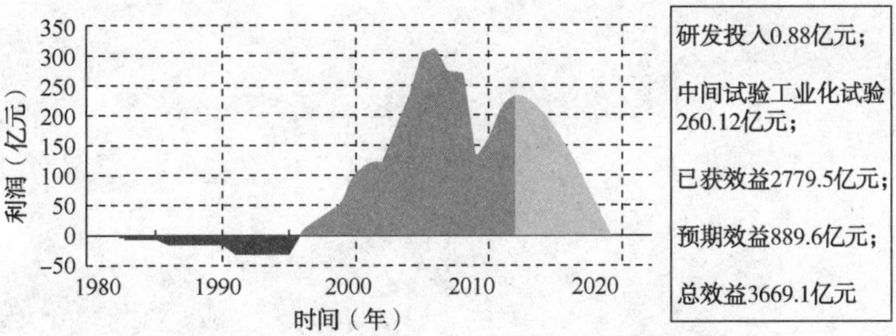

研发投入：中间试验及工业性试验投入=0.88亿元：260.12亿元=1：296
1982—1995年总科技投入：1996—2012年收益=261亿元：2779亿元=1：10
1982—1995年总科技投入：1996—2019年收益=261亿元：3669.1亿元=1：14

图 12　大庆油田Ⅰ类油层聚合物驱油技术全生命周期投入产出效益示意图

认识：

（1）由 36 项“新发明”和一批常规机、杆、泵等注采工具、装备形成了Ⅰ类油藏新一代聚合物驱油技术，“新发明”体现了“系统”的水平，“新”“老”配套形成了新一代生产系统体现了新的能力，“新能力”与增量效益直接对应。

（2）技术创新过程包括 4 年的前期攻关，5 年的中间试验，5 年的工业性试验，扎扎实实的坚持了 14 年，才有连续 12 年的高效益和 7 年的预期效益。不下决心做中间试验就没有技术换代。

(3) 前期科技攻关投入 8800 万元，成果转化的代价 261 亿元，经费比例为 1:300，取得了收益 2779.5 亿元。261 亿元为工程前期投入，属于研发投入(R&D)，十分重要。企业家必须有充分认识，才下得了决心。

(4) 科技重大专项、现场试验、依托工程等项目，是科技成果的孵化器，是符合国情，适用于重大核心技术的成果转化的好体制，计算科技成果的直接经济效益应有一定的时间段，才更加准确。

(5) 按国家规范的财务账目对“科技投入”有专门台账，对“科技产出”没有专门台账。影响了对科技第一生产力的正确认识。建议对新一代技术从进入“产业化”开始，对相应的收益账目同时注有“新技术”提示(如Ⅰ类聚驱 1996—2012 年的收益皆为“新技术”)。

(6) 可按此办法计算各油田及集团公司与储量、产量挂钩的勘探、开发代际技术的局部与整体的量化增量效益。

(本文撰写于 2018 年，合作者：牛立全、吕鸣岗、刘嘉等，未公开发表)

企业科技项目经济效益评价方法

【摘要】 科技项目预期经济效益评估是企业普遍关注的问题，但评估的难度很大，文章研究了国内外关于科技项目预期经济效益的评估现状，分析了影响科技项目预期经济效益产出的核心要素等有关问题，提出了一套实用的操作评估方法，并在科技规划研究中得到应用。该方法突出了科技贡献的特点和科技进步的核心要素与经济效益增长的关系，建立了相应的标准化判别体系，能够较为客观反映科技项目的预期经济价值。

随着我国建设“创新型国家”战略的实施，近年来，政府、企业对科技投入的力度不断加大，如何评估科技产出也随之成为了研究的热点。不同的投资主体对科研项目的产出要求不同，如科学院系统的科技项目，多为基础理论研究项目，国家和政府是投资主体，对项目的产出要求是以新理论、新方法为主，成果形式表现为论文、专著等；企业的科技项目投资主体是企业自己，这些项目主要是应用开发性研究，成功率较高，企业作为投资决策者更关注的是经济效益，科技项目必须将提高企业经济效益、提升核心竞争能力作为最终目标。因此，对科研项目预期经济效益进行评估对企业筛选科技项目具有重要指导意义。国外一些跨国公司已将科研项目预期经济效益作为筛选科研项目的一个重要指标，国内企业目前还没有开展这项工作，我们受中国石油天然气集团公司科技管理部的委托，开展了这项研究探索。

一、科技项目预期经济效益评估的作用

企业在进行科技规划研究与编制时，一般需要通过技术的竞争性影响、技术水平、技术对生产力影响、生产满足程度，以及预期经济效益和风险性等多维度进行评估筛选科研项目，其中科研项目预期经济效益是企业决策者最重视的评估指标。将预期经济效益与科技项目风险对比评价，可使科技投资决策者对是否进行科技立项进行科学判断。“预期经济效益高、风险低”的科研项目将纳入优先投资科技项目；而“预期效益低、风险高”的科研项目则不予立项；“预期效益高、风险高”，或者“预期效益低、风险也低”的科研项目可根据企业自身抗风险能力，确定是否立项(图 1)。

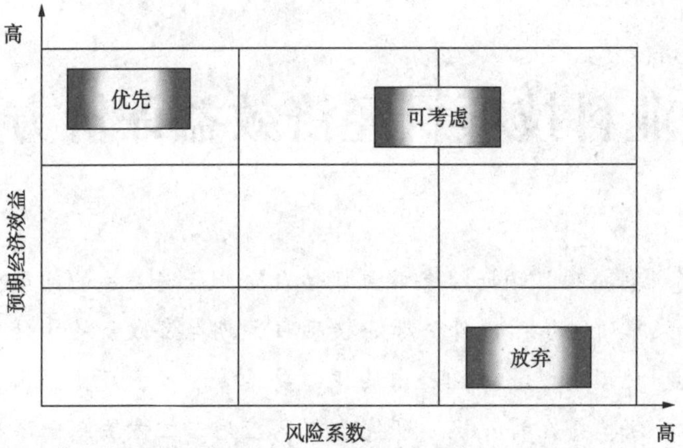

图 1　预期经济效益与风险评价矩阵图

二、国内外关于科技项目预期经济效益评估的研究

科技项目预期经济效益影响要素多、研究难度大，检索国内外相关资料，鲜有报道。国外咨询公司推荐使用工程项目预期经济效益评估的主流方法，即折现现金流法，用于评估科技项目预期经济效益。该方法涉及要素包括产品产量、价格、研发投资、生产投资、生产成本、税金等。工程建设项目与科技项目差异性很大，工程项目的技术成熟度高，研发项目技术成熟度低、不确定性大(图 2)。科研项目预期经济效益利用工程项目评估方法可操作性较差，而且很难反映科技指标的特点，特别是目前所有生产项目均由多专业、多技术成果支撑，很难进行特定科研项目预期效益评估。

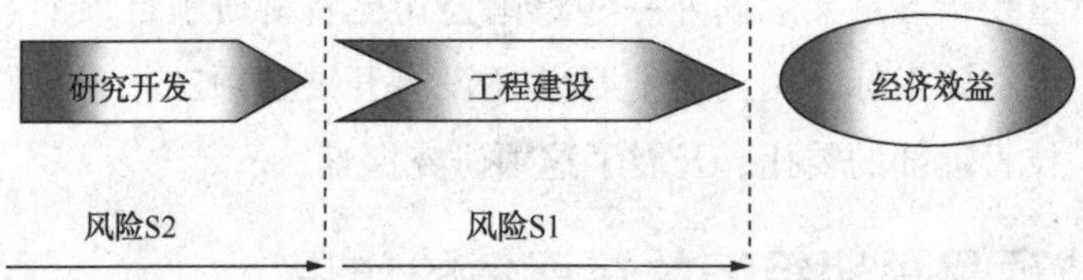

图 2　工程建设与科技项目差异对比

三、影响科技项目预期经济效益产出的核心要素分析

分析影响科技项目预期经济效益的核心要素，是确定经济效益自变量的基础，也是建立具有科学性和可操作性评估方法的基础。影响科技项目预期经济效益的有 10 多种因素，其中包括技术性能指标、技术经济指标、实施规模、寿命周期、专业协同、技术协同、资金投入、劳动力投入、产权、税收政策、宏观政策等。根据分析，影响科技项目预期经济的要素主要由核心技术经济指标、应用规模、单位规模效益、技术协同作用、新增资金及劳动力等五项构成(图 3)。

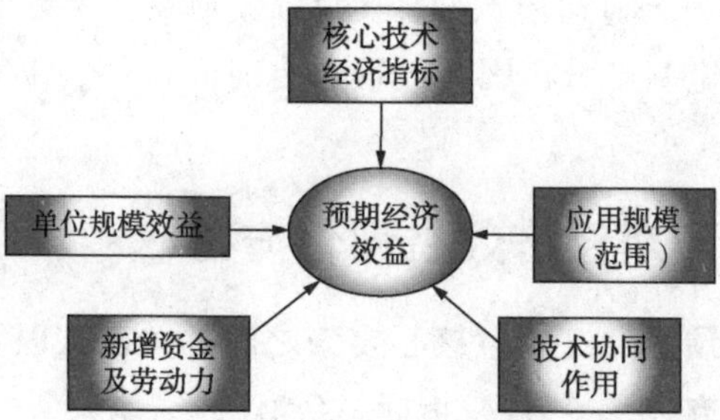

图3　影响科技项目预期经济的要素

1. 反映主要产出变化的技术经济指标是产出超额收益的根本

根据MBA智库百科的定义，技术经济指标(techno-economicindicator)是指国民经济各部门、企业、生产经营组织对各种设备、各种物资、各种资源利用状况及其结果的度量标准。它是技术方案、技术措施、技术政策的经济效果的数量反映。技术经济指标可反映各种技术经济现象与过程相互依存的多种关系，反映生产经营活动的技术水平、管理水平和经济成果。各部门和企业都有一套与本部门、本企业的技术装备、工艺流程、所用原料、燃料动力以及产品特点相适应的技术经济指标。简言之，“技术经济指标”是反映技术(方案、措施、政策、制度)实施后的经济效果的标准，它实质上就是与一定技术相联系的经济指标。

科技项目产生“超额”收益的原因是新技术与原应用技术相比实现的技术经济指标值发生了有益变化，譬如采收率提高、勘探成功率提高、单位产品成本降低、产品收率提高等，这种变化是技术对经济直接贡献的反映。

2. 科技项目实施规模取决于研发技术发挥作用的范围

科技项目的直接产出是研发的新技术，研发与引进新技术参与生产运行(即实施)的范围决定其能创造经济效益的大小。实施规模是评估计算预期经济效益重要指标之一。

3. 不同产品的附加值表现在单位规模效益

单位规模效益反映了产品的附加值，对科技项目经济效益具有重要影响。单位规模效益是单位规模产出与其成本的差额。

4. 技术转化为生产力增加超额收益需要资本、劳动协同作用

企业生产运行需要资本、劳动和科技三个要素，技术投入生产应用需要资本、劳动协同作用，即新技术投入应用的同时，也伴随着资本、劳动的投入，因此这两个要素对科研项目预期经济效益也有很大的影响。

5. 生产运行产生的经济效益是多专业各类技术协同发挥作用的结果

随着技术的发展，生产系统多由跨学科、跨专业的技术成果集成后，协同发挥作用，评价某个专业领域科技项目预期经济效益，要综合考虑其他配套技术成果对经济效益的贡献。

6. 参与生产经营运行的时间段影响科技项目预期经济效益

评估效益一般要选定基准日，因为效益具有时间价值。未来不同时间段对预期效益产生一定的影响。

四、科技项目预期经济效益评估方法

根据影响科研项目预期经济效益核心要素之间的关系，以及经济评价方法，研究提出预期经济效益评估方法——“规模指标—余值法”。

科技项目预期经济效益评估模型：

$$Y = \sum_{t=1}^{T} (ME \times SCO \times I \times SOT \times R) \times (1 + r)^{-t}$$

式中 ME——主要技术经济指标(Main techno-economic indicator)；

SCO——实施规模(Scale or scope)；

I——单位产出效益(Income of unit output)；

T——时间段(Time segment)；

SOT——技术贡献占经济产出的份额(Share of technology contribution)；

R——项目技术分成比例(Rate of a single technology contribution)；

r——资金贴现率。

不同科研项目，其预期经济效益产出形式有差别，应根据不同类型特点建立相应的评估模型。

石油、石化企业科技项目预期经济效益按其产出形式可分为以下六种类型。

(1) 增加油气储量：以新发现油气储量为目的科研项目。

(2) 增加产量：指在科技项目研发新技术应用后导致产出增加，生产加速所创造的经济效益，如提高油气采收率技术。

(3) 优化产品结构：指在生产原料基本不变的情况下，通过实施新技术，产品种类结构发生了变化，表现在高利润产品的比例得到提高，如“两段提升管催化裂解多产丙烯兼顾轻油生产(TMP)技术”。

(4) 提高产品质量、产品换代：指在生产原料基本不变的情况下，通过实施新技术，产品性能指标得到改进，以提高产品附加值或满足国家的新标准要求，如由生产模拟检波器改为生产全数字检波器，由生产欧Ⅰ汽油改为生产欧Ⅳ汽油。

(5) 技术服务：指拥有新技术或新产品后，通过提供技术服务或技术转让能够争取更多的市场份额，从而获取新增经济效益。

(6) 成本降低：指在工程量一定，或生产产品结构基本不变的情况下，通过实施新技术，单位工程量成本下降，加工单位原料或生产单位产品成本减少。

预期经济效益评估模型可以进行合理简化。预期经济效益评估的主要目的是为科研立项提供决策依据，因此，在应用中可以对评估模型进行简化，将最具代表性的参数明确定义、建立标准体系，并量化表达历史和现行已达到的指标，忽略贴现率这样的共性指标的影响，根据专业特点明确建立应用时限标准。

科技项目预期经济效益评估这一研究课题极具挑战性、难度极大，本研发团队在中国石油天然气集团公司科技管理部门的大力支持下开展了探索性研究，初步形成了实用的操作评估方法，并在科技规划研究中得到实际应用。

科技项目预期经济效益评估应突出科技贡献的特点，突出反映科技进步的核心要素与经济效益增长的关系，并建立相应的标准化判别体系，从而保证客观反映科技项目的预期经济价值。

（本文刊登于《石油科技论坛》2010 年第 3 期，合作者：牛立全、吕鸣岗、白兰君、曾宪义、赵永胜、余凤华、杨宝莹、杨长祜、李希文、杨天吉）

第五部分

石油科技体制改革的若干思考

强调科技体制是“文化层面”的事，不能立竿见影、必须持续深化，强调“企业科技就是效益科技”“必须在离生产最近的地方下功夫”。

科技体制及改革的若干思考

【摘要】 我国科技体制改革已经历了一个相当长的过程，目前仍在进一步深化。作者结合石油企业的一些情况，就科技体制的内涵、外延发表了自己的见解，并以国外大的石油公司为例，对今后石油科技如何深化改革提出了一些看法。作者认为“科技体制属于文化层面的问题”，是“科学技术活动的组织体系、管理制度和运行机制的总称”，是创新体系的灵魂，是出成果、出人才的关键；企业的科技工作应在离生产最近的地方下功夫。

一、科技体制是创新体系的灵魂，是出成果、出人才的关键

科学技术的积淀可以分为四个层次。

最现实的，拿来就可用的，是技术，技术可以直接转化为生产力；而重大的技术创新要靠科学的突破；科学的突破和发现，来自于人才；人才的兴旺在于教育；而教育的基础是文化。所以，有人把技术比喻成苹果，科学比喻为苹果树，教育比喻为土壤，文化则是阳光、空气和水。

技术管今天的事，科学管明天的事，教育管后天的事，文化管今天、明天、后天的事。科技体制属“文化层次”，全天候管事，对其进行改革，难度当然就很大了。

我有较长时间从事科技体制改革的经历，在工作中经常发现，科技部门认为很好的政策措施，比如，对科学技术工作有贡献的人加大激励力度，多发一些奖金等，但到财务部门就很难行得通，甚至被一票否决；科技部门认为某某年轻人有才干，创新能力极强，应给予相应的技术、学术职称，但组织、人事部门却有自己的一套标准；研发部门领导班子变更，科技部门往往一无所知，甚至让科技管理部门的主要领导去陪同宣布时，在去的路上才被告知换了其他人。出现这种情况，原因是各个部门都有自己分管的职能，又都有自己的上司、自己的道理，纵向一条线，一对一。

一次，我到一个研发部门做有关技术创新的讲座，课讲完了之后获得热烈掌声，但掌声刚落，就有一位资深学者对我说：“老傅啊，你这是在羊群里喊打狼，有本事你去狼群里去喊打狼”。他的意思是要我到不重视科技的生产管理部门宣传宣传科技的重要性。其实企业的生产管理部门未必就不重视科技，对于这个问题，科技部门与生产部门历来就存在“两张皮”。企业是从事生产经营的场所，企业家和生产管理部门注重的是技术在生产中的实现，追求的是近期的直接效益，和研发部门追求的中远期目标

有所区别。什么叫重视科技，什么叫不重视科技，从理念上、工作性质上都有不同的理解，需要通过文化层次上的融通、整合、共识，逐步予以解决，这就需要“深化科技体制改革”，难度很大。

什么是科技体制，学术界有多种解释。比较集中的、笔者认同的观点是：科技体制是科学技术活动的组织体系、管理制度和运行机制的总称。组织体系是科技体制的表现形式，是行使科技活动和管理权力的载体；运行机制是科技体制的灵魂，是科技系统各构成要素及其与外系统要素之间连续不断、畅通运行的机能，是科技体制赖以发挥的基本功能和作用动力。没有运行机制，科技体制也就不复存在。科技体制还要受到国家政治体制、经济体制、文化传统和思想观念的影响和制约，所以我们说，科技体制包括机构、制度和国情，许多人一谈到体制改革就热衷于成立、兼并或调整管理机构，建立某某院、某某研究所。真正好的体制内涵应当是符合国情的、良好的运行机制。

改革开放30多年以来，我国的科技体制改革不断发展深化。1985年年初，邓小平同志在全国科技工作会议上发表了“改革科技体制是为了解放生产力”的讲话，中共中央发布了《关于科学技术体制改革的决定》，宣告中国的科技体制改革全面启动。1987年，发布并实施了《中华人民共和国技术合同法》，极大地促进了技术交易和技术市场的发展，有效地保护了科技人员的合法权益。1988年，国务院作出《关于深化科技体制改革若干问题的决定》，这是科技体制改革工作在认识和实践上的一次飞跃。1993年，国家发布实施《科学技术进步法》，确立了国家发展科技进步事业的基本制度。1995年，中共中央、国务院发布《关于加速科学技术进步的决定》，确立了科教兴国战略，提出“稳住一头，放开一头”的改革方针。1996年，《促进科技成果转化法》颁布，该法规定对科技人员转化成果予以奖励，它极大地激发了科技人员创新创业的积极性。

25年来，围绕“解放生产力”的总目标，我国的科技体制改革和石油系统的科技体制改革取得了有目共睹的成效，但同时也应该看到，尽管从理念上反复强调“科学技术是第一生产力”，提倡尊重科学、尊重人才，科技投入要不断加大，改革要不断深化等，但仍然有许多不尽如人意之处。从石油石化行业的科技系统本身来看，重复、分散、低水平，学风不够扎实，科技资源不能优化配置等问题尚未从根本上得到解决。

我认为，要深化科技体制改革，聪明的办法就是“站在巨人肩膀之上”，借鉴外国的先进经验，结合我们的国情，走出一条自己的路，把暂时不能效仿的好经验，先放一放，把能学的、应该学的学到手，发扬自己的长处。

十多年来，我同国外的大油公司和技术服务公司进行过许多接触，对他们的情况有一些了解，对比之下感到我们进行科技体制改革不能追求形式，科技体制“只有原则上的是与非，没有形式上的对与错”衡量体制的基本原则包括三方面：一是最大限度发挥科技人员创造性（不仅是积极性）；二是最大限度实现科技资源的优化配置；三是促进科技成果快速转化为现实生产力。这里介绍三个外国大油公司的科技体制，以供学习和借鉴。

(1) 埃克森美孚公司。

管理层：公司主管科技的副总裁负责，对公司的科技发展方向、科技组织与协调工作进行宏观管理和指导，促进公司在全球范围内的技术进步与应用，确定和批准研究部门的年度计划和中长期研究项目。

研究层：公司研究中心(上游研究公司和下游研究公司)是公司科技战略实施的主体，以公司的战略发展、未来发展的技术需求与当前业务经营所需为目标，开展相应的研究、技术开发与技术服务。

开发层：专项技术研究单元或实验室承担一些专有技术或某些未来市场需求的产品开发。

研发机构的定位与作用：它主要是为公司宏观决策和发展提供技术支持，为公司的发展提供技术培训，为所有业务提供信息技术支持和计算机服务。

研发费用：以公司总部拨款为主，长、中、短期项目的经费比例为 10：60：30，科技投入充足、稳定。

研发管理：由总部集中控制，实行从立项直到推广的全过程管理。科研立项由研究主管根据长期从事一个领域研究的专业人员提出的课题申请，结合市场主管提出的产品发展趋势与需求分析，综合讨论后进行科学设计，送交决策层；批准后由研究中心组织实施。项目任务落实到人，人员进出按运行大表控制，项目长统筹项目整体实施和运行的全过程，把成果应用作为项目的结束。

人才战略：注重科研人员的整体素质。上游研究公司拥有博士学位人员超过人员总数的 50%。本着“唯高、唯精与唯优”的原则，面向全球吸引、抽调和使用最具创新性、最有技术经验与研究水平的人员到研究中心，外籍研究人员占研究人员总数的比例达到 57%。公司非常注重加强科研人员实际工作能力的培养，提供不断的技术培训，使员工的知识不断得到更新；公司还定期从基层选调科研人员到总部工作；定期派人到现场工作，以保持技术研发的高水平与对现场实际工作的全盘了解。

(2) 壳牌公司。

该公司不设专门的科技管理部门。壳牌勘探开发技术中心(荷兰)是上游主要研发机构，隶属于壳牌国际勘探开发公司，向壳牌全球勘探开发部门提供具有竞争性的技术支持，下属三个业务部门，分别是技术应用和研究部、深水研究部、壳牌技术产业部。贝莱尔(Bellaire)技术中心(美国)服务于北美的上游活动。壳牌研究与技术中心(荷兰)是集团的下游研究中心，在全球设有 9 个研究机构。

技术发展模式：用户—承包商互动。基本原则是用户提出技术要求，承包商说明它能进行的项目、所需的经费和时间，以及成功的机会。课题来源于壳牌公司遍布世界各地的作业公司；壳牌的中心研究机构承担并分派研究工作，以及成果的转让和分配；各个分研究中心和实验室完成具体的研究工作，出成果。

人才战略：保持未来十年的人才优势。为员工创造学习、发展和安全的工作条件，尊重和爱护每一位员工，实行以价值为基础的劳动与报酬系统，实施柔性化的家庭与事业和谐发展计划，帮助员工在工作中发挥最大的努力和才能。

(3) BP 公司。

公司总部设科技管理机构，职能是直接管理技术研究中心，包括上游、下游、化工等若干研究院。这些研究院分布在全球七个地区，从事大型、基础性、普遍性和宏观的研究工作。业务单元分布在全球，自成系统，独立管理，从事应用性、技术支持性的研究工作。

研发管理：集中研究，共享应用。BP 公司的科技管理中，项目、经费、人员三者相对分离，即业务单元提出研究项目，研究中心组织人员进行研究，总部审定拨付经费。科技计划分为短期(1~2 年)、中期(2~10 年)、长期(10 年以上)计划。科研项目分三个层次，分别为最佳实践、运作变革、业务转型。前两个层次投入占 80%，第三层次占 20%。

短期、中期、长期科研项目实行有机组合。

短期科研项目，BestPractice(最佳实践)：周期为 1~2 年，主要是技术应用和推广完善，重点解决日常经营中遇到的技术问题，这些科研项目大部分在业务单元进行。

中期科技项目，TransformPerformance(运作变革)：周期为 2~10 年，主要是重大关键技术研究和新产品开发，研究成果将对原来的工作方式产生明显改进和业绩提升。这些项目主要由技术研究中心承担。

长期科研项目，TransformBusiness(业务变革)：周期为 10 年以上，主要是前瞻性、战略开拓性的研究课题，研究成果将对公司业务发展和新领域开拓产生重大变革和促进。这些项目除部分由研究中心承担外，多数委托国际一流的大学或研究机构承担。

研发费用由公司总部集中拨款，费用充足。

人才战略：努力吸引、使用和开发具有创新精神、敢于向传统思维挑战的一流人才，为员工提供持股计划，以及高度灵活的工作机制，使员工的工作与家庭生活保持和谐。

(4) 国际三大油公司的共同点。

一是技术创新已成为公司经营战略的核心内容，依靠科技进步应对市场竞争，十分重视源头创新和技术上新的突破，把挑战极限作为科技创新的目标。从战略层面建立了十分完善的技术创新体系，为出大成果、高水平人才提供了组织保障。

二是科研立项严谨。不选一般技术，只选能够降低生产成本、提高公司竞争能力的高新技术项目。课题必须是生产需要的，没有用户或不能推广的项目不选；没有经济效益、不增值的课题不选；重复的课题，即别人已研究过或正在研究的课题不选。充分利用外部优势，能合作的课题不自己单独承担。

三是重点突出。将大量科研经费用于开发公司的核心技术、专有技术和品牌技术。

研发重点是以增加效益、降低成本、降低风险的研发项目为主，注重研发活动的实用性和效益性。大量通用技术研发交给服务公司，对技术供应商的依赖性强。

四是广泛采用合作研究、联合攻关的组织方式，以便更好地回避商业风险，适应动荡多变的石油市场环境。合作方式和合作层次多种多样，包括公司内部不同部门的合作；与政府研究机构、独立实验室、大学、研究院之间的合作；与服务公司建立战略联盟；与其他油公司之间的合作。1980 年以来，自主研发和合作研发的费用比例由 8∶2 倒转为 2∶8，绝大部分项目依靠外部资源，合作研究大大加强。

五是十分重视项目管理和科技成果的推广应用。科研管理的中心环节是实行项目管理，强调从立项到推广全过程项目负责，对科研立项、实施、财务、推广等各个环节实行严格监控，采用多方式、多渠道加速新技术的推广应用。

六是以人为本，重视创新人才开发。通过特殊的薪酬体系为优秀的科研人才提供优惠的待遇，重视为人才的使用创造良好的机制、良好的环境。科研人员占公司全体职员比例基本保持在 3%~6%之间，并都采用比较稳定的合同制。对科研人员整体素质和知识水平要求很高。科研人员和现场结合十分紧密，每年有相当时间深入现场，获取实践经验，并直接推广应用和指导新技术。科研机构中具有现场实际工作经验的科研人员比例高达 70%~80%，低的也在 30%~40%。

国际三大油公司科技机构设置、管理功能有所不同，技术获得的策略理念也不尽相同，但以上六条经验都是共同的，应当结合我们的国情，进一步加大改革力度，加快科技体制改革进程。

二、企业科技工作应该在离生产最近的地方下功夫

当代科技发展有两种形式：一种是以市场为主导，非线性发展的“融合式”；一种是从实验室开始的研究、开发和原始性的“突破式”模式。企业的科技工作不同于“科学院科技”和“高等院校科技”，突出的是效益。重点是以市场为主导，通过新技术的融合集成，产生规模效益。企业是新生产力形成的最终场所，是技术创新的主体，企业科技就是效益科技，应该在离生产最近的地方下功夫。

科学研究有三个阶段，即基础研究、应用研究、发展研究。通常的理解是科技成果经过鉴定和生产试用，就意味着技术进入了市场，进入了生产领域，研发工作即告结束，其实新技术转化为生产力还有很长的路。这方面日本的经验可以借鉴，在日本“发展研究”被深化为七种类型，包括：开发研究（使技术适应于主体应用领域）、设计研究（新技术必须通过设计才能进入工程应用，研究如何配套发挥其最佳效能）、生产研究（使技术适应生产的不同状态和环境需求）、流通研究（使技术适应不同的市场需求）、销售研究（调整技术结构、性能，以适应不同价格需求）、使用研究（用户发现问题，及时改进产品）、回收研究（不是都报废）。每项研究都有专门的团队、明确的目的和规范的要求，使新技术一层一层地改进、完善，适应市场，以发挥最大效能，直到

回收都要研究剩余价值的再利用。这些都值得我们深思。正因为这样，日本人做到了德国人发明的汽车他们卖得最好，美国人发明的电视他们赚到的钱最多。我们的研发创新体系强调“一个整体、两个层次”，对于多层次的生产性研究不再强调，而这正是企业技术创新的核心。这方面大庆等油田也有成功的经验。在大庆油田，实际上从油田公司，到采油厂、采油矿，每一层次都有自己的研发团队，设计院也有设计研究团队，一项新技术从总部推出后通过各级的研发团队边培训、边完善，不断集成创新，依靠这样的建制保证了新技术的迅速推广和旺盛的生命力。

石油勘探开发属于采掘行业，地质研究十分重要。如何让地质研究离生产更“近”一些，也需要再下一些功夫。如果说科学院和大学从事的地学研究以科学发现和知识探索为主，工业部门的地质研究就更应该强调技术层面的“应用”，强调把“规律性认识”变成可操作、有形化的技术产品，如研究目标是“主控因素及油气分布规律研究”，随之应产出主控因素分布规律判别方法、识别技术与相应的应用软件。成藏模式、储层识别、不同类型岩性地层的层序识别等都应产出识别技术、判别方法及相应的软件以及实验方法、实验技术、检测技术等技术产品。这些技术产品同样要通过中间试验形成新规范、新标准，提供规模应用，并拥有相应的知识产权。国外油公司的地质研究，一方面有公开发表的对规律性认识的论文，其核心研究成果则属企业秘密或做成商业软件为公司谋利，这都是技术创新成果。实际上，我们一方面在不断地学习外国先进技术，购置外国公司在构造分析、成烃、成藏、盆地模拟等方面的技术产品（绝密的区块评价软件等外国公司并不出售），另一方面又说地质研究“无技术”，只有“论文”产出，这是不正确的。企业的地质研究成果必须延伸到技术层面，实现有形化、可操作，只有“技术”才能使企业直接受益。

作为企业，不能不重视原始性创新，更不能不重视集成创新，企业的创新体制必须把集成创新放在十分重要的地位。当今世界科技正向着综合化方向发展，新生产力的产生主要依赖多学科的交叉、集成。20 世纪 60 年代，美国阿波罗载人登月工程共 400 万人参加，最多一年动员 42 万人，参与研制的公司有 2 万家，研究所有 120 家，耗资 300 亿美元，发射火箭的土星—5 有 560 万个零件，飞船由 300 万个零件组成，先后耗时 11 年。事后总指挥韦伯博士语出惊人：“我们没有一次使用别人没有的技术，我们的技术就是综合集成，就是组织管理”。日本人发明的复印机也正是采用 12 项已有的先进技术，如光电感应、数码识别、自动传送等，通过综合集成，形成了新功能，创造了新机器，开拓了一个新的领域。不要小瞧了“综合集成”，也不要把没有创新的“配套”也盲目地叫作“集成创新”。

石油石化企业的技术发展与进步绝大部分都是在前人基础上的改进与集成，颠覆性、革命性的技术发明只是“凤毛麟角”，这很正常。问题是往往对量大而面广的“集成创新”缺乏系统、本质的认识。系统论告诉我们四条原理：一是整体性原理，整体大于部分之和，把部分属性加起来，不能说明整体；二是系统性原理，系统不但包含多要素，而且包含相互作用，孤立的各个部分不能说明系统整体；三是有序性原理，各种相互作用形成的组织机构建立起有序性，其中的非线性不服从拆卸、加和原理；四是目的性原理，系统是动态的，在一定条件下“有目的”的趋向某个目标，这种整体行为不能还原为某要素的特殊作用。

近年来钻井工程技术发展很快，通过各单项技术的进步和综合集成，形成了“优”“快”钻井，但什么是优、快钻井技术？许多人却说不出来，一说就是PDC钻头、新型钻井液、新型钻井工具等单项、局部的创新技术，其实每一个单项技术往往都已经不“新”，都已在别的用场发挥了作用，而优、快钻井的新就新在工艺技术的“组合”和“集合体”。这种“组合”和“集合体”本身就是新技术、新发明。正如阿波罗登月工程的重大创新并不是几百万个零部件，而是登月工程“整体”本身；也正如“复印机”的创新并不是“光电感应”“数码识别”“自动传输”等技术，而是通过“构思”和“设计”，组合了“新”要素，形成了“新”结构，产生了“新”功能——复印。优、快钻井技术的创新点应当从整体性、系统性、有序性和目的性四个方面着手，分析优、快钻井技术优化选择了什么要素，并做到了“整体大于局部之和”，集成的新技术形成了哪些新结构，如何相互作用产生了新功能？这些才是集成创新的诀窍和内涵，才是集成创新的核心。

石油科技体制应当向“一个整体、多个层次”和“重生产目标、重综合集成”的方向深化改革，在离生产最近的地方下功夫，这兴许会有更大的作为。

（本文刊登于《石油科技论坛》2010年第3期）

思虑长远、进一步加快完善科技创新体制改革

科技体制是科学技术活动的组织体系、管理制度和运行机制的总称。组织体系是科技体制的表现形式，是行使科技活动和管理权力的物质载体；运行机制是科技体制的灵魂，是科技系统各构成要素及与外系统要素之间连续不断、畅通运行的方式，科技体制赖以发挥基本功能和作用。没有运行机制，科技体制也就不复存在。同时，科技体制还要受到国家政治体制、经济体制、文化传统和思想观念的影响和制约。

钱学森先生多次提问“为什么中国出不了国际顶尖科技人才”，可见体制改革是决定战略成败的头等大事。

一、认清改革本质 坚持方向

改革开放30多年来，中国的科技体制改革不断发展深化。尤其是1995年中共中央、国务院发布《关于加速科学技术进步的决定》，确立了科教兴国战略，提出“稳住一头，放开一头”的改革方针。1996年《促进科技成果转化法》颁布，对科技人员转化成果予以奖励的规定，极大地激发了科技人员创新创业的积极性。25年来，围绕“解放生产力”的总目标，石油科技体制经历了由于体制变革而发生的变革及科技机构企业化转制等重大变革，取得了重大成效。这也从一个相对较长的时间段印证了“体制”不能“立竿见影”的特点，重复、分散、低水平，学风不够扎实，科技资源不能优化配置等问题尚未从根本上得到解决。

二、学习先进经验 为我所用

科技体制“只有原则上的是与非，没有形式上的对与错”，“好的科技体制”应当有三条标准：一是最大限度发挥科技人员的创造性，二是最大限度实现科技资源的优化配置，三是快速促进科技成果转化为现实生产力。总之，能够确保“在最适当的时间找最适当的人干最适当的事”，就是最好的。

我认为，当前深化科技体制改革，要“站在巨人肩膀之上”，努力学习外国的先进经验，同时又要结合国情，走出一条自己的路。国际大石油公司的科技体制有许多值得我们借鉴的内涵：

其一，以人为本。重视创新人才开发，通过特殊的薪酬体系为优秀的科研人才提

供优惠的待遇，重视为人才的使用创造良好的机制、良好的环境。国际大石油公司科研人员占公司全体职员比例基本保持在3%~6%之间，科研机构中具有现场实际工作经验的科研人员比例高达70%~80%。例如，埃克森美孚公司本着“唯高、唯精、唯优”的原则，面向全球吸引、开发、抽调和使用最具创新性、最有技术经验与研究水平的人员到研究中心，外籍研究人员占研究人员总比例达到57%。同时，公司还提供不断的技术培训，使员工的知识不断得到更新，加强科研人员实际工作能力的培养，定期派人到现场工作，以保持技术研发的高水平与对现场实际工作的全盘了解。

其二，开放合作。广泛采用合作研究、联合攻关的组织方式以更好地回避商业风险，适应动荡多变的石油市场环境。同时，1980 年开始，国际大石油公司中自主研发和合作研发的费用比例逐步由 8∶2 倒转为目前的 2∶8，绝大部分项目依靠外部优势资源，合作研究进一步得到加强。

其三，突出企业科技就是效益科技理念。科研立项必须严谨，只选能够降低生产成本、提高公司竞争能力的高新技术项目。课题必须是生产需要，没有用户或不能推广的项目不选，没有经济效益、不增值的课题不选，重复的课题即别人已研究过或正在研究的课题不选。其次，充分利用外部优势，能合作的课题不自己单独承担。再次，重视项目管理和科技成果的推广应用。科研管理的中心环节就是项目管理，强调从立项到推广全过程的项目负责制，对科研立项、实施、财务、推广等各个环节实行严格监控，采用多方式、多渠道加速新技术的推广应用，使成果尽快见到规模效益。

三、巩固发展成果 继续推进

“十一五”以来，中国石油集团的科技体制改革取得了很大成效，最为突出的，一是新建了 11 个国家级重点实验室和工程技术中心，强化和新建了 25 个集团公司重点实验室和 15 个中间试验基地，把一批重要的学科技术研究提升到国家和集团公司层面，为原创性技术发明创新和成果转化搭建了高水平的平台，也为吸引高层次人才与合作研究创造了良好的条件，已取得了一批高水平的研究成果。二是“十一五”以来大力推行企业牵头的重大科技专项，以实现企业生产任务为目标，以企业工程应用为依托，促进关键技术升级换代和单项技术的集成配套，以新的规范、新的标准和新的生产力保证生产目标顺利实现。这种“项目制”符合中国国情，每一个重大专项就是一个“没有围墙的研究院”，可以实现集团公司内部以及国内、国外科技资源的优化配置和效益的最大化，大大加快了成果转化，是行之有效的体制改革举措。

“十二五”以及今后一段时间，改革的重点首先要巩固以上两项重大改革的初步成果，不断完善重点实验室、试验基地运行机制和重大专项项目管理规范。建议采用更加灵活的激励机制，鼓励创新；培育更加民主的学术氛围，进一步发挥科技人员的创新思维和创造力；进一步加大国际一流人才的引进、联合，迅速提高我们的研发能力和研究水平。最重要的一点是按照一把手抓第一生产力的理念，建议集团公司最高层应尽快研究、组织、制定、实施一套指导中长期科技发展的“顶层设计”，实现一个目标、一个团队、一套办法、三个层次(应用基础、技术攻关、推广应用)的总体布局，加大力度解决机关部门管理交叉，以及集团与企业两级科研机构研发成果转化的有效衔接。

笔者相信，按照这个方向继续深化科技体制改革，必然会取得更大的成效。

(本文发表于《中国石油新闻中心》2012-11-13)

企业化：石油院所改革的必由之路

为了适应世界石油工业的发展形势，当前，全球范围的石油行业掀起了兼并重组高潮。我国中国石油、中国石化两大集团公司去年7月刚刚实现了重组，现在又紧锣密鼓地进一步进行重组改制，大大加快了改革步伐。石油院所是石油科技的骨干力量和主力军，在这种改革浪潮之后，向何处去，如何定位，这是科技界关心的大事。

我国石油界历来都有重视科学技术、依靠科技进步促进生产经营的好传统。石油科技在历史上发挥了重大的作用，60年代大庆会战、70年代渤海湾会战都使用了科技这把“利剑”特别是改革开放以来，成效更加显著，有400多项成果获得国家奖励。“八五”“九五”期间全国评选了20项重大科技成就，我们独占3项。“八五”期间全国为国民经济贡献巨大的10项改革成果评选中我们有4项榜上有名。目前，科技进步贡献率已达47.1%、超过国内工业界平均水平近10个百分点。

石油科技体制改革也取得了初步成效。科技成果商品化、技术有偿转让深入人心、运行机制从纯科研型、封闭型和行政型运行机制向科研经营型、开放型和市场化转化取得重大进展。科研机构自我发展的能力和主动为经济改革服务的活力有所增强，科技成果成为商品已进入市场，科技资源配置向市场化迈出了一大步。科技人员的竞争、流动机制有了好的开端。

尽管取得了这些成绩，但无论与世界石油工业改革浪潮还是我国科技体制改革的要求相比，都还有相当大的差距。其核心问题和深层次表现就是我们目前的科技体制和机制还没有从计划经济体制中脱胎换骨，大的格局没有改变，还没有完成真正意义上的质的飞跃。

科技体制改革如何定位？党中央、国务院明确指出，科研院所的改革方向和目标就是三个字“企业化”。今年6月31日前，经贸委所属的242个科研大院大所已限时完成了转轨转制。据了解，今年三季度还有重大举措。

为什么科研院所要走企业化路子？至少有四个重要原因。一是同际经济和科技一体化发展大趋势对深化科技体制改革提出了新要求。信息产业的兴起使人类社会进入了信息社会，推动了经济形态从资本型经济向知识型经济转换，技术创新成为国际竞争的决定性因素。国家企业组织转移调整的核心问题围绕着“创新”进行。提高竞争力关键在于提高创新能力。经济增长方式的切入点是立足于创新，这时科技体制改革提出了迫切需要。

二是国际上正在掀起转制高潮。目前欧洲已率先完成，大趋势是将科研院所推向非政府化，即运行的市场化，管理的企业化，自主经营，自我发展，同政府的关系是市场或契约关系，合同关系。

三是党的十四届三中全会提出“到2000年初步建立起社会主义市场经济体制”。这意味着科研院所原来赖以生存的社会基础将不存在了，计划经济体制派生出的庞大事业单位，都将按照“官本位”办法运作，中央决定2000年前科研院所要全部实现“企业化”转制。

四是中央肯定股份制是一种先进的企业资产组织形式，这个思想一明确、国企改革就好办了。谁先进入市场、谁先转变机制，谁就在下一步竞争中处于有利地位。

有人说，我们石油院所有特殊性，也有人说我们本来就在集团公司、在企业之中，自然是企业化了。判断院所是否实现企业化应当有四个标志：一是要成为适应市场的独立社会法人，产权明晰、责权明确。逐步做到自主决策、自主经营、自我发展、自我约束。二是在财务制度、会计制度，质量保障体系、成本核算体系全面按照企业模式运行。三是实现“五化”，即经营企业化，科技成果商品化，资源配置市场化(包括人才、装备、资金等)，服务保障市场化(含内部服务)，分配货币化。四是在科研、经营、人事、分配、资产运作等方面有充分的自主权。

当前我们石油院校在企业化改革方面有了一定的基础，有的院所如在天津的石油工程技术研究院年内已实现了模拟企业化运作，将科研核心、技术开发、技术服务和后勤服务剥离开来相对独立运作，加强了出成果和成果转化、商品化步伐。实力雄厚的北京中国石油勘探开发研究院也已迈出了可喜的步伐。科研院所企业化是石油集团重组改革的需要，也是科技发展的需要。

石油院所只有在科技调整、制度创新方面动了大手术，见了大行动，改革才算取得实质性进展。我们要紧紧抓住这次重组改制的机遇，把院所改革推向前进。

(本文刊登于《中国石油》月刊1999年7月)

21世纪中国石油工业的科技创新

几十年来，随着社会的进步，石油和天然气在能源结构中的比例不断上升，世界煤炭、石油与天然气、电(核电、水电)的比例，由50年代的6∶3. 8∶0. 2发展到目前的3∶6∶1，油气现在已占到62%。一个国家油气的拥有量和占有量已成为综合国力的重要标志。

我国的石油产量为1. 6亿吨，已连续7年保持在世界第五位，为国民经济建设的发展作出了很大的贡献。但是，目前也有两个比较大的问题：

一是后备储量不足，储采比仅为10∶1，而世界平均为40∶1，中东地区可达到或超过100∶1，也就是说我们是找到的少，开采的多，后劲不足。

二是油气生产比例失调，按1000立方米天然气相当1吨原油计算，世界油气生产比例为10∶7，我们仅为10∶ 1. 7，天然气产量太少。但从发展前景看，我们又有很大的优势，经资源评价证实，我国拥有940亿吨石油和38万亿立方米的天然气资源(不含非常规天然气，如煤层气等)，目前仅分别探明21%和7%，也就是说还有79%的石油和93%的天然气未能发现，具备大幅度增加石油和天然气储量、产量的物质基础。

在已发现的油田中，开采的主要工艺技术为注水开采，其最终采收率仅为33%左右。采用这套技术，当油井含水100%时，地下仍有2/3的原油没有采出。所谓“油田枯竭”仅仅指的是用现有技术手段无法再继续开采而言。

根据国内外7个能源研究机构测算，我国到2010年对原油和天然气的需求平均分别为2. 7亿吨和800亿立方米(其中400亿立方米为降低煤耗及加强环保)。

我国的原油自60年代实现自给，到1993年已变为进口国，而且进口量不断增加，据测算，2010年我国油气的缺口将分别达到1亿吨和400亿立方米，相当于1. 4亿吨原油当量。按1000元人民币一吨标准计算，国家每年需要用1400亿元人民币购置油气！这不仅财力不允许，而且也买不来，不可能有这么大的稳定供应市场。

中国的油气资源潜力这么大，为什么产量上不去？我认为，科技进步是促进中国石油工业发展的主要因素，而制约其发展的深层次问题仍然是科技创新问题。科技创新包括：科学理论创新，技术创新，体制、机制创新。

一、科学理论的创新

随着知识经济时代的到来，人们越来越认识到生产力的发展已从生产(P) →技术(T) →科学(S)的模式，即社会生产需求刺激技术发展，进而呼唤科学，倒转为从科学

(S) →技术(T) →生产(P)的新模式，即科学走到了生产和技术的前面。技术创新和生产实践日益取决于基础科学的突破。据统计，20 世纪以来，有 6%的技术发明源于基础科学。1993 年的美国科学白皮书，列出了一个鲜明的标题："科学是技术的基本燃料，技术是经济增长的发动机。"这个标题清楚地摆明了三者的关系。

中国地质条件十分复杂，不像中东、北美和苏联的一些盆地那样具有长期，甚至数亿年的稳定发展史。中国除了中部的鄂尔多斯、四川等盆地，广大的东、西部地区，都经历了多次强烈地质构造运动。许多油气都经过生成、破坏、再生成、再破坏、最后生成的复杂过程，我国的主要油气田皆为陆相地层，总体规模小，储层条件差，国外的石油地质和油田开发理论无法有效地指导中国的油气勘探开发。几十年来，我们花了很大的力气，引进和发展了地震和钻井等一批高新技术，大大促进了中国油气勘探开发的进程。但地震毕竟只是找圈闭的方法，钻井毕竟只是发现油层的手段，要解决中国的油气勘探开发问题，必须从根本的基础理论创新上下功夫。这个问题解决了，才能使勘探开发获得最大的效益。

我认为，中国的石油勘探开发理论创新，主要包括两个领域：一是石油地质理论，包括叠合盆地理论，多期深排烃及运聚理论，以及多期成藏理论；二是强化采收率理论，包括分子设计和超分子效应理论，储层地质理论和非线性、非牛顿理论。我们从科学的基础问题入手，解决好以上两方面的问题，不但可以创新一批新技术、新方法，形成自己的知识产权，也可以真正地以自己第一流的技术进入国际市场，参与国际竞争。

据专家测算，新技术的投入可使全国平均采收率提高 5%，这就相当于找到一个大庆油田。

二、技术创新

当前，世界石油工业已由 70 年代的规模取胜、80 年代的成本取胜，发展到 90 年代的高技术取胜时代。近十年来，世界各大石油公司，纷纷投入大量人力、物力，应用科学理论，发展高新技术，使原油和天然气的发现成本和生产成本平均下降了 40%。

中国的石油工业，特别在改革开放的 20 年来，高新技术的发展取得了长足的进步。一些方面有所创新，并达到国际领先水平。但是，我们对油气勘探开发 5 大专业系统、12 项主要学科专业 50 年来国内外的发展情况进行分析和研究发现，我们的技术发展基本上是模仿型和跟踪型，和国外相比大约有 5~10 年的差距。比如，在地层学的研究方面，国外 50 年代有生物地层学，60 年代发展了磁性地层学，70 年代又发展了地震地层学，80 年代又创新了层序地层学。地震、测井，以及钻井、测试等技术更新的速度越来越快，有些大型的地震处理解释软件 3 个月到半年就推出一个新的版本。由于缺乏自己的知识产权，缺乏高新技术的源头，我们始终处于被动的地位，不仅使石油高新技术产业的发展受到很大限制，而且国内大部分市场为外国公司所占领(每年大约损失100亿~200亿元人民币)。发展中国的石油工业，技术创新是一个十分重要而紧迫的问题。

三、体制、机制创新

体制和机制创新的重点是科研系统的结构调整与制度创新。中国的石油工业经过几十年的发展，具有一批国际知名的科学家和高层次人才，同时拥有国际第一流的研究实验条件。问题是组织机构和专业结构不合理，大而全、小而全，高层次人才分散，形不成拳头。

体制、机制的创新，一是要按照"有所为有所不为"的指导思想和"流动、开放、联合、竞争"的方针，加快组建起若干个以石油系统为依托，中科院、高等院校以及国外著名科学家共同组成的重点实验室(研究室)，作为中国石油工业的科学理论和高技术的创新基地，用新的机制把分散的力量和高层次的人才集中起来，稳定地从事探索和创新，坚持抓下去，就一定能高效率地出一些大的成果。

二是要依托现有的基础，加速构建一批高新技术产业化基地和能够参与国际竞争的、高水平的技术服务队伍。通过5~10年的努力，力争使中国的地震、测井、测试、钻井，以及采油工程、地面建设的仪器、装备、工具、材料，以及大型软件的国产化率有大幅度地提高，并在国际市场占有一定的份额，地震、测井和钻井的技术服务公司在国际上享有一定的信誉。

三是要按照中央技术创新大会精神，在制度创新方面狠下功夫。采用课题制和首席科学家负责制，在科技人员的收入、职称、条件等方面，都要尽快采用国际通行的先进制度，调动科技人员的积极性和创造性。一些工程技术研究机构，要尽快办成科技企业或股份合作制企业，发展高新技术，实现产业化。

理论创新、技术创新，体制和机制创新，将是我们石油科技在新的世纪实现跨越式发展的法宝。

(本文发表于《科技时报》2000-8-4)

下大力气加速科技成果转化

科技进步作为总公司提高效益的重大措施，提到了重要的战略地位。科技工作如何适应新思路，如何尽快走出一条适应油公司建设和发展需要的提高效益的路子，是一个亟待解决的问题。

科学技术是第一生产力，每一项科技成果要形成生产力，都有一个十分重要的转化过程，转化好了就有了效益，就可以形成生产力；转化不好永远只能是一种知识形态的产品，在实际应用中发挥不了作用。

石油系统自建国以来，特别是大庆会战以来十分重视科技进步，强调科研同生产的紧密结合，在科技成果转化方面创出了许多好的经验。改革开放以来这些经验又有了新的发展。总公司抓住了影响行业生产发展的重大技术难题，集中力量组织攻关，科研单位同油田企业密切配合，地质理论和新方法的研究成功地指导了勘探工作向深度和广度进军。油藏数值模拟、油藏描述、地震处理解释软件、喷射钻井、定向井、丛式井、水平井钻井、热力采油、三次采油等重大关键技术，基本上以 5 年为一个周期投入工业化应用，产生了很大的经济效益。

由于长期计划体制的束缚和影响，科技成果转化工作还有许多弊端，甚至有些问题还相当严重。最主要的问题是成果转化的中间环节十分薄弱。一项科技成果要转化为生产力大体有四个阶段，即研究阶段，中间试验或先导试验阶段，技术开发与商品化阶段，规模效益与工程化阶段。计划体制下，科技工作和科技体系绝大部分的资金和人力都用于攻关和研究。研究工作的全过程是以课题立项为开始，成果鉴定为结束，从总体上没有人去考虑和重视中间试验和技术开发，更没有以生产应用和形成规模效益为最终目标。近年来总公司每年完成部、局两级投资立项的科技成果 2000 ~3000 项，应用率说起来高达 70% ~80%，但形成规模效益的成果仅仅 20% ~25%。

国内外统计资料表明：一项科技成果从科研阶段，经过中试阶段到形成规模生产，其投入比大约为 1∶10∶100。可以看出，中间环节是成果转化十分重要的，也是不可逾越的阶段。按照目前的体制不仅投资体系没有形成，而且投资的力度远远不够。科研机构没有能力为中试、先导试验投入足够的资金。而生产部门又因新技术风险大等原因而不愿投入。解决的办法：一是研究机构要彻底打破学院式、政府式的研究模式，科研工作的目标要大大向生产、向规模效益延伸，按照“稳住一头，放开一片”的方针，组织好“一片”科技人员去加强科技成果的转化与开发；二是生产企业要向大庆油田那样做到研究——中试——规模生产一条龙，统一投入、统一实施，实现科研向生产力转化全过程的监督和管理。

贯彻总公司以效益为中心的新思路，需要加强科技成果转化的中间环节。

一是用科技工程的办法认真搞好"九五"规划的运作和组织实施。

"九五"科技发展规划经过一年多的研究和编制，经过各方面专家的反复修改，已经确定下来。总公司提出了明确的奋斗目标：争取到2000年，使一些具有自身优势和特色的先进技术，继续保持世界先进水平；一批跟踪世界先进水平的前沿技术，达到和接近国际先进水平，或缩小与国际先进水平的差距；大批常规技术实现更新换代，使石油科学技术总体上达到90年代国际先进水平。

新思路提出的5个方面关键技术，分解为影响陆上石油工业发展和提高效益的52个重大项目，根据领导层关于"要选一批带头关键技术"的指示，优选出16项地质新理论和关键高新技术，以此为突破口，组织科技工程予以实施，带动相关技术群体的发展。这个管理办法的核心内容是：把科技工作的目标、任务在原有科研工作的基础上向前延伸，按照新思路和大科技的要求，以既要实现理论技术的高水平、又要形成产业化和规模效益为目标，重大项目的组织实施，同科技局及有关专业司局和油田企业共同组织项目领导小组，科研阶段的科技投入，由科研费支付，中试阶段和大规模产业化阶段的费用，主要由油田企业支付。这样，把科技目标和生产效益目标一开始就紧紧捆在一起，把科技管理部门和生产部门用一个项目紧紧捆在一起，把科技攻关和成果转化紧紧捆在一起，既解决了职能交叉，课题重复立项等问题，发挥了职能部门各自的优势，又能较好地解决科技和生产两张皮的问题。

二是按照新思路，认真搞好"八五"期间科技成果的验收和推广转化工作。

"八五"期间组织的科研项目今年要全部按计划完成。今年年底，计划向总公司提交120 ~150项高水平或比较整装的、配套的重大成果，其中比较高水平的成果20项，整装配套成果45 ~50项。有的要力争在今年进入设计和生产规范，把验收的过程作为一个宣传和推广的过程，使我们的成果成为整个石油企业共同的财富，促进推广应用。

今年还要认真组织调查研究，摸清高新技术产业化的难点，重点抓好不同类型的产业化的试点，总结经验，并按照高新技术产业的发展规律制订相应的政策、办法和措施。

三是淡化成果鉴定，让更多的科技成果到市场和效益中去体现其真正的价值。

科技成果鉴定是一项严格而严肃的工作，政策性较强。这项工作过去存在以下三个方面的问题。其一是太多太滥。如1994年总公司和各油田企事业单位组织鉴定的成果就超过了3000项。由于数量太多，组织工作量大，往往忙于应付，降低了鉴定工作的质量。其二是助长了一些不正之风。许多成果的评价超过了实际水平，而且很少提不同意见，或不予记载；有些鉴定会越开越大，会议费用越来越多。其三是许多科技成果(主要是工艺技术成果)缺乏市场的检验，没有取得效益就及早地给予评价。为此，从今年开始要严格执行国家科委颁发的《科学技术成果鉴定办法》，取消地、局级单位鉴定权限以后，严格把住质量关，大大压缩鉴定的数量。少而精的重大关键技术，由总公司组织，认真搞好科技成果的鉴定工作。

科技成果鉴定只是检验科技成果的一种方式，要让更多的成果到市场去接受检验，体现其真正的价值。

（本文发表于《中国石油报》1995-4-21）

科技，最终要体现为效益

记者：集团公司组建后，适应企业化经营的需要，石油科技工作定位为效益科技。对此，应该如何认识？

傅诚德：90年代以来，石油工业的发展进入了高新技术取胜的时代。对于集团公司来讲，持续发展的现实出路就是通过科学技术的研究、新技术的推广应用来降低成本，提高效益。去年，石油石化工业重组之后，集团公司把石油科技工作定位为成本科技和效益科技。其含义就是，科技工作的指挥棒要转向效益，不但要为降低技术风险服务，更为重要的是，要为降低经济风险和经营风险服务。这就要求，科技工作要以经济效益为中心，全力为集团公司增储上产、产品开发、扭亏解困、挖潜增效，提供技术支持和保障。

对石油科技界而言，重新定位无疑是一场深刻的变革。为此，石油科技工作首先要完成四个观念转变。

由为增储上产服务，转变到提高集团公司整体效益服务上面来，实现产量、储量、品种、质量和效益的统一；从带有国家管理职能考虑问题，转变为以集团公司自身的需求为出发点，把集团公司利益统一到国家利益之中；由计划管理体制和运行机制，转变为以市场机制运作，变科技资源的计划配置为市场配置；由重技术水平、重成果奖励，转变为既要重技术创新，更要重市场竞争能力和规模经济效益。

记者：围绕效益科技，集团公司在科研管理和科学研究中将采取哪些新的对策和措施？

傅诚德：一是在科技规划和年度计划的安排上，把降低生产成本和提高效益作为中长期发展项目和年度科技项目考核最重要的指标和依据，没有效益不立项，没有市场不立项。

二是实行科技工作一体化管理。在集团公司科委指导下，科技管理部门和各专业管理部门对科技工作要统一制度，统—规范，各有侧重，齐抓共管。科技部门主要抓宏观、抓归口规划计划和成果专利管理，大量的生产性研究项目则由专业管理部门组织实施，以避免重复，提高效率。

三是加强集团公司重点实验室和研究室的建设。初步考虑用1~2年的时间，建成10个左右的重点实验室(研究室)，组织500~600名高水平并富有创造性的科技人才，集中力量搞重大技术攻关和技术创新。此项工作现已启动，还需加大力度和加快进程。

四是进一步深化直属科研院所改革。以项目合同制和重点实验室的形式，将高层次科学研究人才相对稳定地集中起来，开展技术创新和决策综合研究，为集团公司提供高质量、高水平的研究成果并开展决策咨询服务和行业服务，研究经费予以保证；对从事技术开发、技术推广和技术服务的人员，以部分拨款和贷款的形式，促使其加速成果转化；对从事科技成果工程化和产业化的人员，鼓励到市场中为石油石化企业服务。

五是建立炼化科技运行新机制。集团公司的炼化科技体制，以技术开发中心和重点实验室两种形式重新定位，按照各炼化企业的工艺特点、产品特色和区域市场优势，确定重点开发方向，形成以技术开发中心为主体的新产品组织管理体系。

记者：您在集团公司工作会议上提出：今后科技工作要按照三个层次展开，请谈谈今年及近期的科技工作部署情况。

傅诚德：从提高经济效益、为集团公司的持续发展提供技术保障的角度出发，今后的科技工作将按照三个层次统一部署，协调发展。

第一个层次，围绕市场需求，进一步加大应用技术研究，加速成果转化。勘探上狠抓地质综合研究和配套技术攻关，进一步提高勘探成功率和经济储量发现率，降低勘探成本；开发上着眼于提高采收率，强化应用技术和配套技术研究，降低生产成本；炼油化工的科技工作要以技术创新为核心，围绕市场需求，调整产品结构，提高产品质量，开发新产品，降低生产成本，发展具有自主知识产权的核心技术。

第二个层次，安排一批配套的新技术推广示范工程和工业性试验，由集团公司和生产企业共同投资，力度大，见效快，力争在降低成本、提高效益方面发挥重大作用，并为技术换代奠定基础。

第三个层次，组织精干力量和高层次科技人员，开展对集团公司长远效益有重大影响的应用基础和前沿技术研究。通过技术创新，力争在降低成本方面寻求新的途径。

（本文发表于《中国石油报》1999-4-9）

断粮下海到市场找饭吃

在社会主义市场经济进程中，科技系统不能再靠“吃皇粮”养活，要“断粮下海”，主动进入市场，到市场找饭吃，靠科技服务实现自立。总公司科技局副局长傅诚德开门见山地亮出这个观点。

他说，有的同志强调石油有特殊性，认为专业性强，市场有限，其实我们油田市场就很广阔。傅诚德介绍，“九五”前两年，总公司用于研究开发的费用为每年约 30 亿元，大部分是油田企业的投入，总公司只掌握小部分资金。企业科研院所占有这个市场的大部分，总公司直属院所、石油院校在这个市场占一小半，还有不少钱让外系统的科技队伍赚走了。科技服务也是市场竞争，谁有真本事谁就能赢得市场。我们总公司系统 8 个直属院所的事业费基本上还靠上级拨款，还有较浓的计划经济色彩，需要逐步改革。对于科研单位今后的改革方向，傅诚德认为必须优化科技资金投向，带动科技结构调整。他讲了三点看法：

第一，越是深化改革，科技是第一生产力的作用越要发挥好，科技投资力度越要加大。按照总公司将年销售额的 2%用作科技经费的政策，重组后我们集团公司的科技经费仍然是比较充裕的。相信各油田企业也会更加重视科技，进一步加大科技投入，靠科技进步降低成本，提高效益。

第二，增加后的科研费用投向何方？集团公司纵向投资将重点保证从事应用基础研究、前沿技术研究和战略性规划研究等方面的少数精干科技队伍。大部分从事技术开发的研究人员，将加速推向市场，带着自己的技术和成果到油田企业为一线生产服务。随着企业科技投入费用的增加，这个市场将会越来越大。只要找准自己的位置，这部分科技人员一定会大有作为。

第三，目前总公司的科研直属院所多年来都是按照计划体制设计和运作，现在要通过深化改革适应新形势，最大的难关就是要进行结构调整，实现科技资源的优化配置。应该趁当前石油、石化行业重组的机遇，加快科技队伍的重组和调整。通过重组，建立能够适应石油工业生产发展需要的新型科研体系，分流一部分不合适目前岗位工作的人员，让他们到其他岗位发挥才能。要尽快形成少而精的“稳定一头”的队伍和比较庞大的技术开发队伍，创办一批高新技术企业，开发产品，逐步自立。哪个单位在结构调整上真正下了功夫，见了行动，改革才迈出了实质性的步伐。

对于改革中科技队伍的稳定，傅诚德说，按照中央对科技体制改革“稳住一头，放开一片”的要求，要根据目前科技队伍的不同成分区别对待，该稳的一定要稳，该放的大胆去放。只有轻装上阵，才能更好地发挥科研机构的潜能，更好地改善科研人员的生活和工作条件。

（本文发表于《中国石油报》1998-5-16）

创新是发明的第一次商业化应用

科学与技术分属两个创新体系。企业作为技术创新体系的主体，就是要把新的发明引进生产系统，并使其见到规模化和效益。

科学技术是第一生产力。但科学与技术既紧密相关又有明显区别。国家科技体制明确规定，科学与技术分属两个创新体系，知识创新体系以科学院为主体，而技术创新体系以企业为主体。

关于技术创新，一定要引进1912年美籍奥地利经济学家约瑟夫•熊彼特首次提出的概念。他说："企业家的职能就是把新发明引进生产体系，创新是发明的第一次商业化应用。"这个简明而深刻的定义已被国际所公认。国际经济合作与发展组织(OECD)研究并编著的《OECD推荐的技术创新数据采集和解释的指南》——奥斯陆手册对技术创新作了如下定义：技术创新指新产品和新工艺，以及产品和工艺的显著的技术变化。如果创新在市场上实现了(指产品创新)，或者在生产过程中得到了应用(指工艺创新)，那么创新就完成了。

创新驱动，把握的核心和内涵也应该如熊彼特所述"把新的发明引进生产系统，并使其见到规模化和效益"。也就是说，只要企业作为创新主体，就必须把主要精力用于把"发明"转化到生产系统，形成新的生产力。

"转化"是科技体制改革的核心，也是解放生产力的关键。农村改革提倡"交够国家的，留够集体的，剩下都是自己的"，就全搞活了。而科技体制改革，成果转化慢的关键环节却久攻不克。近几年，集团公司抓准了问题的关键，推出了三项"硬措施"，彰显了技术创新驱动的重大成效。

第一，大力推行大庆经验，建立成果转化的专业化队伍和"专用"平台。

联合国教科文组织宣布"21世纪世界已进入知识经济时代"，科学技术正以"加速度"高速发展，科学试验已从生产实践中分化出来，形成独立的生产实践活动，有着生产实践无法替代的功能。中间试验指"经过初步技术鉴定或实验室阶段研试取得成功的科技成果到生产定型以前的科技活动"。这个"活动"正是熊彼特指出的"把新的发明引进生产系统，并使其见到规模化和效益"的技术创新关键环节。

技术创新由研发、中试、工业化三个阶段组成一个不可分割的"链"。有人比喻，研发投入为1，中试需投入10，工业化的产出效益可达100。这种价值链早被发达国家所认识并从体制上得到解决。而我们以往的研发项目得不到10份钱，做不起中试，中试有风险，企业家又不愿意出这10份钱，国家也始终缺乏这方面专门的制度和政策。

大庆油田做出了表率。改革开放30多年，大庆油田三次获国家科技进步特等奖，8次获国家科技进步一等奖，依靠四代技术确保了油田继原油5000万吨稳产27年后，又连续10年实现原油4000万吨以上持续稳产。其中一个重要原因就是从油田开发初期就形成了从技术原型→小试→中试→工业化试验→全面应用的技术创新完整链条。

以大庆油田聚合物驱油技术为例。1982年油田综合含水率已达85%，了解到美国有高分子聚合物驱油技术并开展了现场实验，决定引进外国化学剂，展开符合大庆储层条件的适应性研究。1990年研制成产品原型，开展了单井组试验，并配套开题进行注入工艺、特种计量仪表及地面工程等配套技术攻关。1992年在单层区和双层区进行了扩大试验。1994年进一步在北一区断西和喇嘛甸南块开展80个井组的大规模工业性试验。1996年形成了成套的新规范、新标准，获得了同水驱相比提高采收率10个百分点的技术经济增量指标，年均纯增油1200万吨。至今已累计增油1.2亿吨，并形成了具有国际领先水平的24项核心专利技术。

以大庆三次采油技术为代表的中间试验分为功能试验、结构试验、工艺试验和运行性试验。功能试验主要考察产品内部结构中各元件、组件与功能各项指标的关系，并确定最佳生产工艺方案和装配标准。结构试验是观察、研究和验证技术系统结构或构件在载荷或环境条件下的状态和耐受能力，为结构设计的改进、完善提供可靠的依据和保证。工艺试验是评价和鉴定技术产品研制和生产过程中工艺方案，为工艺路线、工艺规程、工艺装备等的改进、定型找到客观依据。运行性能试验通过技术产品在实际环境条件下的各种运转，检验和鉴定其是否符合各种技术性能指标，建立不同生产工艺过程所要产生的技术系统性能之间关系，以选择设计所要求的各项性能指标的最优的生产工艺方案。

中间试验大有学问，技术创新的许多内涵在这里产生。大庆油田设有专门的中试队伍，给予专门的中试投入，配套专门的工具、工艺和检测手段，取得了重大成效。

“十一五”期间，集团公司下定决心大力推行大庆经验，投资7.5亿元，以地区公司为工程依托，集中了有丰富实践经验的现场工程师、技师600余人，组成了专业化队伍，建立完善了15个中间试验基地。三元复合驱油、中深层蒸汽驱油、水平井分段压裂、山地地震采集装备、成像测井装备、天然气发动机、悬浮床加氢等一批新一代技术，通过中试和工业化试验已经或即将进入新的生产系统，专用平台为创新驱动和成果转化添加了强大的动力。

第二，建立和探索新型研发组织模式，在离生产最近的地方下功夫。

以往的科技研发大多以研究院所牵头，以应用基础研究为起点，专项技术原型或配套技术的小试验收为终点，技术攻关目标与油田生产业务目标之间存在断层，影响了科技成果快速转化。

为此，集团公司实施了技术创新工程，创建了能够为实现企业近中期生产目标提供直接应用的配套工艺技术的新的研发组织模式——“企业重大科技专项”，周期一般为3 ~5年；研发的起点大都有一定技术基础，根据生产需求持续改进延伸配套发展，具有明确的技术性能和技术经济考核指标；目标明确，为实现生产应用目标提供的新技术作用清晰，有明确的工程依托和推广应用范围，效益可考核、可量化。重大科技专项强调以企业家为项目长，紧密结合企业需要，研究目标同生产应用目标高度一致，企业家乐意提供工程试验依托和长期困扰的工程前期投入，把企业内部外部优势研发装备条件和优秀研发人员、企业工程技术人员以利益共同体为内涵紧密结合起来，在短期内迅速形成提供能够直接应用的新技术、新工艺，并形成新的规范和标准，取得重大的科技生产增量效益。

据统计，2005 ~2012年，共组织重大科技专项28项，投入资金超过120亿元。这种“没有围墙的研究院”没有机关，没有后勤，没有“围墙”，只有一个“项目办”，组成了近2万人的专业化攻关和成果转化队伍，较好地解决了人员调动、干部任免、薪酬待遇以及优胜劣汰难等问题，以科学家和技术专家领衔的集团公司和地区公司两级有“围墙”研发院所为企业家领衔的“无围墙”研究院提供技术发明、创新的源头，提供赖以生存、实施管理权力的物质载体和基础保障。项目组为研究院所培养了复合型、紧密结合生产的高端人才，形成了“矩阵结构”。

国外先进研发体制的经验是“在最适当的时间，找最适当的人，干最适当的事”。而事实也证明，项目制符合中国国情，可以克服现行体制的许多弊端，实现科技资源的优化配置，促进科技成果转化为生产力。“十一五”期间实施的重大科技专项有力地支撑了中国石油国内外业务的快速发展。

第三，推行顶层设计，突出效益科技，地质研究也要产出可操作的技术产品。

近几年，集团公司在项目管理方面逐步推行以生产效益目标为最终目标的科技项目顶层设计。

除占投入比例不大于5%的探索性研究外，以重大科技专项为试点开始推行以集团或地区公司生产经营目标为目标的包括“创新内容”“技术性能指标”“技术经济指标”“技术原型”“小试”“中试时间和内容”“预期推广应用规模”“地点”等12个要素的全要素设计，确保效益量化、可考核。将“效益增量”与“技术增量”紧密相连，以体现企业技术创新的主体地位。

石油勘探开发属于采掘行业，地质研究十分重要。工业部门的地质研究必须离生产更“近”一些，再下一些功夫。

如果说科学院和大学从事的地学研究以科学发现和知识探索为主(论文科技)，工业部门的地质研究就更应该强调技术层面的“应用”(效益科技)，强调把“规律性认识”变成可操作、有形化的技术产品。如主控因素及油气分布规律研究就应随之产出主控因素分布规律判别方法，识别技术与相应的应用软件。成藏模式、储层识别、不同类型岩性地层的层序识别等都应产出识别技术、判别方法及相应的软件，以及实验方法、实验技术、检测技术等技术产品。这些技术产品同样要通过中间试验形成新规范、新标准，提供规模应用，并拥有相应的知识产权。

国外油公司的地质研究一方面有公开发表的对规律性认识的论文，其核心研究成果则属企业秘密或做成商业软件为公司谋利，都是重要的技术创新成果。中国石油每年都要投入巨资，不断地学习外国先进技术，购置外国公司在构造分析、成烃、成藏、盆地模拟等技术产品(绝密的区块评价软件等并不出售)，同时又常常表征我们在这些领域已经“领先”或“达到国际先进水平”。实际上，真正要下功夫的“先进水平”，正应该表现在上述可操作的技术产品上。近年来，中国石油在重大科技专项的地质类项目从设计开始融入这个理念，有了多项新的规定，强调有形化技术产品的产出，开始见到效果。

科技创新是世界石油工业可持续发展的原动力。集团公司在建设重点实验室、加强原始性创新的同时，大力推行科技成果中间试验平台建设和科技重大专项新的研发组织模式，促进地质类成果以“技术”形态进入生产系统。这些举措显示了创新驱动的重大作用。“十一五”期间，集团公司科技进步贡献率达到52.4%，为经济增长方式转变提供了有力佐证。

（本文刊登于《中国石油新闻中心》2013-02-26）

创建名牌重点实验室

12月8日，是石油测井科技界值得纪念的日子。中国石油天然气集团公司所属的第二个重点实验室——测井重点实验室，顺利通过专家组论证并开始试运行。记者日前就此事采访了石油集团公司科技发展部主任傅诚德。

“这是测井界的一件大事，也是集团公司科技界的一件大事。”傅诚德高兴地告诉记者。该重点实验室以江汉测井实验室为主体，包括中国石油大学(北京)非均质储层测井新方法研究室、中国石油大学(华东)多井物理场测井研究室和江汉石油学院油田开发生产测井研究室。它将以“开放、流动、联合、竞争”的新机制运行。

傅诚德介绍说，按照“有所为有所不为”的指导思想，建设若干个重点实验室，可以将比较分散的精锐力量组合起来干一些大事。可以优化投资结构，把有限的科技管理费用到关键的地方。这是集团公司科技战略的一项重要内容，也是集团公司加强科研工作、创新科研管理体制的重大举措，必将有力地推动集团公司科技事业的发展，促进科研水平的提高。

测井技术在油气勘探开发中占有特殊地位，是集团公司上游的关键技术之一。谈到创建“测井重点实验室”的意义，傅诚德说，目前我国石油工业亟待解决的十大技术难题中，至少有七项与测井技术有关。从国外测井技术发展的规律看，从50年代开始平均每10年发展一代，现已发展到第五代，并且更新速度逐渐加快。而国内测井技术一直处于被动局面，包括光点、数字、数控等，长期受制于人，这种局面必须改变。

作为集团公司的重点实验室，应该如何定位？傅诚德认为，它既不同于以基础理论研究为主的国家重点实验室，也不同于以教学和学科发展为主的高校“211”重点实验室，它应该既从事与石油天然气有关的测井应用基础理论研究和学科超前研究，探索和发展测井新理论、新方法和新技术，又要紧密结合生产需求，限时限刻拿出自己的仪器和样机，为解决油气生产中的实际问题服务。“总之，这个实验室既要学习国外先进技术，又要根据自己的需求，发展自己的东西，建立自己的知识产权。”傅诚德特别强调说，“只要新体制新机制运行顺畅，我们就一定能实现这个目标”。

测井重点实验室作为一个开放和流动的重点实验室，现已吸纳了谭延栋、楚泽涵、陶果、乔文孝、郭海敏等20多名国内知名专家和学者为客座教授，这将大大提高实验室的研究能力。根据国内外测井技术的发展趋势，结合油气勘探开发的实际需求，目前该重点实验室主要从以下三个方面开展研究：一是储层岩石物理性质研究，通过开展实验测量和理论分析，提示岩石内部结构及孔隙流体性质与电、声、核、磁、光等物理参数之间的相应关系，为发展测井新理论和新方法奠定基础；二是测井新方法的研究，主要包括非均质储层测井新方法、剩余油饱和度测井新方法、工程测井新方法、生产测井新方法和多井物理测井新方法的研究；三是测井信息处理与应用研究主要包括测井信息处理技术、解释方法和油气藏评价技术的研究，充分挖掘测井记录包含的物理地层信息，提高测井技术在油气勘探开发中解决复杂地质及工程问题方面的能力。

采访结束时，傅诚德主任真切地祝愿测井重点实验室早日建成设备配套，技术先进，具有国际竞争力和自主创新能力的名牌重点实验室，成为代表集团公司乃至国家最高学术水平、实验水平和仪器研制水平的测井实验室，并成为该专业上的学术、技术活动中心，为建立和发展适合中国地质特点的测井新理论、新方法和新技术做出贡献。

（本文发表于《中国石油报》1998-12-25）

企业重点实验室建设的方向和思路

——关于当前的科技工作和重点实验室建设

感谢刚才两个国家重点实验室代表的发言。他们对“成果、管理、考核”，讲得非常生动，对我们集团公司重点实验室的管理，有很好的借鉴作用。在国家对重质油实验室进行考核时，我们按照以前的惯例，想找考核小组成员接触一下，介绍介绍情况，但每次均被拒绝，他们的考核非常认真、严肃、仔细。他们的那套程序非常严格，但确实有利于出成果、出人才。重质油实验室成立时间并不长，已有十几项非常重大的成果，扩大其中“超临界抽提”具有国际领先水平；“悬浮床加氢”正在进行工业化放大，如果一两年投入工业应用，也是世界领先水平，并将大大提高我们炼油的效率，降低成本，这个重点实验室已成为这个领域的技术源头，拥有我们自己的知识产权，是成功的范例。本来阎三忠副总经理今天来作重要讲话，但因外事活动，只好明天来。原计划明天我做会议小结，今天就不讲了，但我们局里讨论还是让我给大家介绍一下情况。

大家都知道，当前科技工作面临着两个严峻挑战。

一是大石油公司和技术服务公司实行强强联合，科技实力进一步得到加强。这意味着我们现在与他们的技术差距将进一步扩大。

二是国家将加入 WTO，集团公司重组上市后开始同国际接轨，当前分散的科技资源、比较僵化的科技体制和机制如何适应？

大家知道，石油工业历来重视科技。“八五”期间国家科委曾专门立过一个软科学课题，对各地区的科研机构、大学、企业所发表的论文进行统计、分析、研究得出：论文的产出在某种意义上代表一个单位、一个国家的实力。他们通过对论文的研究，得出的结论是：“八五”期间，按地区排位，北京、上海位居前列；按研究机构排位，前十位全在科学院系统；按大学排位，清华大学、北京大学、南京大学、浙江大学居前；按企业排位，一共统计了 2000 多家大型企业，前十位中七家属于当时的中国石油天然气集团公司，其中大庆、辽河、胜利、华北、四川石油管理局等企业连续几年都榜上有名，由此提出了一个“石油现象”，这就是前几年大家传说的“石油现象”的起源。为什么我们石油系统能够出这么多论文？主要是石油企业投入大、重视科技。

一、对科技工作的两点认识

(1) 对什么是科技的认识。

邓小平同志说“科学技术是第一生产力”。江泽民主席说“创新是一个民族的灵魂，是国家兴旺发达的不竭动力”现在对科技的重要性已经不用做太多宣传了。但如何认识科技的实质，如何操作、如何实施，看法并不一致；对什么是科技，理解也不一样。我认为，科技和生产不一样。生产简单，广义讲是重复劳动。科技则是探索未知，是要创新的。而创新的源头是基础研究。据国外统计，20 世纪以来 1000 多项重大的技术发明，有 86%是来自基础理论的突破。一百年前，恩格斯所说是“一旦生产发生需要，好比数十所大学，便把科学推向前进”，现在情况发生了逆转。现在，特别是知识经济的兴起，科学走到了技术和社会生产的前面，科学理论的发现极大地推动了生产力的发展。

科学技术形成生产力分为三个阶段：

第一阶段：基础理论、应用基础理论、前沿技术，是源头，创新度最高；

第二阶段：应用技术的开发，把创新的思维变成可操作，实现有形化；

第三阶段：成熟技术的工程化、产业化、商品化，形成巨大效益。

科技是创新度和效益双函数的复合体。科技形成生产力的过程中，有两个比较大的变化：创新度随着基础研究、技术开发、大规模应用逐步下降，效益则不断提高。创新主要集中在基础研究阶段，效益只有通过大规模应用中才能得到集中体现，所以技术推广效益好，但源头是基础研究。

创新和效益是因果关系，有了创新，才有效益。搞科技创新很难。虽然投入少，但风险大，经常失败，效益又特别小，搞创新的人常常被误解、受委屈，可是一旦取得突破，就会取得巨大的效益。基础研究、技术开发、大规模推广应用是科技发展不可分的三个阶段，正像一个人需要三个馒头才能吃饱一样，虽然第三个馒头吃完才感觉饱了，但“饱了”正是前两个馒头积累的结果；古人说：“预则立，不预则废”。一个有远见的企业管理者必然舍得先期投入，也必然对从事先期探索、不畏难险的创新者给予高度重视和应有的回报。科技活动是一个完整的过程，就像印度人说的“瞎子摸象”，有的摸到象的尾巴，说象是这个样子；有的摸到象鼻子，说象是那个样子——只有把摸到的象的各个部分全面汇总起来，才能说出象的整体概念。因此，抓科技，首先要知道科技有三个阶段，只有全面认识它，整体抓，才能出大效益。

创新是形成自主知识产权的根本。能不能拥有具有自主知识产权的特色技术，是我们进入 WTO 后面临的最大威胁。国外油公司、特别是技术服务公司不惜下大力气进行应用基础理论研究和前沿技术的开发，都把形成自己的技术诀窍作为制胜的法宝。据对“七五”以来的成果分析，我们 CNPC 很多领域的技术源头都在国外，真正属于自己的东西很少，主要是引进国外的方法，理论进行开发。比如地层研究，国外 50 年代搞生物地层对比，60 年代搞磁性地层，70 年代搞地震地层，80 年代搞层序地层。这两年我们研究陆相层序地层，但真正的源头还在国外。叠前深度偏移也是一样，源头在国外，我们主要是开发别人的东西。要进入市场，参与国际竞争，要形成自主知识产权的技术，就必须建立好我们的创新基地。今天参加会议的绝大多数是从事前沿研究的科技人员，我在这里讲前沿创新重要，就好比在“羊群里喊打狼”一样，肯定受欢迎；今后还要到“狼群里喊打狼”让不理解的同志逐步理解、支持前沿创新。

(2) 对学科发展和完成工作任务相结合的认识。

关于“学科带任务”，还是“任务带学科 争论已久。我 70 年代初调到研究院，就听到过不同的批评，有的部长说．研究院为什么不搞理论研究？有的部长说，研究院为什么不结合生产？到科技局工作后又听到，有的领导说，你们科技局不研究理论、不研究方法，我们自己的东西在哪儿？有的领导又提出，你们是怎么和生产结合的？尽脱离实际。多年的实践证明，只有把两方面很好地结合起来，全面认识科技向第一生产力转化的过程，才不会错。因此说，学科要发展，任务也不能耽误，要把任务完成好，也要深化学科研究。比如，勘探研究，每一个勘探方案都是各个单项技术的集成，只有每一单项技术深度发展，综合水平才能提高：没有学科发展，就不能有好的方案提供给生产。

对科技管理而言，阎总有非常深刻的体会，就是“一条龙”他在中国石化抓了“十条龙”瞄准十年内国际领先的技术，从源头开始攻关，一直到产业化，形成十项配套技术我的理解这就是“一体化”，从源头一直到出效益，整体抓：我体会，抓科技就是要：“抓源头，整体抓”，我们科技局下了很大的力气，希望把全面布局搞好。

二、关于集团公司重点实验室建设

对于集团公司，无论是进入市场，还是参与国际竞争，都必须把重点实验室建设好：建设世界一流的实验室行不行，我们请教了很多专家，一致认为：行！斯仑贝谢公司的道尔研究中心很多优秀的科学家都是中国人，我们现在仍然有很多优秀人才，问题是分散。集团公司仅地质实验室就有 60 个，主要是生产性的：测井方面比较强的有五个单位，而在北京中国石油勘探开发研究院，测井专家又被分在地质所、开发所、计算中心等五个地方：地球物理相对集中一些，但也有部分优秀人才分散在几个下属单位。人才分散，设备分散，不能有效地集中起来研究问题，这一现象非常普遍。我们有世界一流的仪器设备，只要用一种新的体制、机制把分散的优秀人才组织起来、就可以干成世界一流的事迹。

企业重点实验室建设与国家重点实验室和教委的重点实验室不同，国家重视纯基础研究，教委侧重于学科发展，我们则必须重视和生产相结合，集团公司重点实验室的运行，遵循国际通行的“流动、开发、联合、竞争”八字方针。“流动”是指固定编制要少，一个实验室 30~40 人，再带几个研究室，必须有研究优势，还要有依托单位。现在 9 个重点实验室中 6 个在中国石油勘探开发研究院。第 10 个重点实验室，就是钻井重点实验室也依托中国石油勘探开发研究院。中国石油勘探开发研究院有了 7 个学科前沿，相信对提升整个院的研究能力会有很大帮助。“流动”还意味着要保持高层次和年轻化，80%必须是年轻人，60%以上具有教授资格或博士学位。“开放”要求对国内外有关研究人员和机构开放，要求三分之一聘用国内外高层次专家。“竞争”是要通过考核，建立优胜劣汰机制，不能一辈子吃大锅饭，包括重点实验室，也包括学术委员会委员、实验室主任和研究人员。

科技局这两年根据整体抓科技的思路，从源头开始，先集中力量抓了9个重点实验室的建设，这个过程中得到了广大科技人员的大力支持。短短两年时间，没有花太多钱，没有因人事调动花太大力气，也没有下什么文件，把分散的资源进行了集中，取得了显著的成效。现在重点实验室集中了近500名专家，两年来发表论文472篇，其中68篇被SCI、CI收录，出版专著32部，取得专利12项，研制新仪器、新产品15种。有机地化重点实验室作为集团公司第一个建立的重点实验室，开放程度高，学术气氛好，在国内外有了一定的影响，成为世界注目的一个研究点。

总之，通过重点实验室建设，优化了科技资源，活跃了学术气氛，增加了凝聚力，大大调动了科技人员的积极性。

三、大家关心的几个问题

(1) 关于管理问题。

集团公司重点实验室建设刚刚起步两年，肯定有许多不完善的地方，管理制度也不够健全，集团公司决定统一成立一个重点实验室领导小组。领导小组的主要职责是：①统一制定重点实验室发展规划计划；②落实经费；③成果和知识产权管理；④对重点实验室进行考核。领导小组是重点实验室管理的第一个层次，负责行政决策；第二层次是学术委员会，负责学术方向以及前沿探索性课题的确定；第三个层次是实验室主任，是具体的执行层。这些内容在几个讨论稿中全有了，希望大家认真推敲，提出好的建议。

(2) 关于经费问题。

研究课题的项目费，由科技管理部门下达，这部分经费已经解决。关于预研、外请专家、举办学术会议等方面的运行费用，领导小组昨天研究决定，下决心给予解决。这才能真正体现重点实验室超前的、探索性的研究特点，也是确保“开放、流动”机制得以发挥作用的最重要的环节。

(3) 关于利用大学的研究力量问题。

石油高校是我们经过四五十年的努力建立起来的，形成了与院所、企业互补的、很强的研究开发力量，有着良好的传统和作风，是集团公司不可缺少的研究基地，是重点实验室的重要组成部分，有很多问题，需要石油高校在前沿阵地进行创新。因此，今后在研究方面仍然要给予足够的重视和支持，政策不变。

（本文刊登于《石油科技论坛》2000年第6期）

完善科技成果奖励的评价机制

中国石油天然气集团公司(以下简称：中国石油)被美国《石油情报周刊》列入2008年世界50大石油公司第5位。成绩的获取得益于其不断完善的创新体制和奖励政策。

目前中国石油已拥有80余家科研院所，共有科研人员25000余人，其中院士16名，国家突出贡献专家60名，初步建成了40个重点实验室/试验基地。近年来科技投资每年约100亿，每年登记科技成果约1000项。科技进步始终是支撑中国石油业务快速发展的重要动力，据统计中国石油2002—2007年科技进步贡献率扣除物价、油价因素达到52%。

近年来，中国石油科技管理部加强科技成果奖励评价探索研究，逐步形成了一套科学化、规范化的评价体系，有力保障了科技成果评价公正、公平，并作为政策性导向推动科技成果转化为现实生产力。

一、中国石油科技奖励发展历程

早在1985年，石油工业部就设立了科技进步奖，每年评审一次，获奖等级为一、二、三等奖，每年获奖项目约200项。

1996年中国石油天然气总公司对科技奖励制度进行了改革，主要体现在三个方面：一是由一年评审一次改为两年评审一次；二是评奖项目分为科研类和推广类；三是增设铁人科技成就奖，分金、银、铜奖三个等级，每年获奖项目约100项。2000年，根据国家关于取消部委级科技进步奖奖项的要求，中国石油设立了技术创新奖，奖励等级为一、二级，取消原有的三等奖，奖励项目由每年约200项减少为50项，提高奖金额度。2004年中国石油股份公司又设立了技术创新奖，奖励等级分为三个等级，每年获奖项目120项，并组织研究了技术创新成果评价方法，技术创新成果评奖从经济效益、创新程度两个维度进行量化评价。2006年中国石油发布了《中国石油天然气集团公司科技奖励办法》，科技奖励设“技术发明奖”和“科学技术进步奖”。技术发明奖设一等奖和二等奖，每年奖励项目总数不超过20项。科技进步奖设特等奖、一等奖、二等奖和三等奖，每年奖励项目总数不超过120项。

近几年，中国石油进一步加大了科技奖励力度，每年从公司总经理奖励基金中列支近2000万元，用于奖励获得公司科学技术奖的人员。“十一五”以来，累计奖励科技成果近500项，受奖人数达4000余人。

为了使科技奖励更加规范有效，2007、2009年，中国石油相继两次修订完善公司科技奖励制度。在做好公司科技奖励工作的同时，公司积极参与国家科学技术奖的推荐工作。据不完全统计，1979—2009 年，中国石油天然气集团公司所属单位累计获得国家科学技术奖 324 项，其中，特等奖 3 项，一等奖 26 项。这些获奖项目是数万项石油科技成果的缩影，是支撑公司主营业务发展的核心技术，在保障国家油气供应、维护国家能源安全中发挥着重要作用。

二、适宜企业的评价体系

中国石油科技奖励发展历程也是成果奖励评价探索研究的过程。特别是经过近几年的努力，研究建立起了科学、规范的科技成果奖励评价体系，完善了科技奖励管理办法，逐步探索出了适宜于企业科技发展特点的奖励评价体系和管理措施。

中国石油科技管理部门自 2004 年建立了科技成果奖励评价体系，其特点主要是：

（1）体现技术创新的基本理论。熊彼特于 1912 年提出，创新是企业将生产要素和生产条件进行一种从未有过的新“组合”，而引起生产系统获取“超额利润”的过程。企业是技术创新的主体，技术创新成果奖励评价体系中“超额利润”的评价必须是重要指标之一。

（2）以企业科技成果的基本属性为基础建立评价体系。企业科技成果具有创新、经济和社会三大属性。创新性是指技术应有一定的创新程度；经济性是指技术必须为企业创造超额收益；社会性是指技术、产品应为社会做有益的贡献，不得危害社会。中国石油科技成果以服务于社会为基本要求，因此科技成果的创新性和经济性是评价科技成果两大核心要素，创新程度和经济效益构成了评价科技奖励成果的两个维度，并以此为基础研究建立了评价体系。

（3）创新程度评价突出了知识产权的拥有，以及成果实施前后的技术性能和技术经济指标量化对比，使科技进步更加具体化。

（4）科技成果经济效益评价方法具有较好的理论基础，使方法具有科学性。经济效益评估计算体系要点是根据技术创新成果产生的经济效益的时间不同、表现形式不同、表达方式不同，将财务会计、资产评估和经济评价等方法相结合、定量与定性相结合，形成口径统一的，以财务现金流为基础的投入产出法、符合约束条件的对比法和以层次分析为基础的技术结构模板分成法等三位一体的标准计算体系。为了方便应用，结合企业特点对评估模型进行简化，使方法具有可操作性。

（5）按照能否评估科技成果直接经济效益进行科学分类。中国石油系统五分之四的科技奖励成果产生的经济效益可直接评估，但应用基础研究类和安全、环保专业等部分不以产生经济效益为主要目的成果另设评估标准，确保评价体系全方位覆盖。

三、建立奖励评价保障机制

科技成果奖励评价保障机制决定奖励评价过程能否做到高效，目前中国石油在成果评价信息平台建设、评价方法培训、成果经济效益评估审核等方面形成配套的保障机制。

(1) 建设成果评价信息平台，提高奖励评价管理效率。中国石油依靠科技管理信息平台，建立了科技成果、科技奖励管理系统，可使中国石油分布于全国的油气田、炼化和工程技术服务企业，方便成果登记、统计分析、奖励申报，同时将成果经济效益评价设置在信息平台，申报单位仅需将有关数据填加到系统，即可评估成果的经济效益。

(2) 加强对企业科技管理人员培训，推广科技成果奖励评价方法。中国石油直属科研院所及下属企业有数十家，这些单位科技管理人员已经熟悉和掌握了科技成果评价方法，目前有约60%的企业按照科技成果奖励评价方法建立起了适宜于本企业特点的成果评价体系。

(3) 经济效益评价采用第三方监督，确保评价公正性。经济效益评估是评价科技成果的重要维度，为了确保下属企业申报成果经济效益评估的准确性，科技管理部委托石油科技评估中心对经济效益评估进行监督，该中心组织经济评价和技术专家对经济效益评估所采取的方法、数据等内容进行审核、监督，提高了经济效益评价结果的准确性。

(4) 实行成果完成人员审核机制，以奖励一线科研人员为原则。公司在管理办法中规定“企业领导班子成员和公司总部机关人员不得作为授奖项目的主要完成人”，为了确保奖励一线科研人员，评奖过程中由公司总部人力资源管理部门对授奖项目完成人进行审核。

四、主要启示

首先，科技成果奖励是一把“双刃剑”，成果能够得到客观、公正评价，并确保奖励到科技成果真正完成者，就能成为对广大科研人员和技术推广人员一种重要激励措施，否则将有可能挫伤他们的积极性。因此科学、规范的科技奖励评价体系，以及有效的保障措施是充分发挥科技成果奖励作用的核心要素。

其次，企业科技是效益科技，科技成果在企业稳定应用后，对其经济效益量化评估，不仅能够提升企业决策者加大科技投资的决心和信心，也是体现研发人员对企业贡献的重要方式。

第三，科技成果奖励评价在我国还处于探索研究阶段，企业应根据自身实际不断研究和完善，以进一步发挥科技奖励对企业科技进步的推动作用。

（本文刊登于《社会奖巡礼》2010年第1期、第2期，总第127/128期，合作者：牛立全、张宝文）

科技奖励对推动石油科技进步发挥了重要作用

新中国成立以来，我国的石油工业取得了长足的进步，1960 年大庆油田的发现与开发实现了原油自给。1974 年任丘油田的发现使我国原油年产量突破 1 亿吨，进入世界产油大国行列。2000 年以来，中国的油气勘探开发渡过了规模取胜，成本取胜阶段进入了高新技术取胜新时期。随着勘探开发向着深层、海洋、沙漠和中小油气藏的方向进军，谁先占有高新技术，谁就可以摘取挂的最低的苹果。中国的石油工业不断加大了科技投入，持续组织技术攻关和研发，加快了科技进步的步伐，油气储量每年保持 10~15 亿吨的增长，在老油田产量不断递减的状况下，原油产量由 1.6 亿吨上升到 1.8 亿吨，天然气产量由 220 亿立方米上升到 617 亿立方米，保持了“箭头向上”的良好趋势。据统计中国石油 2002~2007 年科技进步贡献率扣除物价、油价因素达到 52.4%，科学技术的贡献功不可没。

纵观国内外科技发展史，科技进步是一个由生产需求提出问题开始到解决生产问题，促进生产力发展的一个良性循环的过程。科技问题是一个影响国家和企业发展的战略问题，孙子兵法说：制定军事战略必须从政治、天时、地利、将领、政策五方面全局考虑方能取胜。科技战略也包括了国家需求、课题选择、人才团队、经费条件及科技政策等要素。科学的激励是科技政策重要组成部分，是科技创新体系不可缺少的环节。十多年来特别是《国家科学技术奖励条例》(以下简称《条例》)颁布以来，从我亲历的石油科技奖励工作中深刻体会到其重大作用。

(1)《条例》颁布 10 年，奖励制度不断改革，激励功能日趋明显，特别是近几年奖励制度和奖励办法的几项重大改革效果显著。

缩减奖励等级、压缩奖励数额，三大科技奖励仅保留 1、2 等级(极个别特等奖)，有效的制止了奖励项目过多、过泛的问题。过去因为获奖指标多，经常将阶段成果或局部成果上报并获奖，不利于形成整体和系统效应，影响大成果创新的科技含量。1999 年《条例》颁布以后，减少了数额，仅设了一、二等高级别奖，有利于成果的积淀、集成，明显的提高了成果的水平。以我的体验，目前的科技进步奖获奖奖项，有的技术含量仍未“达标”，总体数额仍可适当缩减，以保持国家科学技术奖的崇高信誉和代表中国水平的科技含量。

评审办法实行了评审委员换届制，评审委员遴选的“双盲”随机制，评审方法也由会议评审改为“网评→会评”的办法，对评选工作的公正性、公平性有了显著的提升，这是一项重大而有效的成绩。

评审内容更加突出了科技创新的重点，淡化创新过程，强调“创新点”的结果，强调“技术指标”的量化比对，强调对“国际先进”和“国际领先”的国际同行的第三方权威评价，强调在表征技术创新的同时要表述哪些创新是“你”的，有无知识产权？特别是要求表述国际同行普遍引用的论文与国内外的发明专利。近年来还特别强调项目贡献者的实际贡献，要求表明在本项目的纯工作时间和重要论文、发明专利的对应性。这些改革有效地保证了评奖工作抓住核心、突出重点。越发体现出评审工作的公正与公平，有利于遴选出好成果和真实的人才。

(2) 国家奖励与石油工业的重大技术创新、技术进步相对应体现了国家奖励的正确导引。

10 年来，石油行业每年大约都有 15 项左右的成果获得国家科学技术奖励。比如大庆油田的“稳油控水”“克拉 2 气田发现”“苏里格气田发现”“普光气田发现”，胜利油田的“滚动勘探开发理论技术”“大型低渗低丰度岩性油藏勘探理论与技术”等。

大庆油田发现 50 年，累积探明石油地质储量 63.6 亿吨，累积采出原油 20 亿吨，依靠技术进步创造了四个第一。主力油田采收率突破 50%，高于世界同类油田 10~15 个百分点；原油产量第一，新中国成立 60 年，累积采油 50 亿吨，大庆油田占 40%；不同阶段持续高产稳产第一，已连续 27 年年产 5000 万吨以上，4000 万吨仍可保持 14 年；上缴利税第一，5 年连续创利 1000 亿元，是中央企业纳税之首，占 10%，累积上缴利税 1.7 万亿元，为中国企业纳税之首。对于这样一个依靠技术创新、自主创新取得巨大成就的企业，大约每五年就获一次国家科技奖励一等奖，每一年都可以获得一项以上的二等奖，体现了国家科技奖励的公正、合理性。中国石油自 1999 年至 2008 年的十年，共获国家科技奖励 56 项，其中科技进步奖一等奖 1 项，二等奖 46 项，技术发明奖二等奖 3 项，国际科学合作奖 1 项，平均每年获奖 5.6 项，这些奖励(除极个别之外)，真实的表征了企业的技术创新与自主创新重大业绩。代表国家层面对企业技术创新和贡献的认可，具有强烈的鼓舞与引导作用。

(3) 国家科技奖励激励了技术创新，促进了人才和团队的成长。

改革开放以来，特别是近 10 年来，对奖励项目与项目完成者的评审与鉴别日趋严格，显著地激发了科技人才的创新热情与成长进步。石油行业的十多名两院院士都是由于多年潜心努力技术创新做出成绩、业绩得到认可而获此殊荣。往往一个大项目，如“中国天然气资源与勘探开发”“塔里木盆地勘探开发”“大型砂岩油田三次采油技术”等连续三到四个五年计划不断深化，不断出大成果、大效益，获得国家科技奖励，进而促进了一个高水平团队的成长壮大。目前中国石油工业在陆相油气地质，大型砂岩油田开发、长输管道、地球物理勘探钻井工程等方面已形成了多个具有国际竞争力的研发团队，这些成绩的取得都和国家科技奖励、激励密不可分。

（4）国家科技奖励受到企业领导团队的日益重视，拉动了企业奖励的良性发展。

近年来国家颁布了《中华人民共和国科学技术进步法》，随着科技奖励的规范化、制度化、法制化，获奖者每年都受到党和国家领导人的接见，国家科技奖励的成果和研究者的学术地位越来越受到业界认同。《中华人民共和国科学技术进步法》和国家科技奖励提高了企业领导对奖励工作的认识，推动了企业奖励工作的开展，这几年以国家科技奖励为楷模，不断加大奖励力度，在奖励办法、评审内容、评审程序等方面都从国家科技奖励工作中吸取了许多经验，对促进企业科技创新和人才、团队成长起到了十分重要的作用。国家科技奖励还大大促进了科技成果的集成与升华，申奖过程也是一次科技成果再次提炼的过程，经过再认识，进一步促进了成果的推广、应用。

10 年来，奖励工作成就显著，仍有几个方面的问题需持续探索。一是“马太效应”，即获奖人获奖后连续获奖，同样贡献者受到冷遇的“增值”现象，有的学者甚至被称为“得奖专业户”，十分不合理。二是弄清新技术与老技术，报过奖的创新成果与新报奖的创新成果的关系，避免或杜绝重复报奖。三是成果的经济效益计算，评价方法急待改进，因为这是衡量技术创新的核心指标，目前的办法问题较大，比如，显然过时的“创汇”科目都未取消。四是进一步强调知识产权和个人的贡献，这方面有较大改进但尚未到位。

（本文摘自《国家科学技术奖励条例实施十周年纪念文集》，2009 年 12 月）

发展科技评价，促进自主创新

【摘要】 本文从科技评估的定义、性质、分类、目的等入手，对国内外科技评估活动开展情况以及本行业石油科技评估中心的成立、现状和取得的成绩进行了系统介绍，并阐明了现阶段开展和加强科技评估工作的必要性。

一部石油工业发展史就是一部科技创新史，纵观我国石油工业油气发现和产量增长的每一次飞跃都留下了技术创新和科技进步深深的脚印。

俗话说“没有规矩不成方圆”，正像体育竞赛活动一样，有运动员、教练员，还必须要有裁判员；影视创作有编者、导演、演员，还要有评论员；工程建设有甲方投资人、乙方建设者，还要有第三方的工程监理……一个完善的、有效率的科技创新体系不仅要有管理体系(甲方)、研发体系(乙方)，还要有服务评价体系(第三方)。

科技评估是科技服务体系的核心，是市场经济的产儿，是科技创新的裁判员。它作为第三方，可以独立地、比较客观地判断科技创新成果的“新和旧”、水平“高和低”、内容“真和假”，以及其成果的经济价值和社会价值。

石油科技评估中心自1999年正式成立以来，在中国石油决策层的支持和国家大发展的背景下，尽管遇到政策环境和人为认知程度的阻力，仍稳步地坚守着一块小小的阵地。在此九周年之际，介绍一下科技评估工作的意义，回顾一下评估中心工作的进展情况，希望得到人们更多的理解和支持。

评估，即评价估量，泛指“衡量人物、事物的作用和价值”。科技评估，依据2000年12月28日我国科技部颁发的《科技评估管理暂行办法》所给的定义，是指“由科技评估机构根据委托方明确的目的，遵循一定的原则、程序和标准，运用科学、可行的方法对科技政策、科技计划、科技项目、科技成果、科技发展领域、科技机构、科技人员以及与科技活动有关的行为所进行的专业化咨询和评判活动”。从广义上讲，科技评估是对与科学技术活动有关的行为所进行的专业化判断活动，其结果是提供能够回答委托者特定目的的评估结论和评估分析。

科技评估的性质，主要分职能性评估和经营性评估。职能性评估是指对政府科技活动有关行为进行的客观的、科学的评价和判断，为政府有关部门发挥决策、监督职能提供服务。经营性评估是指对企业或其他社会组织与科技活动有关的行为进行的客观的、科学的评价和判断，为他们对被评事物的决策、判断提供参考依据。在市场经济条件下，科技评估作为一种咨询活动，不仅要为政府决策服务，更多的是深入到市场当中接受非政府机构委托的评估任务，如企业投资项目的科技评估、风险投资机构投资的科技评估、企业产权交易中的科技评估等。

科技评估的分类，可从不同角度进行划分。从评估时间上，可分为事先评估、事中评估、事后评估和跟踪评估四类；从评估空间上，可分为国家评估和地方评估；从评估规模上，可分为宏观评估、中观评估和微观评估；从评估方法上，可分为定性评估、定量评估及定性与定量相结合的评估；从评估形式上，可分为通信评估、会议评估、调查评估、专访评估和组合评估等；从评估具体对象上，可分为科技政策评估、科技计划评估、科技项目评估、科技机构评估、科技人员评估；从评估的目的上，可分为面向市场的评估、面向管理的评估、面向监督的评估等。

科技评估的方法，可选用的方法多种多样，关键是要依据不同对象，有针对性地选择评估方法。常用的分析评价方法有定性和定量结合的方法、多指标综合评价方法、指数法及经济分析法和基于计算机技术的评估方法等。

美国开展科技评估活动时间最早。20 世纪初，他们就成立了国会服务部，对各委员会及议员们提出的各类问题进行研究、分析和评估。其中，与科技有关的研究、分析和评估即可认为是科技评估的雏形。法国、德国、加拿大、日本、丹麦于 20 世纪 40 年代至 60 年代，瑞士、瑞典、英国、澳大利亚、韩国于 20 世纪 80 年代，都先后制定了相应的科技评估法律，对有关科技评估的机构、作用、功能、权利和责任作了相应的规定和明确的法律解释。美国、法国政府规定，“没有进行评估，任何国家级科技计划、项目均不能启动”；日本政府规定，“科技评估机构不能随意设立和撤销”；韩国、马来西亚、澳大利亚三国规定，开展科技计划评估活动需按照有关法律设立机构，遵照法定程序进行工作、出具评估结论或向有关单位反馈结果，这些都体现了科技评估在科技活动中的重要地位。目前世界上大部分国家对国家级和部门级科技发展计划、重大科技项目(事先、事中、事后)、科技政策等都要依法由评估机构参与进行评估，以保证科技决策的科学化和民主化。经过近百年的发展，国际上已形成了许多品牌公司(评估机构)，如高盛、普华永道、理特、毕博、安达信等，他们大都以科技评估及会计、审计、资产评估为核心业务。

我国科技评估活动起始于 20 世纪 90 年代初期。1994 年国家科技部委托中国科学技术促进发展研究中心开展《“八五”国家科技攻关计划评估》；1997 年，国家科技部在促进发展研究中心基础上成立了“国家科技评估中心”；1999 年 8 月 20 日出台了《中共中央、国务院关于加强技术创新，发展高科技，实现产业化的决定》，该《决定》将“大力发展科技中介服务机构”作为 15 条改革措施之一；2000 年，国家科学技术部为贯彻落实《决定》的精神，保证科技评估活动的独立性、客观性、公正性，使科技评估工作有序、健康地发展，制定和发布了《科技评估管理暂行办法》〔2000〕588 号，规范了我国的科技评估活动。2001 年以后，科技部把科技评估作为科技管理过程的一个环节，明确规定了“以国家财政拨款资助为主的各类科研计划课题必须引入评估或评审机制，课题的确立和课题预算必须进行评估或评审。归口部门要创造条件逐步开展课题执行过程以及课题验收、跟踪等方面的评估或评审活动”，使科技评估活动在科技管理中的地位和作用进一步加强。2006年以来，国家科技部又推出了重大改革措施，总体精神是进一步强调部委的宏观管理职能，下放了一批具体的管理业务，在科技部下面设立十多个拖斗单位，许多工作都由“拖斗”来做，如：奖励办又增加了成果管理职能；国家科技评估中心的业务范围进一步扩展，全面承担国家科技部委托的科技计划项目事前、事中、事后评估，以及重大科技经费预算评估。

我国目前有7个中央部委、27个省市自治区建立了科技评估机构，从事专业科技评估活动的机构大约有70家，专职评估人员近2000人，在专职评估人员中70%具有大学以上学历，其中约20%具有硕士、博士学位。业务类型以科技计划评估、科技项目的立项评估、执行评估和验收评估为主。

石油科技评估中心是1998年由中国石油天然气集团公司科技发展部与石油经济和信息研究中心(现中国石油经济技术研究院)共同筹备，1999年中国石油天然气集团公司批准成立的，中石油人劳字〔1999〕第242号文决定，“在石油经济和信息研究中心查新中心的基础上成立石油科技评估中心”。为了取得具有独立承担民事责任能力的法人资格，经咨询国家科技评估中心和上级领导同意，于2000年2月在国家工商部门以石油经济和信息研究中心全资注册了“北京赛蓝德科技评估中心”，这也是北京市首家在工商部门注册含有“科技评估”字样的非营利性科技中介机构。

石油科技评估中心目前有年轻骨干7人，全部具有研究生学历，2人具有职业资产评估师、会计师、审计师资格，并有10年以上业务经历。另有一批资深专家，皆有教授级职称，在专业研究、科技管理方面具有较高的水平和经验，核心专家约50名，常年参与评估中心的课题研究和评估活动。九年来先后在以下一些方面开展了业务活动，并取得了一批成果。

(1) 在科技管理方法研究方面，完成了“勘探创新技术的识别与经济价值评估”“技术创新成果评价(评奖)方法研究”“国家科技进步奖经济效益的地位及评价方法研究”“石油科技规划编制方法研究”“科技经费预算管理研究”等，其中“技术创新成果评价(评奖)方法研究”于2004年至今已广泛应用于中国石油天然气股份有限公司科技成果评奖、评价工作中。

国家“奖励办”2005年正式立项，委托石油科技评估中心，召集农业部、信息产业部、机械工业协会、中国科学评价研究中心(武汉大学)等单位专家组成项目组，完成了“国家科技进步奖经济效益的地位及评价方法研究”，现已经通过了验收，获得了好评。

“石油科技规划编制方法研究”，引进了安达信、理特等管理咨询公司的先进理念，结合我们的实际，提出和研制了以模板——技术特性测评法和科技规划编制流程为主要内容的一整套规划编制方法，实施效果显著。

（2）在科技战略与规划研究方面，完成了“国家前瞻性科学技术研究”“我国陆上石油科技发展战略研究”“21世纪初油气关键技术展望与预测”“中国石油天然气集团公司科技发展战略研究”“中国石油天然气股份有限公司‘十一五’科技发展规划研究（总报告）”“物探、测井、钻井装备科研发展规划研究”“中国石油天然气集团公司技术创新能力研究”“中国石油天然气股份有限公司上游科技资源优化研究”“中国石油天然气股份有限公司2002年勘探、开发科技立项及管理研究”等项目。

2004年受国家科技部委托，承担了“国家前瞻性科学技术研究”项目中有关油气资源部分，提出的发展方向和重大课题已被国家“十一五”科技发展规划所采纳。2004—2005年组织中国石油天然气集团公司六个专业近百位专家应用新的编制理念和编制方法，筛选和完成了各专业“十一五”和2020年技术发展方向和重大课题的立项建议。2005年受股份公司委托，组织五个专业板块的课题组共同完成了总报告的编写任务。

（3）在科技管理咨询方面，完成了“专家库建设”“中国石油天然气股份有限公司技术创新奖初审评估”“科技成果评价方法和规划编制方法”“采用新技术提高采油效果”等多项成果，其中“科技成果评价方法和规划编制方法”已在中国石化、中国海油推广应用，发挥了行业服务的作用。

（4）在科技评估方面，2001—2005年承担了国家科技部直接委托下达的国家项目成果评估约60项；2001—2005年完成了中国石油天然气集团公司、股份公司多项评估任务，包括：“集团公司‘九五’科技计划后评估”、“2001年股份公司重大项目的中期评估”、“股份公司核心技术竞争力评估”、“集团公司重点实验室评估”、2003年“集团公司工程技术‘十五’科技计划中期评估”、2005年“集团公司‘十五’科技计划后评估”、“集团公司、股份公司科技成果鉴定”、“股份公司‘十五’科技成果验收”等共130项。从2005年5月开始到2006年2月共进行32个项目，共完成验收项目30个、课题26个。评估中心在主持验收过程中，遵守“独立、客观、公正”的原则，不发表导向性意见，并自觉接受股份公司科技信息部、项目承担单位的监督。验收方法采用专家“背靠背”的指标评分，和“面对面”会议讨论相结合，充分表达专家个人意见和集体意见，效果很好。

（5）在科技查新方面，石油科技评估中心是国家科技部认定的中国石油唯一的一级查新单位，是国内从事石油上游专业查新的权威机构。每年完成查新项目约200件，为科研项目立项、鉴定、验收提供了客观公正的文献评价依据。

通过九年的运转，我们深切体会到任何工作只要社会需求和研究方向正确，就要坚持做下去。科技评估是科技创新体系不可缺少的部分，特别是近年来我国科技发展速度很快，更加需要评估工作的同步发展。就拿科技投入来看，十年前中国石油天然气总公司每年投入人民币30~35亿元，现在中国石油天然气集团公司年投入已增加了2倍以上，项目多了，规模大了，科技管理的第三方评估就显得尤为重要。尽管当前国家或企业管理层面对科技评估工作还有不同的认识和理解，但加快发展只是早晚的事。

正因为科技评估事业比较薄弱，也缺乏这方面的人才，目前石油科技评估中心的工作人员是由中国石油经济技术研究院的在职研究人员、招聘的专业骨干和离退休的资深专家共同组成，这种组合有利于人才培养，也有利于评估事业的发展。

20 世纪 90 年代，石油部、中国石油天然气总公司、中国石油天然气集团公司的主要领导曾多次提出“科技局的同志不要把太多的精力用于每年 100~200 项成果鉴定验收上，要‘抓大放小’，具体工作可以委托专家去做”，成立石油科技评估中心就是出于这样的考虑。中心成立之初，曾聘请了从科技管理岗位上退下来的一些老领导、老专家参加筹建，在他们的带领下，科技评估工作逐步开展了起来。现在有几位年轻的同志，如牛立泉、余凤华等，已成为行业小有名气的专家。老专家的队伍实现了新的老同志替代老的老同志，中心老专家的平均年龄大体保持在 65 岁左右，而且专业更加配套。老专家和老专家之间，老专家和年轻人之间合作得很好、很愉快，形成了一个十分融合，既适合老同志发挥作用，又适应年轻人成长的体制和机制。关于发挥老专家作用的问题，在这里顺便感慨一下，我国国家最高科技奖获得者共 12 人，他们的平均年龄为 78 岁。国家特别表彰他们：现在还在工作！这说明行政岗位可以退休，也应该退休；科学和技术专家可以退休不退岗，或选择适合他们专长的地方继续发挥作用。科学家积累的科学和技术知识不仅是个人的财富，更是国家的财富，善于用好这笔宝贵的财富，既体现出了一种对科技和人才的认识观，也确实是建设创新型国家的实际需要，因此，在这方面笼统地说发挥“余热”并不全面。

近年来，由于全球经济发展对油气需求的不断增加，石油科技出现了新的机遇和挑战，建设一个完善、系统的石油科技创新体系，进一步推动石油科技事业的发展，提高自主创新能力，既十分紧迫，又势在必行。我们相信今后将会有更多的人给它以支持和帮助，科技评估事业一定会取得新的、更大的发展。

（本文刊登于《石油科技论坛》2008 年第 3 期）

第六部分

加强知识产权保护工作，积极实施科技兴油战略

知识产权保护工作是涉及加速两个根本性转变和实施“科技兴油”战略的一个重要问题。在此，我就知识产权保护工作面临的形势和任务、总公司知识产权保护工作的现状以及如何进一步加强知识产权保护工作谈几点意见。

加强知识产权保护工作，积极实施科技兴油战略

知识产权保护工作是涉及加速两个根本性转变和实施“科技兴油”战略的一个重要问题。在此，我就知识产权保护工作面临的形势和任务、总公司知识产权保护工作的现状以及如何进一步加强知识产权保护工作谈几点意见。

一、知识产权保护工作面临的形势和任务

知识产权保护制度是伴随着人类文明与商品经济发展而诞生的，并且日益成为各国保护智力成果所有者的利益，促进科学技术进步和社会经济发展，进行国际竞争有力的法律措施。

知识产权是指智力成果的创造人依法享有的权利和生产经营活动中标记所有人依法所享有权利的总称。按照 1967 年 7 月 14 日在斯德哥尔摩签订的《建立世界知识产权组织公约》第二条规定，知识产权保护范围有七项内容：

（1）文学、艺术和科学作品；

（2）表演艺术家的演出、录音录像制品和广播节目；

（3）人类在各领域的发明；

（4）科学发现：

（5）工业品外观设计；

（6）商标、服务标志和商品名称及标识；

（7）禁止不正当竞争。

知识产权通常分为著作权和工业产权两部分。上列的 1、2 条为著作权，3、5、6、7 条为工业产权。关于第 4 条“科学发现”，1978 年日内瓦公约的定义是“对物质宇宙中迄今尚未认识的现象、性质或规律的能够证明的认识”，这一条能否列入保护范围，法学家们有不同的认识。

国际知识产权保护起源较早，1474 年威尼斯就颁布了第一部专利法。我国知识产权制度的建立始于清朝末年，北洋政府和国民党政府也颁布过知识产权法，但都没有起到应有的作用。1949 年建国以后，我国长期没有知识产权制度，直到改革开放以后，1982 年、1984 年、1990 年、1993 年，中国才先后颁布了商标法、专利法、著作权法和反不正当竞争法，并在 1980 年加入了世界知识产权组织，1985 年加入了《巴黎公约》，

1992年加入了《伯尔尼公约》和《世界版权公约》，1989年加入了《马德里商标国际注册协定》，1994年加入了《专利合作条约》，可以说短短的十几年，我们走过了一些发达国家需要几十年甚至上百年才能完成的立法过程，建立了比较完整的知识产权保护法律体系，在知识产权立法和执法方面取得了举世瞩目的成就。同时我们也应当清醒地看到：与法制健全、市场体系完备、知识产权保护制度实行了上百年乃至几百年的西方发达国家相比，我们还存在着很大的差距。

当前，知识产权保护已成为国际间政治、经济、科学技术和文化交流中一个受到普遍关注的问题。世界范围内对知识产权保护的范围正在不断扩大，保护水平和标准也在不断提高。西方发达国家经常利用知识产权保护这张王牌，以保护知识产权为名，干涉别国内政，对发展中国家施加政治、经济压力，进行技术封锁和贸易制裁，以达到其扩大科研开发和竞争优势，占领和垄断技术、贸易市场的目的。

现在，我们已加入了世界知识产权组织，陆续加入了一系列的知识产权保护国际条约，今后，不仅要严格恪守我们已经承诺的国际义务，还要随着国内外的形势发展，进一步完善知识产权制度，提高知识产权保护水平。我国的科技水平和经济发展水平与发达国家相比，还存在很大的差距，随着全球贸易自由化进程的加快，我们所面临的发达国家在知识产权方面的竞争压力也会越来越大，如不加强知识产权保护工作，缺乏正确的对策，这种压力不仅不会减轻，而且有可能加重。“九五”和“十五”期间是总公司走向国际的重要时期，我们应十分重视知识产权保护工作，更加有效地利用知识产权制度的创新机制，增强我们的科技实力和国际竞争实力。

加强知识产权保护工作是实施两个“根本性转变”和“科技兴油”战略的重要一环，要发展市场经济，保护企业的利益，走集约化的发展路子，就必须认真保护知识产权。实施“科技兴油”战略，要积极提倡和激励科技创新精神，提高科技创新能力，多出科技创新成果并保护科技创新成果，而知识产权制度的作用恰恰就在于此。因此，我们必须完善知识产权制度，加强知识产权保护工作，采取有效措施，鼓励发明、创造、走自主创新的道路，力争在最短的时间内占领石油科学技术的前沿阵地，真正把实施“科技兴油”战略落到实处。

二、总公司知识产权保护工作现状

总公司自1985年开展专利工作以来，经过十年的努力，知识产权保护工作已初见成效。在“八五”期间，总公司的知识产权保护工作保持了快速、稳步发展，取得了可喜的成绩。

专利工作作为知识产权保护工作的重要组成部分，其运行机制、管理体制及工作模式已初步形成，并开始向建立知识产权保护工作体系迈进。

(1) 以基层企事业单位专利工作机构(专利工作岗)为核心，基本形成了总公司、局、科技处、二级单位科技科四级专利管理网络，专利工作机构和工作队伍相对稳定。

总公司所属各油田、研究院(所)、工厂、高等院校中设有专利工作机构(专利工作岗)的单位占70.%以上，并拥有石油工业专利服务中心、大庆石油管理局专利事务所、辽河石油勘探局专利事务所、华北石油管理局专利事务所、新疆克拉玛依专利事务所、中原油田中濮专利事务所等6家专利代理服务机构。总公司还拥有一支具有一定专业水平的专(兼)职骨干专利工作队伍，其中经中国专利局系统培训，持有中国专利局颁发的《企业专利工作者》证书的企业专利工作者303名，经全国专利代理人资格统一考试，持有《专利代理人资格》证书的专利代理人66名。

为进一步开展知识产权保护工作，1995年总公司批准成立了知识产权保护办公室，负责总公司的知识产权保护工作，各企事业单位也都积极开始筹建知识产权保护办公室，胜利石油管理局、辽河石油勘探局、四川石油管理局、中国石油大学(华东)等四单位，正按国务院知识产权办公会议办公室及总公司知识产权保护办公室的部署和要求开展知识产权保护试点工作。

(2) 知识产权保护工作的管理办法和配套制度正在逐步完善。各单位普遍制定了《专利管理办法》或《企业专利工作办法》《专利文献检索工作要求》《申报非职务发明创造审批办法》《专利许可证贸易管理办法》《职务发明奖励办法》，总公司制定了《中国石油天然气总公司关于保护知识产权的暂行规定》。在此基础上，为贯彻国务院《关于进一步加强知识产权保护工作的决定》和《中国石油天然气总公司关于保护知识产权的暂行规定》，各单位已经制定或开始制定本单位的《保护知识产权管理办法》，积极开展知识产权保护工作。

(3) 知识产权保护工作初见成效。据不完全统计，十年来总公司所属各企事业单位申请、经中国专利局公开的职务发明专利有2089件，其中发明专利360件，实用新型和外观设计专利1729件，获专利权1732件，专利实施率在60%以上，创造了良好的社会效益和可观的经济效益，为促进石油科技进步和生产建设发展做出了很大的贡献。“八五”期间，专利申请的数量稳步增长，每年约有300项发明创造成果申请专利保护(经中国专利局公开的职务发明专利申请有1403件，其中发明专利256件)，专利申请的质量有所提高，一批高新技术成果及时申请专利保护，从整体上提高了总公司拥有的专利技术水平和技术含量。如胜利石油管理局的发明专利《步行坐底式钻井平台》在1991年被中国专利局和世界知识产权组织授予中国专利金奖。大庆石油管理局的实用新型专利《潜油电泵测压装置》和华东输油管理局的发明专利《输油管道阴极保护装置》以及总公司勘探开发科学研究院的发明专利《全梯度合成测井方法》和《井像测井方法》均被评为中国专利优秀奖。中国专利金奖和优秀奖是每届评选一次的国家政府奖，每届仅评选中国专利金奖10项，优秀奖数10项，这些获奖项目是从26万余件授予专利权的专利项目中，经过严格的程序评选出来的技术水平高、经济效益好的项目，总公司的专利项目能被选中，可以说明总公司的专利中，有一批高新技术成果。

“八五”期间，各企事业单位进一步广泛深入地开展了知识产权法律和有关知识的宣传普及和教育培训工作，全行业干部职工的知识产权保护意识普遍增强，开始学会了用法律手段来保护自己的技术和产品，维护总公司和本单位以及发明人的合法权益；基层专利工作人员也提高了依法办事的能力，一般的专利纠纷都能在基层专利工作机构得到较妥善的调处。

(4) 初步建立了全行业的专利服务网络。以石油工业专利服务中心为核心，开展全行业专利业务。基层专利工作机构积极开展法律咨询、专利代理、专利文献检索服务等项工作，报道出版专利信息，促进信息交流与传播。

(5) 总公司及所属企事业单位的专利工作多次受到中国专利局的肯定与表扬，1991 年和 1995 年中国专利局和国家人事部联合表彰全国专利工作先进单位，大庆石油管理局、四川石油管理局、河南石油勘探局、吉林油田管理局、辽河石油勘探局、中原石油勘探局、中国石油大学(华东)先后荣获“全国专利工作先进单位”称号(受表彰单位占全国受表彰单位总数的 5%)，其中四川石油管理局连续两届都获此殊荣。此外，胜利石油管理局、新疆石油管理局、大港石油管理局、华北石油管理局、江汉石油管理局、石油管道局、宝鸡石油机械厂、西安石油勘探仪器总厂等十几个单位都多次被所在省、市、自治区评为企业专利工作先进单位，这说明总公司的专利工作在总体上位于全国专利工作的先进行列之中。

总公司的知识产权保护工作虽然取得了显著的成绩，但仍处于初级阶段，目前还仅仅是在专利工作方面开展较好，离全面开展知识产权保护工作的要求还有相当大的差距，整体水平还亟待提高，还有很多薄弱环节，总公司各企事业单位之间发展也不平衡，知识产权保护工作亟待进一步加强。目前存在的问题是：

(1) 从整体上看，知识产权工作至今仍未真正摆到科技、经济工作中应有的位置上，保护知识产权的重要性在发展社会主义市场经济和解放、发展科技第一生产力中还远未被更多的人们所认识，全行业的知识产权意识仍然淡薄。

(2) 由于知识产权保护工作是涉及科技、经济、法律等诸方面量大、面宽的新工作，尤其是在新旧经济体制交替过程中，我们还缺乏工作经验，我们的工作机构还不健全，工作队伍还很年轻，基础设施、技术支撑体系、服务支持体系都很薄弱，知识产权管理机关缺乏依法处理和查处侵权和违法的手段、人力、经济条件以及相应的明确而又得力的法规措施，处罚力度也不够，以致侵权现象时有发生、屡禁不止。另一方面，由于对知识产权法律宣传普及不够，知识产权保护意识薄弱，法制观念淡薄，相当多的同志不知道什么是侵权和非侵权，知识产权受到侵犯时，不知道上什么部门去申诉寻求保护，或者对申诉上告失去信心，致使本单位的知识产权受到侵犯，造成无形资产流失，客观上也助长了侵权现象的发生。我们必须加大工作力度，尽快扭转这种局面。

(3) 在知识产权的管理上还存在诸多漏洞和薄弱环节，主要表现为不掌握本单位拥有多少项知识产权，不了解这些知识产权本身的经济价值以及将能给单位带来多少经济效益，不善于采取有效措施或适当的法律手段来保护这些知识产权，以致造成某些知识产权过早地失去效力、丧失或者流失。由于管理不严，产权界定不清，缺乏有效的约束机制和措施，因人才流动而带走原单位的知识产权，或者使本应属于单位所持有的职务智力研究成果，变成了个人或小集体所有而造成单位的知识产权流失的现象也还相当普遍，甚至有些知识产权的流失还会严重影响这些单位的生产经营，我们必须进一步完善有关规章制度，强化管理工作，堵住漏洞，消除薄弱环节。

(4)知识产权保护工作的基础还相当薄弱，亟待加强。总公司的知识产权保护工作起步于开展专利工作之日，目前正在向全面开展知识产权保护工作迈进，知识产权保护试点工作刚刚开始。知识产权保护工作涉及专利保护、商标保护、著作权保护、反对不正当竞争等诸多方面，我们缺乏工作经验，我们的基础还相当薄弱，我们还有大量的工作要做，任务是十分艰巨的。仅以开展较早，基础较好的专利工作为例，总公司是国家特大型企业，拥有众多的厂矿、高等院校、科研机构，集中了我国掌握石油专业技术的大多数优秀科技人员，在石油科技领域中应占有绝对领先的优势，在这个技术领域中，总公司的中国专利申请和专利持有量也应占有相应的优势。但是总公司对石油技术领域的专利占有率仅略高于1/3(36.5%)，其余部分被个人、其他企业和外国人占有。据不完全统计，总公司在与石油密切相关的专业技术领域中专利占有率为：抽油机技术为25.1%、油田化学和三次采油技术为28.5%、钻井技术为37.6%、地球物理勘探技术为34.9%。尤其需要关注的是，体现高新技术水平的有关石油技术的发展专利，总公司的占有率仅为20.67%，而外国人占有率为41.7%。这一方面说明与国际水平相比，总公司在主体技术方面还有相当的差距，另一方面也说明，我们还不善于利用专利来保护总公司的技术和产品，我们有相当一部分发明创造没有及时申请专利保护，我们每年仅有约300项专利申请，这与总公司这样一个特大型企业在我国国民经济中的地位和具有的科研及生产能力是极不相称的，我们的专利工作还有很大的差距。这同时也表明，基础较好的专利工作尚且有如此大的差距，可见知识产权保护工作的基础相当薄弱，各项工作都亟待加强，我们必须加倍努力。

三、加强知识产权保护工作“九五”期间力争达到全国先进水平

完善知识产权制度，加强知识产权保护工作，是当前深化科技、经济配套改革，扩大对外开放的重要内容，也是加快建立社会主义市场经济体制，实现与世界经济接轨的基本要求，更是总公司实施“科技兴油”战略的需要，各单位要认真贯彻国务院《关于进一步加强知识产权保护工作的决定》，把加强知识产权保护提到科技、经济、文化工作的重要议事日程，运用法律、经济和行政的手段，采取有效措施，切实保护自己的知识产权，充分尊重他人的知识产权，要认真执行《中国石油天然气总公司关于保护知识产权的暂行规定》做好本单位的知识产权保护工作。

今年是执行“九五”计划的第一年。“九五”期间知识产权保护工作的方针是：

（1）知识产权保护工作必须为实施“科教兴国”战略和实现国民经济及社会发展的奋斗目标准备，必须为实施“科技兴油”战略和促进陆上石油工业持续稳定发展服务。

（2）知识产权保护工作要努力进入科技进步和经济发展的各个领域，纳入经济体制和科技体制改革的轨道，充分发挥知识产权制度在社会主义市场经济中的作用。

（3）知识产权保护工作要重视宣传普及教育，增强知识产权保护意识，鼓励和保护发明、创新，强化知识产权管理和保护。

（4）知识产权保护工作要渗透到科研、生产、经营的全过程，紧密围绕陆上石油行业结构优化、重点科技攻关、重点高新技术引进、消化、吸收与再创新，提高全行业的经济效益。

（5）知识产权保护工作要坚持市场机制和宏观管理的有机结合。知识产权保护工作不应在行政压力下被动地开展，要把开展知识产权保护工作与建立现代企业制度和现代科研院所制度有机地结合起来，结合本单位的具体情况，建立适合本单位经营机制的知识产权保护工作机构和规章制度，积极主动地开展知识产权保护工作，并逐步深入。“九五”前2年打好基础，后3年跨上一个新的台阶，力争使总公司的知识产权保护工作达到全国先进水平。

（本文刊登于《石油科技论坛》1996年第4期）

重视基础研究确保高质量的科技论文产出

改革开放以来，我国国民经济的发展在邓小平同志建设有中国特色社会主义理论指导下，取得了重大的成效；我国陆上石油工业依靠科技进步，取得了重大的发展和长足的进步。当前，科学技术已经和正在发挥着它无比的成力，依靠科学技术振兴国民经济，依靠科学技术振兴石油工业越来越深入人心。“七五”“八五”以来，我国陆上石油工业不断加强科研工作的强度和力度，瞄准目标，有效地解决了一批生产发展中的重大难题：我们建立了陆相有机质成烃机理与成藏理论、油气分布源控论和陆相湖盆沉积体系与模式，在实践中指导我国东部油气勘探打开了大的局面；我们实现了地震野外采集全部数字化，发展、推广并大面积应用了三维地震和横向预测等高技术，大大提高了油气勘探的效率和成功率；我们以较快的速度研制和推广了优选参数钻井，井控和近平衡钻井，保护油气层技术以及定向井、丛式井、水平井技术，使钻井速度和质量都有了很大的提高；以寻找和开发剩余油技术为核心的控水稳油技术的不断发展，使大庆油田连续稳产 18 年，创出世界油田开发的高水平奇迹；稠油开采技术的发展，使我国在十年时间里一跃成为世界第四稠油生产大国；我们还成功地开发了一批低渗透、特低渗透高难度油气田；以节能降耗为中心的油气集输技术和石油机械、装备制造技术的发展，不断适应了油气田勘探、开发的需要。长期以来，我们在科技工作中坚持了三条做法。

（1）坚持“经济建设必须依靠科学技术，科学技术工作必须面向经济建设”的方针，不断壮大行业研究力量，把 90% 的研究院所建在大中型企业，直接为石油工业的增储上产服务。

目前，中国石油天然气总公司（以下简称总公司）三个层次的科研机构共计有 262 个，总人数约 6 万人。其中总公司直属科研院所 8 个，人数仅 4600 人，石油高校研究人员 3000 余人，油田所属二级科研院所人数约 3 万人，油田所属三级科研所人数 2 万余人。总公司直属院所主要承担国家和总公司下达的研究任务。油田所属二级院所主要承担总公司和油田下达的研究任务。油田所属三级科研所主要承担油田下达的研究开发推广任务。由于绝大部分科研单位都进入了企业，使得科研和生产结合得比较紧密。

（2）在政策方面，我们确定了凡是国家、总公司、企业的重大科技攻关，应用基础技术研究，高技术研究决策、规划等软科学研究以及公益性的科技管理或行业性的技术服务工作，如科技信息的加工、传递等项目，都属于“稳住一头”的范围。这些项目均纳入计划，特别在当前资金日益紧缺的情况下，仍然对以上项目的经费和工作条件给予有力支持，这些人员的技术职称、成果奖励和福利等方面也享受一定的“倾斜”政策。

（3）不断发挥科技期刊的作用。科技论文，是科技工作的结晶和升华，也是指导生产的基础和依据，是一个部门生产规模，管理水平和科技水平的综合表征。因此，重视基础研究和应用基础研究工作，促进科技论文的产出与质量的提高，长期以来一直被视为陆上石油工业的一项重要任务。在国家科委、新闻出版署、中宣部等国家有关业务部门的关怀与支持下，总公司逐渐建立、健全了 33 种专业比较齐全、质量比较好的石油科技期刊。这些期刊年发表论文近 3000 篇，为我国石油天然气工业的科技进步做出了很大的贡献。我们设立了专门的管理机构，专职的管理人员，建立了相应的管理制度，同时，也制定了一些保障期刊健康发展的政策。在由计划经济向社会主义市场经济转换的体制改革中，我们的期刊管理工作本着“严格”“积极”的原则，一手抓政策落实，稳定编辑队伍；一手抓效益管理，提高期刊质量，在全体编辑出版人员的共同努力之下，近年来我们石油科技期刊取得了一些成绩。据抽样调查，石油科技期刊每篇必读的专业研究人员占 80%，读重点文章的达 95%。刊物的发行量基本达到了专业技术干部人手一册。科技人员普遍认为石油科技期刊已成为提高自身理论技术水平不可缺少的重要伙伴和发表科研成果的主要园地。

“九五”期间，我们要进一步加大发展科技的力度，加速高质量科技论文的产出。我们的工作比起其他兄弟系统来说，还有很多不足之处，论文质量和期刊质量水平还不够理想，我们要虚心学习兄弟系统的先进经验，努力提高质量。1997 年世界石油大会将在北京召开，我们要抓住这个机遇，创造条件、力争在国标石油科技论文的舞台上和国际石油技术市场上，为争取与产油大国相适应的地位做出新的成绩。

（本文摘自《加速高质量科技论文的产出争取与产油大国相应的国际地位——在国家科委’94 中国科技论文统计信息新闻发布会上的发言》，刊登于《天然气工业》1995 年第 1 期）

强化精品意识，办好科技期刊

科技信息是人类社会最重要的资源之一。科技期刊的基本功能是积累、传播和交流科技信息。从当代自然科学技术发展的实际状况来看，科技期刊仍然是科技信息最基本的交流途径和手段，是传播科技成果的最重要的形式。科技期刊又是科技成果转化为现实生产力的桥梁和中介，在促进科研成果转化的过程中发挥着特殊重要的作用，并从中创造出巨大的社会效益和经济效益。科技期刊还是进行文化教育和科学普及的重要手段，是发现和培养科技人才的深厚土壤。总之，科技期刊在推动科技进步和社会发展的过程中，具有不可替代和难以估量的作用，因此科技局一直就把办好科技期刊作为一项重要任务来抓。我 1992 年调到科技局，分管这路工作，觉得石油科技期刊办得很有生气，其中陈宝厚同志在管理方面作出了很大的贡献。

近年来，石油科技期刊在各主办单位的大力支持下，在各位主编及全体编辑、出版人员的努力下，取得了很好的成绩。“七五”和“八五”期间我总公司有六个企业的论文发布数进入全国工业企业论文发布数量的前十名，被舆论界称为“石油现象”。科技期刊是科技论文的载体，对总公司的科技进步做出了很大的贡献，“七五”和“八五”期间有一批优秀期刊，受到了国家科委等有关部门和总公司的表彰，在这里我要再一次向这些荣获表彰的期刊表示祝贺。但是，我们也应该看到，石油科技期刊的整体水平与世界先进水平相比还有较大的差距，在期刊质量和管理方面也还存在着水平参差不齐的情况。所以，我们要借这次全国性的期刊工作会议的东风，在国家科委和新闻出版署的统一部署之下，有计划地开展一次石油科技期刊的治理工作，以进一步提高我们的管理水平，把我们期刊的整体质量提高到一个更高的档次。

“一手抓繁荣，一手抓管理”，是党中央为出版工作制订的重要方针。由谁来抓？就是要由我们科技管理部门来抓，上面由科技局来全盘抓，下面各种期刊要由主办单位的科技处来抓。抓什么？“繁荣”的核心就是质量问题，质量问题既是全部办刊问题的综合体现，又有其专有的内涵。十几年来，我们石油科技期刊在提高质量方面积累了一定的经验，各主办单位科技处要经常不断地给以关注、检查和督促。管理工作的重点是导向，要做到以科学的理论武装人，以正确的舆论引导人，以高尚的精神塑造人，以优秀的作品鼓舞人。石油科技期刊要用大量的最新的科技信息支持科研和生产。管理工作的目的是提高效益。把社会效益放在首位，力求社会效益与经济效益统一是办好科技期刊的一条基本原则。石油科技期刊在评比条件中把社会效益和经济效益这些概念，细化成若干条，把经济效益分为经营效益和信息效益的做法，都是可取的。

管理工作的基础是提供服务，要为期刊出版工作的发展创造必需的工作条件，在机构、人员、经费、政策等方面，根据国家有关规定、市场经济的环境和期刊工作的特点给予必要的支持；把科技期刊作为重要的信息资源去生产，把科技期刊工作作为科技管理工作的有机部分进行管理。

六中全会《决议》指出，“出版工作要努力实现从扩大规模数量为主向提高质量效益为主的转变。我们管理工作下一阶段的重点是实施精品战略，狠抓质量，多出精品，抓好典型，带动一片。所谓精品期刊，是指学术、技术水平和编、校、印、装质量都臻于“上品”的期刊，是实现两个效益最佳结合的期刊。争取在近两三年内石油天然气总公司有3~4种期刊达到国际先进水平，办成国际性的期刊。

这次工作会议我们将完全按照“两办”文件和国家科委、新闻出版署文件的精神，对石油科技期刊做些调整。这是全国期刊业从实际存在的以规模数量的增长为主要特征向以优质高效为主要特征的阶段性转移的需要，也是石油科技期刊工作由粗放型向集约型发展的需要。凡是在质量、机构、人员、经费等方面不符合国家有关文件要求的各单位，都要认真进行整改。

同志们，目前我们总公司正处在“九五”计划的开始阶段，石油科技期刊事业任重道远，让我们团结奋发进取，为繁荣我国石油科技事业做出新的贡献。

（本文摘自《强化精品意识办出优质期刊为科技兴油作出贡献——在石油科技期刊工作会议上的讲话》，刊登于《天然气工业》1997年第5期）

向《天然气工业》杂志社致敬

非常高兴有机会参加这个会议，首先我代表中国石油天然气总公司(以下简称总公司)科技发展局向《天然气工业》杂志办刊15周年表示热烈祝贺！对全体编委、通联委员和杂志社的同志们十五年来辛辛苦苦、兢兢业业对杂志作出的贡献表示衷心的感谢！

《天然气工业》杂志诞生于1981年，她伴随着我国石油科技事业特别是天然气事业的发展而成长壮大，为我国天然气工业的发展作出了很大的贡献。《天然气工业》杂志诞生、成长的15年也正是我国石油天然气工业飞速发展的15年。15年来，我国石油天然气工业的科学技术水平取得了长足的进步。在邓小平同志关于“科学技术是第一生产力”的思想指导下，科技投入不断增加，科技队伍不断壮大，“八五”末期，我们的科技水平从总体上已达到了国际80年代中后期水平。目前我们的陆相石油地质，大型非均质砂岩油田开发和渤海湾复式油气区滚动勘探、滚动开发三项技术已居世界前列。地震勘探、钻井工艺、复杂油藏开采、油气田地面工程建设和油气田生产管理自动化等五项工程技术已达到或接近世界先进水平。通过研究攻关和对外国先进技术的引进、消化吸收，不断加大了技术更新、改造的力度，常规技术实现了更新换代。15年来，原石油工业部和现总公司有130多项科研成果获得了省部级奖励，186项成果获得了国家级奖励。成果转化率达30%以上，约40%的成果接近或达到了国际先进水平，科技进步对经济增长的贡献率达到42.8%。“八五”期间国家两次评选十大科技成就，总公司“大庆稳油控水”“沙漠公路”和“步进式钻井平台”三项成果榜上有名，显示了陆上石油科技在全国的地位和水平。

改革开放以来，我国陆上石油科技工作取得了很大成绩，但同时也应当看到，无论从生产发展需要还是同世界石油科技水平相比，我国当前的石油科技工作都还存在着不少的差距。就拿天然气来说，资源评价结果有38万亿立方米的资源量，尽管“八五”期间探明天然气近6000亿立方米，超过建国以来前四十年总和的一半，成绩很大，但毕竟总的探明率仅达到资源总量的2.9%。目前世界油、气产量按热当量换算几乎是1：1，而我们是1：0.12，差距实在太大。有的地质学家说，在世界上天然气工业比石油工业落后三十年，我们的天然气工业比国外又要落后三十年拓展天然气工业，任重而道远。“九五”期间天然气攻关继续被列入国家重大攻关项目并被予以高度重视，我们相信，在广大科技工作者和全体石油职工的共同努力下，一定会有重大突破，实现再探明1万亿立方米天然气的总目标。科技期刊是科技成果的重要载体，也是一种特殊的商品，不但能生产精神产品，也能弘扬理论、活跃学术思想、加强沟通与交流、促进成果转化，也可以产生重大的效益。科技期刊是广大科技工作者、管理工作者展示科研成果、交流学术思想和信息的重要舞台和阵地，科技论文的产出是衡量一个国家、一个部门、一个单位科技水平的重要标志。从 1989 年开始，国家科委对全国 1200 多种科技期刊进行检索，在全国工业企业中，总公司有六个企业进入发表论文数量前十名，四川石油管理局的发表论文数连续六年都在全国前四名，总数达 567 篇。其中 1991 年获得全国第一，年发表论文 95. 5 篇。毋庸置疑，《天然气工业》杂志为此作出了重大贡献。目前，总公司办有各类科技期刊 44 种，《天然气工业》杂志无论办刊质量还是编辑人员的素质都名列前茅，在 1992 年国家科委、中宣部和新闻出版署联合组织的首次全国优秀科技期刊评选中获得了一等奖这些成绩的取得首先应归功于杂志社的同志们。舆论公认，要办好一份刊物首先就要有一个好的主编和好的编辑部。办刊是件很难的事情，是为别人做嫁衣裳，要有奉献精神。一个好的编辑(《天然气工业》杂志许多编辑都属这一类人)不但要做好的文字校审工作，还要帮助作者修改文章，提高水平，论文发表后作者可以获得许多应该得到的东西，而编辑只能是无名英雄，像杂志社的陈国华、李登湘以及已退休的赵定中、王功济、周大钧等同志，多年来放弃专业研究，默默无闻在编辑岗位上耕耘了十几年、几十年，我代表科技局向你们致以崇高的敬意和衷心的感谢！当前全国工业企业和我们石油企业都在转轨建制，不少单位在走向市场的过程中经济形势不容乐观。在这种情况下，许多油气田还在大力支持不能直接赚钱盈利的科技期刊，这种精神难能可贵。四川石油管理局的领导同志，在困难条件下始终关心期刊工作，为办好期刊创造了很好的工作条件，给予必要的经费支持。科技期刊是企业科技进程中不可缺少的一个环节，也是实施科技兴油战略的一项不可缺少的工作，重视科技期刊工作是企业领导高瞻远瞩最明智的表现，我代表科技局的同仁们对四川石油管理局的领导同志，包括在座的蒋长安、史兴全老局长表示衷心的感谢！没有你们的大力支持，《天然气工业》杂志就不可能取得今天的成绩。也希望各单位的领导同志对期刊编辑人员在职称奖励生活待遇等方面继续给予关心和支持。相信在“九五”期间，《天然气工业》杂志一定能办得更好预祝你们取得更大成绩！

(本文摘自《在〈天然气工业〉杂志办刊 15 周年及第四届编委、通联委员工作、学术交流会上的讲话》，刊登于《天然气工业》1996 年第 4 期)

理论技术创新催生克拉 2 大气田的发现

半个世纪以来，世界各国，特别是发达国家，都在千方百计调整能源结构，努力提高洁净能源在消费总量中所占的比例。天然气作为优质洁净能源，理所当然受到普遍的重视。几十年来，天然气的消费一直在持续增长，从 1950 年只占一次能源消费的 9. 8%到 1995 年便增长到 23. 2%，平均年增长 0. 3 个百分点，且增长速度越来越快。预计到 2010 年将上升到 25%以上，2020 年将进一步增长到 30%。我国的能源生产与消费结构，长期以来一直是以煤炭为主，煤炭占消费总量的 75%，而洁净能源所占比例甚低，天然气消费仅占 2%左右。目前，我国仍是世界上最大的煤炭生产国和消费国。伴随着煤炭的开采和利用，每年向大气排放甲烷约 194 亿吨，燃煤产生的大量温室气体和大气污染物，使 72%的城市上空大气中总悬浮颗粒物超过国家二级标准，71. 7%的南方城市出现过酸雨，极大地破坏了人们赖以生存的空间。不合理的能源结构给我国环境及可持续发展带来了极大的危害。

开发利用天然气以改善我国的能源结构意义极其重大且刻不容缓。为此，从“六五”开始，中国石油天然气集团公司就加强了天然气勘探开发的科研攻关和人、财、物的投入，从而逐步奠定了我国天然气勘探开发出现崭新局面的地质理论基础。一是发展与完善了煤成气地质理论。由于这一理论的建立，指导了全国 20 年来含煤盆地天然气的勘探，使我国探明的煤成气储量占天然气总储量的 50%以上。二是深化了克拉通盆地构造、地层岩性油气勘探理论，特别是“古隆起控气”理论。这一理论有力地促进了中西部地区古生界天然气勘探的发展，成功地发现了鄂尔多斯盆地中部和川东大气田，在这一地区近 10 年来新增的天然气储量比前 40 年的总和还要多。三是前陆盆地断层相关褶皱理论的引进和攻关以及油气地质条件认识的提高，总结出的多种油气藏类型，指导了塔里木盆地中—新生界天然气的勘探，相继在塔中、塔北、巴楚、塔西南都有所突破，克拉 2 大气田正是在这样的背景下发现的。它的发现不仅证实塔里木盆地是一个富气盆地，而且标志着塔里木盆地的天然气勘探将进入一个新的历史时期。

塔里木盆地在中华人民共和国的版图上是最荒凉、人称“死亡之海”的大沙漠，但同时它也是一块受世界瞩目、富含油气的宝地。今年全国矿产储量委员会通过对克拉 2 号构造的认真研究和严格审查，确认探明面积 47. 1 平方千米，探明天然气储量为 2506 亿立方米，这是目前我国最大的高丰度、高压、高产的优质整装气田。这一重大发现，对国家做出“西气东输”战略决策起到了决定性的作用。克拉 2 号大气田的发现是科技创新、科学技术紧密结合生产实践的产物。

一、理论和认识的创新是大气田发现的基础

塔里木盆地的库车坳陷在地质上是一个中—新生代的前陆盆地，北邻天山，南为塔北隆起，东西长550千米、南北宽30~80千米，面积约2.8万平方千米：从盆地类型和周边调查分析认为，该坳陷油气资源丰富，地质学家十分看好。因此，自20世纪50年代起就陆续进行了区域地质调查，做过重力、电法、航磁等普查工作。1958年在浅层曾发现一个依奇克里克小油田，此后虽然也打了50余口探井，但均未成功。

在库车坳陷进行油气勘探十分困难。地上，悬崖峭壁，高差达数百米，地震队无法上去作业；地下，地质构造十分复杂，由于天山的推覆和由此而产生的断裂、滑动、扭曲和地下盐体的流动使地震成像和建立地质构造模型均遇到相当大的难题，地质构造的真实面貌无法搞清。即使构造落实了，在钻井过程中还会遇到很多困难，巨厚的盐层对井内的管柱产生很大的压力，使套管损坏而难以钻进；同时，在高应力地区钻井，防止井斜更是困难重重，加之，生油气岩与储层的沟通以及其发育程度和含气性的评价等一系列世界级难题，都摆在油气勘探家的面前。这些难题，是留给后人，还是急国家所急，敢为天下先，顶着困难上？答案只有一个，选择也只有一个，这就是依靠科技创新，攻克这些难关。克拉2号大气田发现的过程，实际上就是在地质认识上、综合研究上物探技术和钻井技术上不断创新、不断有所突破的过程。

中国石油天然气集团公司在塔里木盆地连续进行了“七五”“八五”和“九五”三个五年计划的三轮科技攻关，在认真总结过去的经验和成果的基础上，使我们对塔里木盆地基本石油地质特征、地质条件和油气分布规律的认识不断深入，不断明朗。

首先是对生油气岩和储集岩进行了全面的研究。通过对野外露头的认真调查、观察，选择典型地区开展储层测量和建模，以及详细的对比研究和井下采样测试，确定了库车坳陷两套生油岩系：一套是三叠系，分布面积约1.2万平方千米，厚度90~565米；第二套为侏罗系烃源岩，分布面积约1万平方千米，厚度42~768米。这两套生油气岩系都是优质生油气岩。这就告诉我们，库车坳陷是一个“富气坳陷”。

在此基础上我们又对库车坳陷的储层进行了认真的分析和评价。应用最新的“层序地层学”和“比较沉积学”的方法，并结合地震剖面的特殊处理，确定沉积相、砂体分布规律，据此，对储层进行横向预测。在研究过程中，通过详尽和大量的实际分析，确定了沉积相和储层物性的变化；通过对相应的露头详细的沉积相研究和砂体分布测量，建立了符合地下实际情况的地质模型；应用多种方法对测井、地震等多种资料深入研究预测了储层在横向上和垂向上的分布规律，从而确认，克依构造带，特别是克拉2构造区白垩系为辫状河三角洲沉积，储层厚度大，可达到200米以上；横向分布连续，泥质夹层薄且少，成岩作用较弱；储层分选性、储集性能好，孔隙度可达到20%左右，是一套优质的储集层。

以上认识的确立和不断深化，为在这一地区深入地进行天然气资源勘探打下了坚

实的地质基础，坚定了必胜的信心。

二、技术和工艺创新是发现大气田的关键

江泽民总书记在全国技术创新大会上的讲话指出：科技进步、技术创新，只有同经济和社会发展紧密结合起来，才能具有强大的生命力。塔里木盆地天然气勘探取得的巨大成就，正是得益于科技进步与技术创新同勘探实践的紧密结合，特别是关键技术的创新、发展与实践的结合。

1. 突破地球物理关键技术，找准有利的勘探目标

地球物理勘探技术是油气勘探中最普遍、最重要、最关键的技术。在库车坳陷高陡复杂构造区进行地震作业，遇到三个方面的困难：首先是地表条件恶劣，有山地、戈壁和丘陵；其次是地下构造断层错综复杂，地层倾角多变，要进行正确的构造定位和深度预测，困难非常之大；第三是交通十分不便，给施工作业带来的难度常人是不可想象的。为此，中国石油天然气集团公司组织开展了“塔里木克拉2大气田的发现和山地超高压气藏勘探技术”的联合攻关，攻克了复杂地表条件下的地震采集和地表校正技术以及起伏地表区的复杂构造成像技术难关。同时，采用采集—处理—解释一体化的组织形式，以地质要求为最终目的，以先进的理论和技术为手段，通过反复摸索和试验，终于得到满意的地震资料，实现了地震剖面的连片处理，取得了显著的效果，有效地指导了这一地区的油气勘探。

2. 注重引进技术与自主创新的结合，发展构造建模技术

为了搞清地下复杂构造的形态，引进了断层相关褶皱理论，并创造性地运用这一理论及其技术，通过野外地表观察和地震剖面的精细解释，发现库车前陆盆地逆冲断层包含多种组合样式和褶皱样式，都与油气藏有密切的关系，由此建立了相关褶皱与油气藏关系的六种模式。在上述地质构造模式理论的指导下进行地震剖面的构造解释，结果比较合理，构造样式可信，从而提高了地层对比、圈闭形态和高度落实的可靠程度；通过编制平衡地质剖面，检验了构造解释的合理性，认识了构造圈闭的形成史，并对高陡地区的全部断裂进行了重新组合，从而获得和证实了油气可以在白垩系中得以完好保存的重要发现。经过对油气源和油气储层的研究以及构造地质建模和断裂解释，为部署地震测线，确定钻探层位提供了准确可靠的依据。

3. 攻克钻井技术难关，确保及时发现油气

在库车坳陷褶皱逆冲构造带钻井遇到上部地层倾角大，容易井斜；古近系发育着一套巨厚的复合膏盐层，易发生盐层蠕变卡钻和盐溶后井壁坍塌卡钻等五大难题。我们组织精干力量对钻井液体系、钻头选型、动力钻具使用、平衡压力钻井、高压气层小间隙固井等五个方面的问题开展了研究攻关，都取得了突破性进展。这些先进、实用的最新工艺技术及时地应用于生产，使钻井速度大大加快，钻井效益显著提高。

总之，在地质研究上，通过不断地进行科技创新，证实了库车坳陷富含天然气资

源；在山地地震的采集、处理和解释上，通过不断的技术创新，形成了世界一流的技术，实现了深部复杂破碎带的准确构造成像，为选定靶区奠定了可靠的基础；在高陡、复杂构造钻井工艺技术上，通过不断的技术创新，攻克了这类构造快速钻井的一系列技术难关。正是因为有了这些自主创新的技术成果并及时成功地应用于生产，才使克拉 2 号大气田的发现成为可能。

三、继续加强天然气勘探技术创新研究促进我国天然气工业更大发展

刚刚闭幕的党的十五届五中全会提出的关于“十五”计划的《建议》，以发展为主题、以经济结构战略性调整为主线，把改革开放和科技进步作为动力，把提高人民生活水平作为根本出发点，旗帜鲜明地提出：体制创新和科技创新是推动经济发展和结构调整的强大动力，并强调“十五”计划的实现有赖于体制改革和科技进步的突破性进展。

在此新世纪的曙光正冉冉升起之际，我国的现代化建设事业将在“实施科教兴国战略，加快科技进步和人才培养，充分发挥科学技术第一生产力的决定性作用”的基本方针指引下，继续在快车道上奔驰。可以预见，随着我国经济建设的发展，人民生活水平和质量的改善，对环境的要求将日益提高，今后我国对清洁能源——天然气的需求将越来越大，市场十分广阔。

“十五”期间，我们石油天然气集团公司将按照五中全会《建议》的精神和要求，以体制创新和科技创新为动力，进一步加大天然气资源的研究开发力度，深入开展天然气勘探开发技术研究、大中型天然气田成藏定量模式研究以及塔里木、陕甘宁、四川、准噶尔、柴达木盆地天然气勘探目标评价研究，在地震勘探技术和钻井技术方面实现新的突破性进展，为我国天然气工业的快速发展提供强有力的技术支持，力争新增天然气探明储量 1 万亿立方米，使天然气年产量达到 400 亿立方米，为举世瞩目的“西气东输”工程提供充足的天然气气源。

展望未来 10 年，通过持续的科技创新，我国天然气探明储量将继续保持高速增长的势头，可望在四川、陕甘宁和塔里木盆地形成 3 个万亿立方米储量规模的天然气气区，以为改变我国能源生产消费结构、提高人民生活质量、推动国民经济可持续健康发展作出贡献。（本文系中国石油天然气集团公司科技发展部在国家科技部最近召开的全国科技工作会议上的发言稿。由傅诚德，刘炳义、高超、张建军执笔撰写。）

（本文摘自《以创新为不竭动力为“西气东输”提供资源保证——兼论克拉 2 大气田的发现》，刊登于《石油科技论坛》2000 年第 6 期）

我国海相油气地质理论研究的思考

【摘要】 海相油气地质研究必须立足于全球，要搞清我国不同时期海相地层的发育特点，首先要解决其在全球板块构造演化中的定时定位问题，对海相油气地质理论的研究，在观念和具体方法上都要区别于陆相油气地质理论，特别是海相油气地质数据库的建立至关重要。

为适应我国海相地层油气勘探工作的需要，由中国石油天然气总公司杭州石油地质研究所主办的《海相油气地质》正式创刊了，我们作为关心我国海相油气地质理论研究和油气勘探的普通读者，对该期刊的问世表示衷心的祝贺。

我国海相地层特别是古生界碳酸盐岩地层分布广泛，如何评价其油气资源潜力，是直接影响油气勘探决策的关键问题。为解决这个问题，必须加强我国海相油气地质理论研究，深入了解海相油气成藏条件及分布规律。

海相地质的主要特点是具有全球性，研究并建立适合我国地质发展规律的海相油气地质理论，首先要立足全球宏观上研究古生代以来的板块构造演化史，全球气候分带及生物分区特征。然后进一步搞清我国海相地层发育时期与周边地区的板块格局及相关发展的特点。只有这样，才能从全球角度，搞清我国不同时期所处的全球板块位置及其演化史，即所谓的全球定时定位问题。定时是指我国不同地质历史阶段板块构造发展特征，定位是指我国某一地质历史阶段所处全球板块的位置以及此位置的古纬度、古气候、古沉积环境。因此，涉及海相油气地质的问题，必须从全球整体分析。同时要从研究思路和观念上，改变多年来习惯于用陆相油气地质理论和方式来思考海相油气地质问题的研究方法。在此基础上，才能对我国海相油气资源的潜力，做出较客观的评价。

我国海相地层主要是古生代(包括前寒武纪和三叠纪)的碳酸盐岩，这套地层时代古老并经历了多期构造运动的改造显得十分复杂。评价这套地层的油气资源潜力难度很大。概括起来，有以下几方面的问题值得思考：

(1) 海相碳酸盐岩的沉积范围很大，与陆相碎屑岩的盆地内沉积不是一个概念。对烃源岩的评价不仅要研究其地球化学指标，更重要的是要研究烃源岩所处的沉积环境及古气候条件。储集岩的评价也不能仅分析其物性条件好坏，重要的是其大范围横向物性条件的稳定状态，因为海相油气的运移距离较陆相湖盆大得多，仅局部范围储集条件好，没有从烃源岩到储集岩的良好运移通道(即所谓的运移高速公路)，很难在圈闭中聚集。总的看，海相地层的烃源岩、储集岩以及油气运移聚集条件如何正确评价，很值得研究。

（2）我国目前发现的中—新生代陆相大油田，基本上属单旋回构造期完成，从生烃到成藏的全过程以及成藏后未受到后期构造运动的破坏，因此相对来讲不论是研究其成藏条件还是分析其保存条件都比较简单。对海相碳酸盐岩地区，由于地层时代早，经历了多期构造运动的改造，呈现了多期成油、多期成藏、多期破坏的特点。在这种情况下，就要分析多旋回构造运动条件下油气成藏史、保存史、破坏史、油气再次成藏史等问题，涉及静态→动态→静态→动态一系列的趋势分析思路和方法。在这些方面目前还需要做许多工作。

（3）对待海相碳酸盐岩油气资源评价方面，目前存在许多具体技术问题需要解决。例如，碳酸盐岩排烃机理、油气运移机理、地表岩层露头与地下岩层如何类比与评价、地震采集技术等方面。这些研究与勘探上存在的问题，不仅直接影响着对碳酸盐岩油气资源潜力的评价，而且困扰着油气勘探的进程。

海相油气地质理论的研究既然是全球性的问题，那么将我国的研究内容与国际接轨就显得十分重要。除开展必要的国际合作外，很重要的一项工作是建立基础研究工作的数据库，包括海相地层古生物资料库、海相储集岩数据库、海相烃源岩数据库、海相油气藏数据库等。这项工作既是整体研究工作的基础，又是我们研究程度与水平的重要标志。四十多年来，尽管我们在海相碳酸盐岩地区做了大量研究和勘探工作，但由于没有建立起完整的数据库系统，很难分析海相油气地质的研究程度、存在的问题及与国外的差距，也很难在勘探部署上拿出系统可靠的资料，楚科 1 井的实践就很能说明问题。因此，建立我国海相油气地质数据库工作，是加强海相油气地质理论研究的重要内容，无论如何都要抓好。

《海相油气地质》期刊的问世，为广大石油地质工作者和勘探家提供了一个很好的科学论坛。这本期刊不仅能及时反映国内外海相油气地质研究动态和勘探成果，而且能极大地促进海相油气地质理论的发展。我们相信，随着我国海相地层油气勘探程度的不断提高，我们对海相油气分布规律的认识将越接近于客观实际，海相地区必将成为我国跨世纪的油气接替基地。

祝愿《海相油气地质》越办越好。

（原文《加强我国海相油气地质理论研究》刊登于《海相油气地质》1996 年第 1 期，合作者：关德范）

深盆气理论——有益的探索

“中国石油第二次深盆气学术研讨会”今天在长庆油田召开了。我们高兴地请到了王涛老部长，邱中建、田在艺、戴金星院士，胡文瑞总经理、孙玉辰局长以及各方面资深的天然气专家、学者。大家都十分关注深盆气研究的进展与实践，在这里我代表会议的组织者对各位代表表示感谢。

众所周知，天然气在当今能源结构中占有重要地位，对推动世界经济发展起到了不可替代的作用。不久前，由国务院启动的西气东输项目拉开了我国大规模开发利用西部天然气的序幕，为发展我国天然气工业带来了新的机遇；同时，也使我们面临着新的挑战，增加了压力和动力。西部地区的天然气资源之所以能在“十五”前夕被国家批准投入大规模工业化利用，正是由于我们石油部门长期坚持不懈努力的结果。而为了适应新的形势，进一步发展我国的天然气工业，更加需要理论的指导和技术的创新。这次学术研讨会就是要在新形势下进一步探讨鄂尔多斯盆地有关深盆气理论和实践问题，以加速天然气工业的发展步伐。

回顾我国天然气工业发展的进程，一条成功的经验就是科学研究始终走在生产的前面。早在“六五”期间，天然气就被列入了国家的重大项目开展攻关，天然气研究项目也是我国石油行业唯一连续二十年在国家立项，由我们牵头的科技项目。二十多年来持续大规模开展的攻关研究，为推动天然气的勘探开发起到了重要作用。“六五”的天然气攻关研究，在天然气成因理论上有了很大突破，从油型气的“一元论”发展为油型气、煤成气的“二元论”，极大地拓宽了天然气勘探在纵向上和平面上的范围；“七五”的攻关研究，在天然气成因、气源岩特征、成烃模式以及天然气运聚、成藏、富集规律等方面取得了重要成果；“八五”和“九五”攻关又进一步明确了我国主要含油气盆地天然气富集规律，使地质理论、物探、钻井、测试等配套技术日趋成熟完善，特别是“八五”由戴金星院士提出的包括中国西部地区在内的“欧亚天然气聚集域、聚集带”越来越为勘探实践所证实。克拉 2 大气田的发现更是地质、地震、钻井等学科持续攻关和技术创新的成功范例。

这里要特别提出的是在“八五”期间，我们注意到国外有关天然气的深盆气理论。1990 年初组织中国石油天然气总公司情报所和长庆油田开展了专项调研并翻译出版了专著，详细介绍了加拿大“埃尔姆沃斯”典型深盆气田的形成机理及勘探实践，为国内研究者提供了一些新的思路。

随着鄂尔多斯盆地天然气勘探工作的不断深化，深盆气理论逐渐受到人们的重视。

1995 年初，王涛部长提出："鄂尔多斯盆地上古生界的成藏条件有可能形成深盆气藏"，指示科技局立项开展研究。此间，南方石油勘探开发公司李振铎同志也多次反映了这个问题。1996 年 4 月由南方石油勘探开发公司与长庆油田共同承担的"鄂尔多斯盆地上古生界深盆气形成的基本地质条件研究"项目正式开题，项目组的同志用了一年时间对鄂尔多斯盆地上古生界深盆气形成条件——包括区域地质、气源、致密低渗透储集层、天然气运移、流体压力、圈闭条件等进行了研究，并开展了相关的模拟实验。1997 年 3 月课题组按期完成了任务，科技局组织专家对研究结果进行了评价，比较一致的结论有三条：一是鄂尔多斯盆地上古生界天然气的确有与国外深盆气相似的特征；二是天然气具体有"满盆气"的特点；三是建议用深盆气理论指导勘探，以进一步深化对深盆气的认识。王涛部长出席了会议，他在会上提出"用三年时间'上古'加'下古'拿下 1 万亿立方米的勘探目标。"

为了进一步深化研究，1997 年 4 月项目组邀请了深盆气理论创始人之一、加拿大地质学家罗伯特·马斯特斯先生到北京和西安进行讲学和交流，使大家加深了对深盆气理论的理解和认识。1997 年 6 月，科技局又组织专家在山东乳山进行了项目验收并部署第二期研究任务，要求在加深成藏规律研究的同时，侧重在上古生界低渗透气层保护、增产措施、钻采工艺等方面加大研究试验力度。

第二期研究工作的开展得到了王涛部长和勘探局的大力支持，先后三次投资用于老井复查和压裂试验。三年来在三方面取得了显著成果：一是根据深盆气理论完成了 36 口老井复查和二次试气，取得了 100%大幅度增产的可喜成果，平均单井日产气量提高了 2.4 倍，二次试气证实过去的报废老井 75%可达到工业生产标准，为认识数万亿立方米巨大深盆气田提供了重要的地质工程依据；二是 CO_2 压裂攻关取得重大进展，CO_2 压裂技术在国外 30 年前已被普遍采用，这次选定了 1 口 10 年前完钻的下古生界未达工业标准的陕 28 井，对上古生界盒 8 段储层用 CO_2 压裂获得日产气 56 万立方米高产的令人振奋的结果；三是开展了多层合采试验，经 4 口井试验证实，2~3 个单层产量分别都达到商业化生产指标，合采成功证明不存在层间干扰，用合采技术可以使低产变中产，中产变高产。以上研究试验结果初步验证了深盆气理论的正确性，解放了思想，开拓了思路，为开发深盆气藏初步探索出了一套先进、适用的技术手段。

1995 年以来，深盆气研究始终得到王涛部长的关怀和直接指导，勘探局的大力支持和北京石油勘探开发研究院、中国石油大学等单位专家的参与，大大推动了项目的进展。今天在国家决定大规模开发利用天然气的新形势下，我们召开"中国石油第二次深盆气学术研讨会"，其目的就是要进一步深入进行理论实践和探索，提高认识，找出规律，加快发展。这次会议将有 16 位专家作专题发言，十几位特邀专家作会议发言，王涛部长将发表重要讲话。我们相信，在与会代表的共同努力下，会议一定能达到预期目的，预祝会议圆满成功！

（本文摘自石油工业出版社《鄂尔多斯深盆气研究》2001 年 4 月）

中国深盆气田

自 1976 年 3 月加拿大学者在阿尔伯塔(Albert)盆地西部深盆低凹区发现艾尔姆华士(Elmworth)气田、J. A. Master 于 1979 年提出深盆气圈闭(Deep Basin Gas Trap)和深盆气藏(Deep Basin Gas Accumulation)概念并被同行广泛接受(P. R. Rose 等，1984；D. J. ant，1986；R. C. Surdam 等，1995；JW. Schmoke 等，1996)以来，人类对油气资源的勘探前景变得乐观起来。深盆气藏的发现和勘探至少给了我们两点启迪：一是在过去传统上认为不可能形成油气藏的盆地或凹陷中的低凹部位找到了成因机理完全不同的深盆气藏，预示着一个全新的天然气勘探领域的到来；二是在阿尔伯塔盆地探明的稠油资源(0. 48 万亿立方米)超过了世界上其他地区总探明稠油储量的三倍以上后，又在这一盆地探明了 1. 9 万亿立方米的天然气，预测的深盆气资源量达到 100 万亿立方米。这种不可思议的资源潜力分布预示着油气勘探的广阔前景。一些权威机构预测，我们正处在一个天然气工业时代来临的门槛，人类勘探开发和利用天然气资源的高峰时期远远没有过去，而是在 2050 年以后。深盆气藏的发现和勘探为油气资源紧缺而紧张的今天带来了光明和希望。

一、深盆气藏概念

深盆气是深盆气藏的简称，它是一种特殊机理形成的非常规气藏。它的显著特点是分布在盆地或凹陷中央和边缘的低凹部位，因而获得了深盆气藏(Deep Basin Gas Accumulation，J. A. Masters，1979)、盆地中心气藏(Basin Centered Gas Accumulation，P. R. Rose 等，1984)等称谓。这类气藏的另一特点是出现在储层致密的砂层内，气在下水在上，与传统意义上的气藏相反，出现气水倒置现象。因此，也有学者将这类气藏称之为“致密砂岩气藏”(Tight Sand Gas Accumulation，R. C. Surdam 等，1995)或“水封砂岩气藏”(Water Sealed Sand Gas Accumulation)。在气源充足的情况下，这类气藏的分布范围可以很广，从盆地最深凹处一直延伸到盆地边缘，储量非常大。鉴于这一特征，也有学者(J. w. Schmoker，1996)将这类气藏称之为“连续分布型气藏”(Continuous-Type Gas 或 Continuous Gas aclation)。深盆气藏分布范围广，储量巨大，但目前技术条件下能够开采利用的经济资源仅占 10%~20%。随着人类勘探和开发技术水平的提高，这一比例将会不断增加。

深盆气藏形成的特殊机理在于各种特殊地质条件的匹配。简单地说，它是烃源岩大量生排的游离相态的天然气进入到致密的储层后，由于毛细管的封闭作用，天然气无法在浮力作用下自由向上运移，因而只能在邻近烃源岩的储层内富集，当储层内富集的天然气产生的体积膨胀力超过了束缚天然气运移的毛细管力和上覆水静压力之和后，天然气整体向上排驱水并不断扩大自身的分布范围，直至烃源岩不再供气或运移较远的天然气不再受毛细管力束缚为止。

不难想象，这种机理形成的天然气藏在上覆地层受到了整体剥蚀后可以变得很浅；在气源不足或气源不均的情况下分布范围可大可小；在区域背景为致密砂岩的情况下可以出现储层物性好的高产富气“甜点”区。深盆气成藏要求储层致密，但储层致密气藏并不一定都是深盆气藏。常规机理形成的气藏在埋深较大或成岩作用较强的情况下也可以变成致密气藏。

深盆气藏的表观特征是由深盆气藏独特的成藏机理决定的，也正是这种机理决定了深盆田气藏的分布发育模式和助探远景。

二、深盆气藏研究意义

深盆气藏是一类非常接近常规气藏经济价值(受能源发展计划和供需关系控制)的非常规气藏，在目前的能源供需条件下具有很高的勘探开发价值。据估计美国的致密砂岩气可采储量为16~54万亿立方米(美国国家石油委员(NPC)，1980)，全世界的致密砂岩气可采储量约为99.1万亿立方米(RE. Wyman，1985)，引用R. C. Surdam等(1995)的观点，上述储量大都为深盆气储量。

前任怀俄明大学能源研究所所长、名誉退休教授、AAPG杰出学者R. C. Surdam在1999AAPG年会(San Antonio)上做了一番很有意义的发言。他说“毫无疑问，盆地中心气藏是现今世界上最热点的勘探目标类型之一……在全球的大部分沉积盆地中，迄今为止所发现的天然气有大约90%分布于区域速度反转面之上(指深盆气藏顶界面，在美国一般为2100~2800米——笔者注)，但在将来，很可能有90%的油气被发现于该面之下。”

对深盆气藏研究的重要意义主要在于它打破了常规天然气的成藏机理和分布规律。它的发现表明，可以而且也只有在通常被认为远景较差的盆地较深部位，在低孔隙度、低渗透率储层中找到大规模的天然气聚集，获得天然气勘探上的突破。北美已发现的深盆气藏通常储量巨大且出现于盆地构造的向斜中心、构造深凹陷及斜坡部位等，它们与分布在盆地构造带上的常规类型的气藏形成了优势互补，从而开拓了在深部凹陷及向斜中心寻找气藏的新思路，扩大了天然气勘探领域。

北美深盆气藏勘探开发的经验教训已经表明，对深盆气藏的勘探开发必须以成藏机理为基础，将已有的勘探经验上升为具有指导意义的理论体系。回顾北美的深盆气藏勘探史，几乎每一个深盆气田的发现均经历了曲折的历程，均是在钻探其他目标时被偶然发现的。阿尔伯塔盆地的油气勘探工作始于20世纪20年代，但直到1976年艾尔姆华士气田的突破才将主攻方向转到深盆气上来，在艾尔姆华士和霍得利气田被发现之前，分别有几百口钻井穿越现今的深盆气储层段；美国的第三大气田——圣胡安盆地布兰科气田最初发现于1927年，层位是梅萨沃德(Mesaverde)群砂岩，但直到1946年勘探工作向盆地中心转移后，才分别又于1951年和1952年发现了另外两套极有商业价值和生产意义的深盆气藏含气层，其中位于1927年发现的梅萨沃德群砂岩之上并有多口井钻穿；在丹佛盆地，1970年投入开发了瓦腾伯格(Wattenberg)气田的侏罗系砂岩储层，但直到1981年才又重新认识到了位于侏罗系砂岩层之上，有多口钻井穿越的科德尔(Codl)砂岩深盆气储层，随后的开发工作又不得不考虑对原来以侏罗系砂岩层为目的层的钻井进行科德尔段的重新完井。

低孔渗储层是我国已知气田的主要特点，但由于多种原因，我国的深盆气勘探研究目前仍处于百家争鸣阶段。对于“中国到底有没有深盆气?”的问题，各家基于对深盆气藏的不同理解而产生了差异较大的回答。

目前，国内外对深盆气藏的理解存在较大差异。它们主要表现为，美国、加拿大两国的深盆气分布模式不同，故研究方法和判识标准不统一；目前国内的研究采纳理想化模式，但又无实践应用的对应实例。在深盆气藏研究中经常出现的问题是在有希望的盆地进行深盆气藏勘探时常常会以加拿大的艾尔姆华士气田为地质模式，但在现实工作中又找不到与其形成条件和基本特征一致的盆地，由此不免使人质疑深盆气藏在我国分布的可能性。本书为回答这些问题做了初步尝试。

三、中国深盆气藏研究成果与勘探成效

世界上第一个深盆气藏自钻探到发现到最终的认识经历了近20年时间，有关深盆气藏的理论自“八五”末和“九五”初传入我国后(袁政文等，1996)已经取得了非凡的成就。它们既表现在不同的学者结合我国地质条件对深盆气理论做出的完善和发展上，也表现在不同的生产单位应用深盆气理论指导勘探实践所取得的巨大经济效益上，此外还表现在针对我国的地质条件对各盆地深盆气勘探远景和有利区带做出的评价和预测上。本书是我国近五年来深盆气成藏理论研究成果和深盆气勘探实践成效的总结和概括。

第一，完善和发展了深盆气成藏理论，阐明了陆相深盆气藏与海相深盆气藏的特征差异与成因机理。

在系统地归纳总结国外学者有关深盆气成藏理论及其判识标准研究成果的基础上，对深盆气成因机理进行了深入的研究，获得了三方面的创新成果。

(1) 提出了深盆气成藏必须满足的两个平衡条件，即力平衡条件和物质平衡条件。这两个平衡条件也俗称深盆气成藏的两个地质门限。力平衡条件限定的是深盆气圈闭的边界范围，物质平衡条件限定的是深盆气藏的实际含气范围。

(2) 建立了深盆气成藏的临界门限与各主要控制因素的定量关系模式，做出了理论图版，为深盆气有利勘探区的预测和远景资源量的计算奠定了理论和方法基础。

(3) 对比分析了国内外海相和陆相地层中的深盆气藏特征，阐明了我国复杂地质条件下深盆气藏的特征差异和成因机理，包括负压背景条件下的异常高压特征与成因机理、含气范围内地层产水特征与成因机理以及高孔渗含气区块的分布特征与成因机理等。

第二，发现了鄂尔多斯盆地古生界含气面积超过 10 万平方千米的深盆气藏，预测远景资源量超过 49.28 万亿立方米，在现有条件下可探明储量(现实资源量)可达 9.47 万亿立方米，年产气能力可望达到(400~500)亿立方米。仅 1999 年和 2000 年上交探明储量即超过 8390 亿立方米，取得了良好的经济效益。鄂尔多斯盆地上古生界深盆气藏的发现为我国西气东输提供了强有力的资源支持。我国学者在引进、学习和应用国外的深盆气成藏理论发现鄂尔多斯盆地上古生界特大型深盆气藏的过程中，创造性地解决了一系列理论和技术方面的难题，为我国乃至世界其他地区复杂盆地的深盆气勘探积累了知识和经验。它们主要表现在下列几个方面：

(1) 通过大量的物理模拟实验和对实际资料综合对比分析研究，揭示了鄂尔多斯盆地上古生界深盆气的形成条件、成藏模式和分布范围，阐明了它们的判别标志及其与加拿大阿尔伯塔盆地深盆气藏的特征差异。

(2) 提出了水压条件下致密气层受伤害理论，通过采用无阻流量测试技术使过去“井井见气、井井不争气”的局面得到翻新，100%的复查井得到增产，平均增产 2.4 倍，最高达到 7 倍。其中 71%的复查井达到了工业标准。

(3) 大胆尝试 CO_2 压裂和多层合采新技术，使孔渗性较差的陕 28 井($k<1\times10^{-3}$ μm^2，$\varphi\leqslant12\%$)的无阻试气量达到 56.2 万立方米，为鄂尔多斯盆地深盆气藏的有效开采积累了宝贵的技术和经验。

(4) 吐哈油田与中国石油大学合作，利用深盆气理论指导吐哈盆地天然气勘探取得成功。他们在完成两个研究课题后分别在台北凹陷和小草湖洼陷预测出两个面积超过 600 平方千米的深盆气含气区。2001 年在小草湖洼陷较深部位部署的两口探井分别获得日产气量 2 万立方米和 6 万立方米，从而证实了深盆气藏的存在，为该盆地天然气勘探开拓了新领域。

第三，对中国主要盆地的深盆气成藏条件进行了评价研究，预测资源量超过(92.55~112.74)万亿立方米，鄂尔多斯盆地上古生界，四川盆地、准噶尔盆地和吐哈盆地侏罗系，以及东部含油气盆地的深层是开展深盆气勘探的有利领域。

我国是一个煤系地层十分发育的国家，致密储层分布广泛，在构造变动相对稳定的地区有利于深盆气藏的发育。

鄂尔多斯盆地地处我国西部挤压环境和东部张裂环境之间的过渡区带，盆地在形成发育过程中表现相对的稳定，尤其是盆地腹部，地层倾角平缓，储层致密，煤系地层发育，每吨煤的平均生排气量(150~200 立方米)超过了加拿大阿尔伯塔盆地(170 立方米)，深盆气成藏条件十分有利，预测远景资源量超过 49.28 万亿立方米，现实资源量不低于4.93万亿立方米，可与加拿大阿尔伯塔深盆气田相媲美(表1)。四川盆地地处中国中部，与鄂尔多斯盆地具有类同的大地构造环境，深盆气勘探前景不可忽视。

表1 阿尔伯塔盆地与鄂尔多斯盆地深盆气成藏条件比较表

对比项目	阿尔伯塔盆地	鄂尔多斯盆地
盆地面积($\times10^4km^2$)	约100	26
含煤面积($\times10^4km^2$)	约13	25
深盆气面积(气窗以下)($\times10^4km^2$)	约6	>5
单层煤厚度(m)	1~8，最大15	1~8
累计煤厚度(m)/最大厚度(m)	(3~15)/70	(5~25)/27
煤炭资源量($\times10^{12}t$)	±1	±2
气窗内煤炭资源量($\times10^{12}t$)	±0.5	±1.5
盆地生气总量($\times10^{12}m^3$)	230~300	450~874
有机质转化程度(%)	0.6~2.0	0.5~3.0
煤层埋深(m)	600~3500	500~4000
平均饱含气井段厚度(m)	1100	400
最大含气高度(m)	914	>650
每吨煤生气量(m^3)	170(平均值)	150~200
主要含气储层数(层)	12	16
产气层孔隙度(%)	10	9
产气层渗透率($10^{-3}\mu m^2$)	0.1~0.5	0.1~1.0
最好产层渗透率($10^{-3}\mu m^2$)	50~1000	62.74(平均)
一般储层厚度(m)	3~12	5~20
每平方千米资源量($\times10^8m^3$)	8	5.82
深盆气远景资源总量($\times10^{12}m^3$)	42~100	49.28~55.60
深盆气现实资源量($\times10^{12}m^3$)	10~15	4.93~9.98
已探明现实储量($\times10^{12}m^3$)	>1.27	>0.839

中国北方侏罗系含煤盆地气烃源岩发育，煤系地层与湖相碎屑地层交互叠置构成了良好的自生自储和储盖一体的深盆气成藏体系。研究表明，吐哈盆地小草湖地区和胜北地区钻探到的天然气属深盆气，它们的含气范围远较目前以常规气理论圈定的大(金之钧，庞雄奇等，1998，2000)。准噶尔盆地侏罗系的深盆气成藏条件好于吐哈盆地，勘探前景更加广阔。

中国东部裂谷盆地的深层石炭—二叠系和侏罗系含煤，目前，正进入大量生排气阶段，与这套地层同时代发育的砂岩储层致密，有利于深盆气成藏。据研究，江苏油田盐城凹陷朱家墩地区钻探发现的天然气藏具有负压特征，可能属深盆气藏(金之钧，钱基等，1999)。这一发现增强了我们在东部油区之下寻找大型气田的信心。

第四，依据对中国深盆气地质条件和勘探前景的研究确定了我国未来深盆气勘探开发战略是突破重点、深化理论、以西带东、强化效益。

突破重点主要是针对目前已经发现的深盆气藏加速扩大勘探和开发工作，搞清它们的富集规律和控制因素。对于可能存在或可能是深盆气藏的地区，开展深入的地质研究；坚持综合判别和评价，坚持从机理上搞清成因，力戒从单一指标或某种现象下结论。深化理论就是要求从中国的实际地质条件出发研究深盆气成因特征和判别标准，而不是依据国外的理论生搬硬套。尤其是要注重陆相盆地深盆气特殊现象的机理性研究，以期指导深盆气勘探。开展全国性的深盆气研究，先对埋深较大、煤系地层发育、气藏形成条件较好的鄂尔多斯盆地、四川盆地、准噶尔盆地和吐哈盆地等深入地开展研究，待这些盆地取得成效和经验后再扩展到东部其他盆地的研究。强化效益就是要以获取最大效益为目标，围绕着工业性生产开展有针对性的技术研究和开发工作。深盆气储量巨大，提高成效的关键是发展开采技术。

（本文摘于2002年12月石油工业出版社的《中国深盆气田》一书的前言）

地震先行科技为本

2000 年 10 月中旬，物探局召开技术发展中心成立大会暨复杂地区地震方法研讨会。期间，应邀参加会议的中国石油科技发展部主任傅诚德接受了记者的采访，并就物探局在集团公司重组改制前后，物探技术进步及其发展前景进行了扼要而中肯的评述，对物探局依靠科技进步在油气勘探中取得的成绩给予充分肯定。

在谈到物探局的技术优势时，傅诚德说，物探局的技术优势主要体现在以下几个方面。一是软件方面，最近随着克浪采集软件的完成，采集、处理、解释这三大主体技术已经形成了，而且具有参与国际市场竞争的整体实力。二是在方法研究上，物探局的山地地震技术在国内领先，在国际上也有一定地位。如果进一步发展，物探局完全可以在参与国际市场竞争中占有一席之地。三是在硬件方面，物探局在一些地震仪器装备(包括山地、沙漠地震技术装备)方面也很有特色。鉴于此，傅诚德表示对物探局这支队伍很有信心，同时希望物探局加快科技体制与机制的改革。

当记者问到为什么在物探局负债经营的情况下，集团公司还要加大支持物探局技术进步工作的力度时，傅诚德谈到，物探局的物探技术在集团公司重组以前是石油系统上游的一个主体技术，因为整个勘探技术的发展靠地震先行，特别是我们国家地质条件复杂，没有地震技术是不可想象的。“六五”“七五”“八五”和“九五”期间，很多大油气田的突破，都是依靠地球物理技术的不断进步。克拉 2 大气田的发现就是一个典型代表。集团公司重组改制后，存续部分发展要靠技术，重中之重的技术就是地球物理技术。只有抓好地球物理，才能够带动存续部分的发展；而主体部分发展了，就可以支持存续部分整个事业的发展。所以说，在“十五”期间，我们还是要给予物探局更大的支持，以保证物探技术的发展。

(本文发表于《石油物探报》2000-10-27)

我国西部地区油气勘探学术会议的点评

一、新疆油田

听了王宜林局长的报告，使大家深受鼓舞，他的报告让我们看到了准噶尔盆地和新疆油田辉煌的历史、充满活力的今天和美好的未来。据统计建国 50 多年来，截至 2001 年，我们国家一共累计发现了 512 个大油气田，整装探明石油地质储量 3 亿吨，天然气地质储量 3000 亿立方米的油气田，可称为里程碑式的重大发现，这样的发现不过八九个。1955 年的克拉玛依油田是建国后第一个里程碑式的重大发现。从 1955 年到 1960 年，克拉玛依油田已经为国家输送了 166 万吨原油，这在五十年代是很了不起的贡献，接着，1959 年发现了大庆油田，1964 年发现了胜坨油田，还有任丘油田、靖边气田、克拉 2 气田、蓬莱 191 油田、塔河油田、苏里格气田等，不过就八九个，克拉玛依油田是在新中国建设最需要的时候，做出了最及时、最有力的贡献，所以只有“克拉玛依之歌”和“我为祖国献石油”两首歌，能唱遍祖国大地，经久不衰。人们都知道，在这“鸟儿也不飞、马儿也不跑”的地方，因为石油的到来，改变了一切。

新疆油田在全国各油田中还有一个最显著的特点，就是油气产量的箭头一直向上。从建国初期的年产 3. 29 万吨，到 1960 年的 166 万吨，1970 年的 303 万吨，1989 年的 629 万吨，今年将突破 1000 万吨大关。连续上了几个大的台阶，其原因一是靠地质认识上的不断突破，二是靠科学技术的不断进步。大家都知道，50 年代，克拉玛依油田的技术还是相对比较落后的。他们依靠地面的地质调查、重磁力普查和电法勘探，推测和了解了地下构造的基本形态。当时康世恩部长亲自到现场调查指挥，用钻机在克—乌探区布置十条钻井大剖面，场面十分壮观。现在有个“人机联作”的术语，是指人和计算机连作，其实这个壮举也可以称得上是“人和钻机联作”吧，不管怎么说，我们还是相信第一手资料，用钻机作配合搞清了大油田的范围和基本的地质构造，使盆地的西北缘至今仍然是石油的重点产区。新疆油田从 1971 年至 1997 年，经历了 20 多年的停滞期和准东发现期，基本上还是绕着盆地边缘在搞，为什么不进去呢，我个人认为，不是地质学家没有这样的认识，最主要的原因还是缺乏新技术，特别是地震勘探技术还得不到任何的深部反射资料，搞不清盆地的构造形态。真正的突破应该归功于 80 年代，特别是引进法国地震队，带来了新一代地震勘探技术，做出的区域的大剖面，首次清晰的勾划了盆地内部构造格局及油气层的三维展布，由新疆油田技术专家继续发展和开发的地震技术进一步成功的识别 3000 米到 4000 米这样范围的地层，20

米左右的低幅构造，这是一个非常了不起的成就，地质学家和地球物理专家紧密结合，探索总结出具有特色的，符合含油气系统的断控、梁控的成藏模式。沿陆梁顺着断层找油，终于在90年代，陆续发现了彩南、石西、陆梁几个亿吨级储量、百万吨级产量的大油田，特别庆幸的是他们找到了侏罗系的新层系。康世恩老部长一直说“姓侏(猪)的不够朋友”，我们现在可以告慰咱们康老部长，我们克拉玛依和姓侏的“侏罗系”交上了好朋友，现在产量的一半以上是来自侏罗系。克拉玛依的研究成果创新度很高，石西油田的勘探和开采技术荣获了2001年国家科技进步二等奖，令人信服的证明了技术进步的作用。新疆油田在砾岩油藏的注水开发，蒸汽吞吐和蒸汽驱稠油油田的开发，以及整体调剖在裂缝性、低渗透砂岩油藏注水开发方面的技术创新，也都取得了高水平的成就和重大的经济效益。这几个方面不但在石油行业领先，也是世界水平，而且为全国同类油田提供了成功的经验，做出了范例和重大贡献。美国著名地质学家狄克说：“运用新思路，经常能在老油区发现新石油，但在一个老油区内用老思路就很少能发现大量的石油，过去我们认为无油可找，实际上是缺乏新思路而已”。这话很有道理，毕竟美国搞了100多年了。准噶尔盆地的勘探成就正是在不断探索、不断创新中，新思路加上新技术的成功应用。准噶尔盆地勘探的历史从1907年开始，但是它目前的探明程度，油和气仅仅是21%和3%，展望未来，前途无量。我们相信只要有新一代地质认识和新一代勘探技术的投入，就一定能在大型岩性隐蔽油藏等更加广泛的领域找到更多的油气，实现2010年产原油1500万吨、天然气50亿立方米的宏伟目标。

二、塔里木油田

塔里木油田是一颗正在快速升起的新星，它有56万平方千米世界级的处于初探阶段的巨大面积，有104亿吨的石油资源量和8万亿立方米的天然气资源量，分别是全国油气资源量的1/7和1/4，它和松辽盆地、渤海湾盆地并列为我们国家资源量超过100亿的三大油气盆地，也是对石油勘探学家来说最诱人的乐园和领域。从1952年到1987年的36年，仅有小规模的勘探，发现了依奇克里克、柯克亚、亚克拉三个油气田、探明的油气当量只有3000万吨。我们国家的油气发展，实际上有一个先发展西部再转向东部又开始向西部战略转移的过程，解放初先从玉门、克拉玛依干起，当时准噶尔、鄂尔多斯都组织过大的会战。1958年，邓小平同志在中南海接见了余秋里同志，他和康世恩同志按照小平同志的指示，组织石油大军战略东移，挥师大庆，南下华北，像打仗一样，相继在松辽盆地和渤海湾盆地打开了大的局面。现在东部地区主力油层第三系勘探程度已经很高，又提出战略西移。

塔里木油田真正投入大规模勘探是从1988年至今的13年，成效十分显著，特别是克拉2大气田的发现，奠定了西气东输的资源基础，促成了西气东输管线的启动，真正拉动了西部天然气大规模的工业化开采，意义非同一般。翁文波老院士亲自对我说过“油和气可不一样啊，油是好运也好用，气必须要有管线、有市场，否则发现了也只好沉睡在地下。”这话很对。我们西部如果没有这条管线的启动，西部地区的工业化、天然气的产业化，还是在等待。西气东输管线的启动，主要得益于克拉 2 大气田的突破，意义确实非常重大。克拉 2 气田是我国少有的富矿，单井日产量可达到 300 万立方米，无阻流量可达到 1000 万立方米，探明 1000 立方米天然气的投资 1.42 元，大大低于 13.79 元的全国同期水平，大约只有全国水平的十分之一；探明油气可采储量的平均成本 0.7 美元/桶，全世界是 1.2 美元，低于世界平均水平。

塔里木 13 年的勘探历程，学术上曾引起许多剧烈的争论：有“陆壳”“洋壳”之争。著名地质学家许靖华先生认为是“洋壳”，有 200 亿吨的资源，非常乐观，我们为此做了几条深层地震反转大剖面，证明还是“陆壳”。也有先搞“克拉通”，还是先搞“前陆”之争，是先上腹部还是先上山前，哪个是重点，还有油源之争。主力生烃层到底是寒武、奥陶，还是侏罗、白垩？有的科学家在研究成果中说所有油源都是上奥陶系地层，没有别的层系能生油。也有人说是寒武系生的油，塔河油田的油都是次生的。还有油气之争，是以油为主，还是以气为主，还是光有气而没有油，还有许多别的争议。也许正是塔里木采用了新的，与国际接轨的好的机制，国家又组织了重大的科技攻关，吸收了多方精英的不同观点，防止了近亲繁殖，制造了非常好的剧烈的学术争论，打破了久违了的沉闷气氛，促进了认识的统一和理论方法的创新，才使我们的问题越辩越清，使塔里木的勘探的历程大大缩短。塔里木的领导同志把各种学派的专家请来，允许各种学术之争，不搞一言堂，这样反而很快把问题搞清楚了，这是一种很好的经验。短短 13 年就发现了轮南、东河、泛哈得逊和塔中四个油田群，库车—塔北、巴楚—塔西南和塔东三个天然气富集区，累计探明 3.2 亿吨的石油，目前探明天然气 5500 亿立方米，当然天然气的储量很快还会再上升。目前，相邻的重大发现已出现了一发不可收拾的势头，在库车前陆盆地的十多个同克拉 2 类似的成藏条件的圈闭中，已经有迪那 1、迪那 2、大北 1，丘里塔克……，很快会形成克拉 2 气田区，由若干个圈闭组成的统一油气系统的万亿立方米级大气田。塔里木盆地经历了六次重大的构造运动，成藏过程极为复杂，存在许多世界级难题。塔里木开展的连续 15 年的科技攻关，功不可没，特别是严谨的科学态度值得称颂，比如，对天然气藏盖层研究在构造变动复杂地带十分重要。克拉 2 气田正是通过露头观测，对露头进行分析和研究，其膏盐盖层 100~300 米厚，研究膏盐盖层是否是连续的？是否起到密封作用？盐是浓缩的水，气体分子透不过去，做试验是否是这样？塑性是否这样好？真正做到实事求是，以科学的态度做了露头观测和物理模拟，对膏盐塑性盖层、煤系成烃、晚期成藏、断层相关褶皱这些理论进行了深入研究和创新。并且研究开发了具有世界水平的三维地震成像技术，才得以发现了克拉 2 气田，其成果获得了 2000 年国家科技进步一等奖，创新度确实高，尤其是由地震方面被认为是世界领先水平，外国公司参加研讨时，也认为他们做不到。

世界和中国的勘探经验告诉我们，一个盆地的勘探程度在 15%~25%的时候，油气田的勘探将会有重大发现。对美国和俄罗斯的勘探做了大量统计，大油气田往往在这个阶段发现，以后发现的油气田规模就会变小。当然也有例外，像美国的普鲁得霍湾油田。塔里木盆地目前油和气的探明程度分别是3%和6.6%，全国平均是46%。东部地区每平方千米已钻井5~9口，松辽盆地是9口，渤海湾是5口；塔里木每平方千米只钻井0.2口，是东部的1/50~1/20。东部地区的地震密度每平方千米2.5千米，塔里木是0.25千米，只有东部的1/10。这些数字表明，塔里木盆地勘探序幕刚刚拉开，还处在勘探的幼年期。2010年，塔里木产油800万吨，生产天然气200亿立方米的目标，我认为完全可以实现。随着新认识、新技术的投入，还将有许多重大的发现，甚至会出现惊人的发现，毕竟塔里木盆地是世界级的盆地。

关于石油行业对地方经济的拉动，在东部地区，无论是黑龙江省的大庆市、辽宁省的盘锦市，还是山东省的东营市、河北省的任丘市，地方经济由于石油的到来，一方面它们支持了石油工业，另一方面地方经济也得到了极大的发展。库尔勒是巴州的首府，90年代初只是一个比较落后的小镇，仅仅十年时间，就已成为一个大的城市，发展得非常快，规划建设得像东部地区一样，非常美丽，石油对地方经济的贡献，这是一个最综合的表述。

三、长庆油田

鄂尔多斯盆地是中国第二大盆地，塔里木盆地面积56万平方千米，鄂尔多斯为37万平方千米。盆地是石油工作者的家园，盆地大小本身就是本钱，这是一个概念，沉积面积大发现油气的可能性就大。鄂尔多斯盆地处于我国东部和西部两大构造应力场交汇之处，处于一个非常稳定的中部地区，鄂尔多斯盆地有一个很特别的地方就是地表、地貌是黄土、沙漠，沟壑起伏，有人形容两个老乡喊话，走到对面要走一天。尽管地表起伏，而下面的岩层却是少有的平坦，你走到哪，它的岩层几乎都是水平的，这和东部地区正好相反，我们国家的东部，无论是松辽平原、华北平原，表面平坦得像是球场，而下面却沟壑起伏，不是古潜山就是构造，鄂尔多斯倒了个个儿，就给石油工作者出了个大难题，第一，世界和中国找油历史，都是从找构造开始，也就是说石油地质家就是吃构造饭，没有构造就无所作为，找岩性地层油藏是后来的事；第二是储层致密，特别是上古生界，全是低渗透致密砂岩，像磨刀石一样，1~3mD。70年代搞会战，打哪，哪都出点气，出点油，国务委员康世恩说“井井出气，井井不流”，也没想出什么办法，反正是没有工业油流，要么就是干井，要么就是出一点就不流了，曾经把他们的岩心拿给西方石油公司的专家做咨询，结论是“不能获得工业性油流”。这就硬逼着长庆的地质学家在非构造油藏上去下功夫，不然你就无所作为。

鄂尔多斯盆地的油气勘探历史很长，北宋科学家沈括900多年前写的《梦溪笔谈》说“石油生于水际沙石之中，与泉水相杂，惘惘而出”。他命名石油的地方就在陕北。1907年开始，先在油苗附近找油，20世纪50年代在盆地边缘找构造油气藏油。70年代转向腹地，首先在侏罗系的古地貌找到了马北油田。真正的突破是80年代，对三叠系的三角洲砂体开展了研究，寻找岩性油藏，发现了浅层的亿吨级安塞油田，这个油田虽然是低渗透，长庆的同志创新了十种开发模式，使储量经济有效地得到动用。这是鄂尔多斯盆地勘探的一大突破，这几年进一步深化三角洲沉积模式的研究，使安塞油田储量增到了3.1亿吨，又发现了侏罗系亿吨级的靖安油田，陇东的西峰油田，使原油产量达到了600万吨，中生界大型岩性油藏成藏模式的创新将对这个地区产生了长远的影响。20世纪80年代以来，在煤层气理论和高成熟碳酸盐岩成藏理论的指导下，天然气的勘探向腹部转移，1987年长庆和北京勘探院的专家合作，在下古生界碳酸盐岩风化壳不整合面发现了靖边气田，探明天然气储量2700亿立方米，又打开了一个大的局面。然后他们又把勘探目标转入了上部的上古生界，在三角洲河流相储层找大型砂岩气藏，先后探明了靖边、榆林、乌审旗和苏里格四个千亿立方米的大气田。特别是2000年苏里格大气田探明和基本探明6000亿立方米，使鄂尔多斯盆地成为第一个突破1万亿立方米的气区。鄂尔多斯盆地勘探之所以成效显著也正是有赖于科技创新，他们在河流、三角洲砂体沉积模式、广覆式生烃、储层次生孔隙研究等方面提出了新见解、找出了新规律，还组织了地震横向预测、压裂酸化、欠平衡钻井配套攻关，获得了2001年国家科技进步一等奖。鄂尔多斯百年找油史就是一部科技进步史，在漫长的勘探历程中，我们发现只要在地质认识有了新突破，技术有了新投入，储量一定会上一个新台阶。近十年来，正是因为这些技术创新的作用，发挥了重大作用，才会使储量有这么快的增长。长庆油田计划2010年石油产量达到1000万吨，天然气20万立方米，我认为是完全可能的。有三条依据，第一，尽管勘探历程长，目前的资源探明程度是11%~13%，还是属于勘探早期，发现大油气田的几率很大；第二，鄂尔多斯，特别是上古生界的储层属于中低渗透层，美国搞了130年的勘探，他们打了180万口井，我们国家是18.9万口井，基本上是美国的十分之一，找到了3100个油田，我们现在是512个油气田，美国到现在搞了100多年了，年产量还在2亿多吨，而且还有经济产量，美国绝大多数产油井，单井产量在1吨，甚至1吨以下，鄂尔多斯呢，我们认为，这么大的面积，只要勘探程度增加，它的产量肯定逐渐往上爬到很高的台阶；第三个理由，讲一个小小的不起眼的事，就是鄂尔多斯东南角有一个很小的在很晚的时候还在用落后的顿钻打井的延长油矿——低渗透、裂缝性油藏，1949年采油820吨，1990年9.2万吨，1998年162万吨，今年产量是210万吨，据了解尽管地方老百姓开采手段远远不如我们先进，却已经打了4万多口井，年产量达到410万吨。这就从另外一个侧面看出鄂尔多斯资源之丰富。

鄂尔多斯还有另外一个宝，它拥有7亿多吨的优质煤，在1400米以上的地层，拥有7.8万亿立方米的煤层气，随着石油地质理论的发展和工业化程度的增加，科学技术的进步，煤层气技术已经过关，现在美国的煤层气的年产量已经达到390亿立方米，超过了我们国家常规天然气的产量。所以说非常规气和常规气只是一个技术发展中的概念，是可以转换的。现在大家都承认，鄂尔多斯盆地不论是上古生界储层还是下古生界储层，煤层气都是源头。有的专家认为海相地层也供气、煤层气也供气；有些人认为全部是煤层气供的气。如果煤层气能供气，我们可以设想一下，气的源头是煤，煤产生的烃类气体，通过周边接触到的岩体，运移到向斜、运移到背斜，它应该是原生矿藏，而且是常规的，现在找到的天然气藏是经过运移后再聚集的“藏”反而是非常规，石油地质家是不是应该改变一下这个概念，而且这个量不小，7 万亿立方米，十分可观。所以说长庆油田石炭、二叠系的煤系地层既是煤矿，也是天然气的原生气藏。大庆油田之所以“大”，是因为到现在每年还能生产 5000 万吨石油，创造 600 亿人民币的利润。长庆“长”，是因为中生界有油，上古生界有气，下古生界有气，石炭、二叠系还有煤成气，面积大，资源多，所以一定会长期庆祝，节节胜利。

四、四川油气田

诗人李季说过，“凡有石油处，便有玉门人”，我们再加一句，“凡有气田处，便有四川人”。玉门从 1939 年就培养和输送石油人才，已有 63 年的历史，为我们石油工业做出巨大的贡献。四川从 2300 年前就培养天然气人才，仅建国 50 年就向外输送天然气人才 5007 名技术人才，有记录在案。所以说，“凡有气田处，便有四川人”四川开采天然气具有 2000 年以上的历史，史书上有诸葛亮亲自视察天然气井的记载，公元 1835 年，也就是距现在 160 年前，就用竹绳子、吊上铁钻头、用顿钻硬是打成了 1002 米的一口井，每天产气两万立方米，持续开采到现在，有时还在出气，只是气非常少，间断。四川自贡的盐史馆，记载和保留了世界最古老最先进的钻井技术和钻井工具，四川的天然气开采已载入世界石油工业的史册，所以说，四川是世界天然气工业的鼻祖，新中国天然气工业的摇篮，所以我加一句话，恐怕也不为过。

四川盆地面积有 18 万平方公里，总资源量是 7. 1 万亿立方米，可见面积之大，资源之多，但令人不解的是，找了 2000 年的气，建国初期西部是基地、四川是重点，后来是发展东部，四川还是重点，现在西部大开发，四川又是重点，什么时候也没有少了四川，四川是人才济济，技术先进，为什么到现在它的发现率才 15%，资源探明率才 8. 6%呢。而东部，建国以后才投入勘探，到现在的资源发现率已超过了 50%，局部地区达到了 60%以上，问题是这里的气藏类型复杂，勘探开发的难度太大，不是领导不重视，也不是投入少，更不是四川同志不努力，而在于地下的难度太大。正如鄂尔多斯盆地，它是上皱下平，上面需要平，好做地震，正好来个大起伏，地震没法干，下面需要起伏，他却来个平平坦坦，不但为搞地震的出了难题，也为搞地质的出了大难题。那么四川这就更难了，叫做“碳酸盐岩、非构造，裂缝储层、非均质，高温、高压、高演化，高山、高陡、高含硫，低孔、低渗、低丰度”，哪样困难都沾了边。碳酸盐岩，高演化，R_o值 1. 5 以上。康委员到晚年，还在说四川找不到油死不瞑目，他到 1986 年还到四川住着，能不能在川中的生物灰岩再打一打，想想办法。但是科学研究的结果证实确实热演化程度太高了，成油的可能性小。四川的油气藏大多是属于非构造类型，而且储层是裂缝性的，非均质非常严重，找不到规律。东部地区可以注水，它朝哪注呀，顺着缝，又不连通，要么就是大孔道甚至是溶洞。高温、高压。因为井深，一般都在4000米，大部分都在4000~5000米，所以高温、高压。还有高含硫，它相当一部分会是高含硫的，高含硫的气，不好采，更不好输，硫化氢分子是小分子，容易钻到钢材里破坏钢铁的晶体结构，管道一下就氢脆炸裂，加拿大的输气管线发生过氢脆，几十公里的管线一下子就氢脆爆炸了。低孔、低渗、低丰度，泸州气藏一个毫达西，靠一些裂隙来找到气，一个毫达西比长庆可能还要小，它又是碳酸岩。高陡构造，四川东部的山有2000~3000米高，不像西部没有植被，它还有森林覆盖，挺困难，地下构造倾角在45°以上，所以山地地震技术发展起来了。低丰度。国外的碳酸盐岩油气田不一样，它的有机碳含量都在0.5以上，四川只有0.1到0.2。“碳酸盐岩、非构造，裂缝储层、非均质，高温、高压、高演化，高山、高陡、高含硫，低孔、低渗、低丰度”的构成了一组“难”字，有一批世界级的难题，恐怕这么来回答搞了2000年才有15%的资源探明率比较正确。四川从解放初到1960年，组织了一次大会战，在川中找到了320亿立方米的储量，用了11年的时间。1961年到1976年，川南和川中又搞了两次大会战，部领导亲自在一线盯着，比现在有的会战还重视，找到了1132亿立方米，又用了15年。前26年叫做“有井无藏”，第二次、第三次会战进入了“多小气藏，少中气藏，无大气藏”阶段，没有找到大气藏，找到了很多小藏，个别的中等含量的气藏。在四川的突破性进展应该是1977年，相国寺在钻二叠系目的层加深到石炭系的时候，发现了石炭系厚度稳定，面积广泛，含气丰度很高的海相白云岩次生孔隙储层。这个储层，无论是构造还是非构造的形态，都富含天然气。接着就上川东，川东地面是大山，地下是高陡背斜。它的突破得益于新技术的攻关和投入，首先攻下了地震资料处理二维射线变速技术，解决了上下构造位移的问题，做到了地下高点的准确成像，然后又用原有井场老井开窗侧钻技术，准确地钻进了储层。发现了大天池气田日产100万立方米久违了的高产气井，很快在川东探明了1100亿立方米储量，这在四川是历史性的突破，上了一个大台阶。1998年精细研究梁平—开江古海湾，通过地震技术的创新，识别了一批鲕滩储层，探明了770亿立方米，控制加预测达到2200亿立方米，首次整装发现了两个单个气藏超过500亿立方米的气藏。从而使四川盆地的探明天然气储量达到了6200亿立方米，进入了“大、中、小气藏皆有、大气藏占主导”的新阶段，终于使它神秘的面纱开始打开。四川一共有天然气藏100个，含气构造还有32个，数量非常多。单个的井更多，能形成田的有100多个，大气藏越来越多了，讲效益一定要找大的，现在终于慢慢地把这规律搞清楚了。多年来，他们针对高温、高压、高陡、深层，高含硫的特点，创新了一批具有国内或世界先进水平的，对付复杂地面地下条件的钻井完井技术，特别是深井、超深井测试和钻井完井技术，塔里木有的井也是四川队伍首先去打的，做了很大的贡献，山地地震勘探技术，克拉2首先上的也是四川的队伍，后来上的是物探局的队伍，这也是很了不起的。高含硫气田的开发、集储和脱硫的配套技术，很先进，四川还有著名的、威震科威特的灭火技术，非常突出，四川的钻采工具，叫做川式钻采工具，非常有特点，能够加上地名的还真不多，没有听说“陕式”“塔式”什么的，只有川式的，说明很有知名度。所以，只要认真的总结规律，用新思路、新技术，在余下的85%的未发现资源中做文章，就能再发现里程碑式的大气田，2010年年产120~130亿立方米的目标就一定能够实现。四川地处三线工业发达地区，又是老气田，生产压力很大，20世纪70年代，石油部就承诺向武汉、上海年输30亿立方米气，九省十三市开始建长输管线，因为资源未落实，计划落空，一直到陕京管线项目论证时，还有专家十分疑虑。现在应该说，资源问题已经基本解决，条件已经具备，川气就要出川，这将具有重大的战略意义，这次报告会上四川的发言很大篇幅是介绍川内天然气的利用，它的更大意义在于“川气出川”，直接到两湖，到下游的上海地区，看来不是没有资源，只是发现得晚一点而已，四川是天然气利用最充分的盆地，它的利用率在盆地内部达82%，达到世界先进水平，它具有完善的管网，发育的市场和成熟的经验，应该在天然气输送和利用方面为全国做出更大的贡献。

五、青海油田

柴达木盆地沉积面积12万平方公里，预测天然气资源量在2万亿立方米，它地处高原欠发达地区，再上去就是西藏了，20世纪90年代总公司曾组织过羌塘勘探，海拔5300米以上，很快就下来了，目前的制高点就是柴达木，这个地方天然气工业的发展对地区经济的发展和促进作用尤为重要，有一点气就会起很大作用。

柴达木盆地20世纪50、60年代在盆地西部、北缘找油，没找到大的东西，年产量在5~8万吨，20世纪70年代，发现了尕斯库勒油田，年产量超过50万吨。使产量上了一个台阶。但是它的规模不是很大，真正的突破性进展是20世纪90年代，在盆地中部、东部和马湖南八仙地带，创新了两套技术。第一是第四系未成岩的气层测井技术，用这个技术解放了一大批被泥浆污染的中高渗气层。老井的产能提高了大约40%，第二是低幅度浅层构造识别技术，又叫“气烟筒”。由于气含量比较多，地震反射速度的变化，在低幅构造的中间出现一个小凹陷，其实就是气层，他们解释的气顶，成像非常清楚，由于这两项技术的创新，发现了一批以第四系生物气为主的大型气田。探明天然气储量达到3100亿立方，这个数量是很大的，而且成本也非常低，是第四系。2001年获得了集团公司技术创新一等奖。目前，柴达木盆地的探明程度只有16%，仍然非常低，柴达木盆地的浅层气的发现令人振奋，更大的潜力还在北缘地区中下侏罗系和盆地中部的第三系。钻井取心已经证实，侏罗系广泛分布着一套厚达100~1000m的湖相暗色泥岩，有机质丰度很高，R_o值是1.0~1.5，也是合适的，又处于祁连山构造带，具备了大中型气田形成的条件。目前的问题是上下构造不相符，地震技术不过关，成像困难，深部钻井难度也很大。到现在，柴达木打了2000多口井，只有四五十口是深井，绝大多数是“表皮注射”，尚未击中要害，打的太浅。如果新一代技术过了关，2010 年柴达木盆地可能又是一个 1 万亿立方米的大气区。

（本文发表于 2002 年 8 月 10 日西部油气——西部大开发与中国石油发展战略论坛——新疆、塔里木、长庆、四川、青海油公司参加，王宜林主持）